流域复杂系统洪水多目标协同调控技术

王建群 汪跃军 万新宇 徐 斌 李晓英 刘开磊 ◎著

河海大学出版社
·南京·

内容简介

本书以淮河干流吴家渡以上流域为典型区,重点考虑史灌河和溮河上游的梅山、响洪甸、白莲崖、磨子潭、佛子岭等水库及临淮岗工程,对流域复杂系统洪水多目标协同调控技术进行了深入研究。主要内容包括降雨径流模拟与概率洪水预报、洪水资源利用多目标竞争与协同机制分析与决策、基于降雨预报的水库洪水资源利用实时调控方式、水库群洪水资源利用多目标风险决策与协同均衡方式、流域洪水资源利用效率综合评价等。

本书可供水利工程领域科学研究人员、工程技术人员及相关专业研究生参考。

图书在版编目(CIP)数据

流域复杂系统洪水多目标协同调控技术 / 王建群等著. ——南京:河海大学出版社,2022.9
 ISBN 978-7-5630-7695-6

Ⅰ. ①流… Ⅱ. ①王… Ⅲ. ①洪水调度－研究 Ⅳ. ①TV872

中国版本图书馆 CIP 数据核字(2022)第 157964 号

书　　名	流域复杂系统洪水多目标协同调控技术 LIUYU FUZA XITONG HONGSHUI DUOMUBIAO XIETONG TIAOKONG JISHU	
书　　号	ISBN 978-7-5630-7695-6	
责任编辑	成　微	
特约校对	成　黎	
封面设计	徐娟娟	
出版发行	河海大学出版社	
地　　址	南京市西康路1号(邮编:210098)	
电　　话	(025)83737852(总编室) (025)83722833(营销部) (025)83787769(编辑室)	
经　　销	江苏省新华发行集团有限公司	
排　　版	南京布克文化发展有限公司	
印　　刷	广东虎彩云印刷有限公司	
开　　本	718毫米×1000毫米　1/16	
印　　张	16.625	
字　　数	344千字	
版　　次	2022年9月第1版	
印　　次	2022年9月第1次印刷	
定　　价	99.80元	

前言 Preface

长期以来,受气候条件、地理条件以及经济、社会发展等诸多因素影响,淮河流域水问题频发,表现为洪涝灾害形势严峻、水资源紧缺、水生态问题突出。治淮几十年来,在"蓄泄兼筹"治淮方针指导下,淮河水系基本形成由水库、分洪河道、堤防、行蓄洪区、湖泊等组成的防洪除涝减灾体系以及包括蓄、引、提、调的水资源配置工程体系,在防洪、水资源、水生态等单一问题治理中,淮河流域水库群工程体系作用已取得显著成效。尽管如此,现有工程体系的调控方式仍未实现多目标协同调控要求,侧重于单一目标的调控管理方式往往无法使系统综合效益实现协同增优。因此,以淮河流域典型区域为背景,开展洪水多目标协同调控技术研究,在保障防洪安全的前提下,实现流域洪水资源安全利用,提高流域洪水资源利用率,提升工程体系科学管理与调度技术水平,具有重要的理论意义和应用价值。

本书以淮河干流吴家渡以上流域为典型区,重点考虑史灌河和淠河上游的梅山、响洪甸、白莲崖、磨子潭、佛子岭等水库及临淮岗工程,对流域复杂系统洪水多目标协同调控技术进行了深入研究。主要研究内容和研究成果包括:

对流域降雨径流模拟和概率洪水预报问题进行了深入研究。采用分布式水文模型方法构建了淮河水系吴家渡站以上流域降雨径流模型。将 TIGGE 应用于淮河流域,提出了降水预报产品精度综合评价技术,建立了基于 TIGGE 的考虑漏报误差的 ν-SVR 集合降水预报校正模型,提高了降水预报的精度;对降水预报的不确定性进行了研究,提出了降水广义贝叶斯概率预报模型(GBM),与降水集合后处理模型(EPP)进行了实例对比,分析表明 GBM 模型具有更优的锐度、可靠性与分辨能力。在流域分布式洪水预报模型和降水广义贝叶斯概率预报模型的基础上,提出了对降水预报不确定性和水文模型与参数不确定性进行耦合的洪水概率预报模型,实现了流域洪水概率预报,延长了洪水预报的预见期,提高了洪水预报的精度与水平。

对洪水资源利用多目标决策问题进行了深入研究,提出了基于协同的洪水资源利用多目标决策方法。采用基于协同的洪水资源利用多目标决策方法对临淮岗工程洪水资源利用的关键参数汛限水位进行了多目标竞争与协同分析,考虑的临淮岗兴利蓄水方案评价指标有兴利蓄水增供水量、增加的淹没损失和排涝费用。采用基于协同的洪水资源利用多目标决策方法分别进行了响洪甸水库汛限水位控制多目标竞争与协同分析和梅山水库分期汛限水位控制多目标竞争与协同分析。

对基于 TIGGE 降雨预报的水库洪水资源利用实时调控方式进行了深入研究，提出了基于降雨预报的水库洪水资源利用实时调控方式与连续无雨预报的水库洪水资源利用风险分析模型，以及洪水资源利用量欠蓄风险与防洪风险对冲规则。以响洪甸水库为例，基于气象台降水预报，对连续无雨天数的统计规律进行了研究，建立了连续无雨天数的概率密度函数。对 5 种连续无雨天数情形与 3 个洪水量级组合得到的 15 种洪水资源利用情景进行了分析计算。

对水库群洪水资源利用多目标风险决策模型进行了深入研究，建立了以水库群系统防洪风险、下游防洪风险、缺水风险为目标的水库群洪水资源利用多目标风险决策模型与求解方法。以淠河水系上游的磨子潭、白莲崖、佛子岭和响洪甸四座大型水库组成的混联水库群为对象，进行了 2015 年整个汛期水库群调度模拟研究。

以淮河干流吴家渡站以上流域为研究区域，对流域洪水资源利用效率综合评价理论和方法进行了深入研究。对吴家渡站以上流域的汛期天然径流量、洪水资源实际利用量、利用率、可利用量和利用潜力等进行了分析计算。分别依据生产函数法、能值理论灌溉分摊系数法计算了研究区水库群主要供水城市近年工业、农业、生活及生态用水效率。以城市各行业用水量及水库对各城市供水量为权重，将各城市各行业用水效率及水库自身生态用水效率加权结合，得到有关水库综合供水效率。构建了流域洪水资源利用综合评价指标体系，采用模糊集对分析方法对吴家渡断面以上流域洪水资源利用水平进行了综合评价。

本项研究取得了以下创新点：

(1) 针对传统洪水预报方法的预见期不够长，基于气象、水文单一不确定性源扰动构建的概率洪水预报方案难以全面反映洪水预报全过程多要素不确定性影响的不足，提出了基于 TIGGE 的考虑漏报误差的支持向量回归降水预报校正模型、降水广义贝叶斯概率预报模型，及耦合降水预报不确定性、水文模型与参数不确定性的洪水概率预报方法，延长了洪水预报的预见期，提高了洪水预报的精度与水平。

(2) 针对基于落地雨有效预见期内实施洪水资源拦蓄的模型方法未能利用实时气象预报信息，导致水库超蓄效益低且应对防洪风险的时效性不足等问题，提出了基于降雨预报的水库洪水资源利用实时调控方式与连续无雨预报的水库洪水资源利用风险分析模型，提升了水库洪水资源利用风险评估的精度与应对能力。

(3) 针对现有以确定性来水预测支撑的水库群洪水资源利用库容补偿模型方法未能准确反映洪水资源利用中上下游、水库间防洪风险矛盾关系，难以协调防洪、缺水风险矛盾冲突等不足，提出了水库群洪水资源利用多目标风险决策与协调均衡模型，在不增加防洪风险条件下可提升洪水资源利用效率。

(4) 针对流域洪水资源利用效益与效率难以量化、洪水资源利用水平难以综合评估的问题，提出了流域洪水资源利用效率与水平综合评价指标体系与评价模型，为流域洪水资源利用模式的综合评价与定量比选提供了科学方法。

本项研究的主要完成人为：王建群、汪跃军、万新宇、徐斌、李晓英、刘开磊、魏锋、黄显峰、蔡晨凯、华丽娟、杨青颜、卢庆文、黄鑫、郑浩然、江崇秀、应碧茜、段蓉、季晓翠。

  本书的出版得到了国家重点研发计划课题"流域复杂系统洪水多目标协调调控技术(2016YFC0400909)"的资助。

  在项目研究和本书的撰写过程中,参考了大量的国内外文献资料,在此向所有文献作者表示衷心感谢！鉴于作者水平有限,书中的一些观点、方法等可能存在不足、不妥之处,恳请广大读者和同行专家给予批评指正。

作 者
2022 年 5 月

目录 Contents

第1章 绪 论 ·· 001
  1.1 研究背景及意义 ··· 001
  1.2 国内外研究进展 ··· 001
  1.3 研究区域概况 ·· 006
    1.3.1 自然概况 ·· 006
    1.3.2 社会经济 ·· 009
    1.3.3 河流水系 ·· 010
    1.3.4 径流特征 ·· 011
    1.3.5 暴雨特征 ·· 012
    1.3.6 洪水特征 ·· 013
    1.3.7 洪涝灾害 ·· 014
    1.3.8 防洪减灾体系 ·· 014
  1.4 本书主要研究内容 ·· 015

第2章 降雨径流模拟与概率洪水预报 ······································· 016
  2.1 降雨径流分布式模拟 ··· 016
    2.1.1 模型框架 ·· 016
    2.1.2 淮北平原模型 ·· 021
  2.2 降雨预报精度评价与集合校正 ····································· 027
    2.2.1 全球气象模式 ·· 027
    2.2.2 研究区域与数据 ··· 029
    2.2.3 预报精度评价 ·· 031
    2.2.4 降雨预报集合校正 ·· 037
  2.3 降雨预报的不确定性分析与概率预报 ···························· 043
    2.3.1 GBM 的基本原理 ··· 043
    2.3.2 GBM 实例分析 ·· 047
    2.3.3 GBM 模型与 EPP 模型比较 ······························· 051

2.4 洪水预报的不确定性与洪水概率预报途径 ······ 057
 2.4.1 洪水预报的不确定性 ······ 057
 2.4.2 洪水概率预报途径 ······ 058
2.5 基于误差分析的洪水概率预报 ······ 059
 2.5.1 模型方法 ······ 059
 2.5.2 实例分析 ······ 061
2.6 基于集合预报的洪水概率预报 ······ 067
 2.6.1 概述 ······ 067
 2.6.2 BMA 集合预报方法及其实现 ······ 068
 2.6.3 集合预报方法的参数规律研究 ······ 071
 2.6.4 随机参数驱动的水文集合预报 ······ 077
2.7 耦合多源不确定性的洪水概率预报 ······ 083
 2.7.1 多来源不确定性分类 ······ 083
 2.7.2 算法流程 ······ 085
 2.7.3 典型洪水预报 ······ 088

第3章 洪水资源利用多目标竞争与协同机制分析和决策 ······ 095

3.1 理论方法 ······ 095
3.2 临淮岗洪水控制工程兴利蓄水多目标分析与决策 ······ 097
 3.2.1 临淮岗工程概况 ······ 097
 3.2.2 蓄水方案评价指标 ······ 097
 3.2.3 多目标决策 ······ 099
3.3 响洪甸水库汛限水位控制多目标分析与决策 ······ 100
 3.3.1 流域概况 ······ 100
 3.3.2 发电效益计算 ······ 101
 3.3.3 供水效益计算 ······ 103
 3.3.4 防洪风险计算 ······ 106
 3.3.5 多目标决策 ······ 107
3.4 梅山水库分期汛限水位控制多目标分析与决策 ······ 110
 3.4.1 流域概况 ······ 110
 3.4.2 分期设计洪水计算 ······ 111
 3.4.3 需水与来水分析 ······ 117
 3.4.4 主汛期汛限水位多目标分析与决策 ······ 119
 3.4.5 前汛期汛限水位多目标分析与决策 ······ 124
 3.4.6 后汛期汛限水位多目标分析与决策 ······ 128
 3.4.7 结论 ······ 131

第4章　基于降雨预报的水库洪水资源利用实时调控方式 133
4.1　基于降雨预报的水库汛限水位动态控制 134
4.1.1　基本原理 134
4.1.2　方法步骤 136
4.1.3　实例分析 137
4.2　基于连续无雨统计规律的水库洪水资源利用方式 139
4.2.1　基本原理与方法 139
4.2.2　连续无雨天数概率统计分析 140
4.2.3　洪水资源利用情景模拟计算 141
4.2.4　降雨预报失效条件下压力测试 142
4.3　基于连续无雨预报的水库洪水资源利用方式 143
4.3.1　连续无雨预报不确定性分析 143
4.3.2　洪水预报不确定性分析 145
4.3.3　超蓄水量的不确定性分析 145
4.3.4　风险评估与决策 148
4.3.5　实例分析 149
4.3.6　结论 157
4.4　水库洪水资源利用风险对冲模型及规则 158
4.4.1　预蓄预泄调度规则 159
4.4.2　三阶段风险对冲模型 160
4.4.3　解析解与对冲规则 162
4.4.4　实例分析 166
4.4.5　风险对冲规则参数灵敏度分析 173
4.4.6　结论 175

第5章　水库群洪水资源利用多目标风险决策与协同均衡方式 177
5.1　洪水资源利用风险分析 178
5.2　多目标风险决策与协同均衡 181
5.2.1　目标函数 181
5.2.2　约束条件 181
5.3　滍河水库群应用分析 182
5.3.1　预报来水情景模拟 184
5.3.2　多目标决策方案结果 185
5.3.3　滚动调度决策方案结果 190
5.4　结论 191

第6章 流域洪水资源利用效率综合评价 …… 193

6.1 淮河流域洪水资源利用现状与潜力评估 …… 195
6.1.1 理论方法 …… 195
6.1.2 淮河流域洪水资源利用现状及潜力分析 …… 198
6.1.3 吴家渡站以上流域洪水资源利用现状与潜力评估 …… 201

6.2 淮河流域洪水资源利用效率评价 …… 207
6.2.1 洪水资源利用效率计算方法 …… 208
6.2.2 洪水资源利用效率计算 …… 211
6.2.3 水库洪水资源利用效率计算 …… 221

6.3 流域洪水资源利用水平综合评价 …… 222
6.3.1 流域洪水资源利用综合评价指标体系 …… 222
6.3.2 模糊集对分析评价模型建立 …… 223
6.3.3 吴家渡站以上流域洪水资源利用水平综合评价 …… 225

第7章 流域洪水多目标协同调控系统集成 …… 233

7.1 系统覆盖范围 …… 233
7.2 系统功能结构 …… 233
7.2.1 洪水预报计算 …… 234
7.2.2 防洪调度计算 …… 234
7.2.3 调度方案评价 …… 234
7.2.4 降雨预报分析计算 …… 235
7.2.5 水资源分析计算 …… 235
7.2.6 洪水资源利用水平综合评价 …… 235
7.2.7 信息查询 …… 235
7.2.8 系统管理 …… 235

7.3 软件体系结构 …… 235
7.4 开发运行环境 …… 236

第8章 总结与展望 …… 237

8.1 主要结论 …… 237
8.2 创新点 …… 240
8.3 研究展望 …… 242

参考文献 …… 243

第 1 章
绪　论

1.1　研究背景及意义

随着我国经济社会的快速发展，城市化水平的不断提高，我国水资源供需矛盾进一步加剧，水资源短缺问题凸显。然而，在面临严峻的水资源短缺问题的同时，我国洪水资源却得不到高效利用。因此，在我国面临水资源短缺的大背景下，在保障防洪安全的前提下，有必要对流域复杂系统洪水多目标协调调控技术加以研究，实现流域洪水资源安全利用，提高流域洪水资源利用率。这对解决我国水资源短缺危机、促进水资源可持续利用有着重大的理论意义和实际应用价值。

长期以来，受气候条件、地理条件以及经济、社会发展等诸多因素影响，淮河流域水问题频发，表现为洪涝灾害形势严峻、水资源紧缺、水生态问题突出。随着淮河流域所辖区域进入高质量发展期，涉水新问题和新矛盾更加凸显，防洪、水资源和水生态问题已成为当前严重制约流域经济社会高质量发展的重要因素。治淮几十年来，在"蓄泄兼筹"治淮方针指导下，淮河水系基本形成由水库、分洪河道、堤防、行蓄洪区、湖泊等组成的防洪除涝减灾体系以及包括蓄、引、提、调的水资源配置工程体系，在防洪、水资源、水生态等单一问题治理中，淮河流域水库群工程体系作用已取得显著成效。尽管如此，现有工程体系的调控方式仍未能达到联立各目标实现多目标协同调控的要求，侧重于单一目标的调控管理方式往往无法使系统综合效益实现协同增优。因此，以淮河流域典型区域为背景，开展洪水多目标协同调控技术研究，提高流域防洪工程群体系的多目标综合效益，提升工程体系科学管理调度技术水平，具有重要的理论意义和显著的经济和社会效益。

1.2　国内外研究进展

洪水资源化是指在一定的区域经济发展状况及水文特征条件下，以水库、湖泊、蓄滞洪区、地下水回补等水利工程为基础，结合先进的水文气象预报及科学管理调度等非工程措施,调蓄洪水,减少入海洪量或延长洪水在陆地的停留时间,提高洪水资源利用率,实现水资源的可持续发展[1]。在古文明时期,由于人类对自然规律认识有限,河道洪水基本不受人类的控制,人类多是无意识地对洪水所带来的资源加以利用。通过经验的积累,人类从中得以启发,对洪水资源的利用也逐渐由无意识转化为主动。在 20 世纪 30 年代,李仪祉先生就曾在其所著的《沟洫》等文中提出了在北方地区对洪水资源加以利用的设想,姚汉源先生也曾在《中国水利史稿》中提出"利洪"的概念[2]。进入 21 世纪以后,面对严峻的水资源短缺问题,国内外学者提出了"洪水资源化"的概念,这一概念迅速得到了众多学者的关注与认可[2-3]。

洪水资源化的主要实现途径[4-8]可划分为两类:工程途径、非工程途径。工程途径主要是指通过水利与水保工程的修建,尽量减少入海洪量或尽量延长洪水在陆地的存留时间,从而赢得更多被人类利用或回充地下水的机会。根据修建工程类型的不同,主要可划分为以下 4 类:①通过蓄水工程存蓄洪水;②通过地下水回灌工程,引洪回灌地下水;③通过城市雨洪工程,构建生态城市;④通过调水工程,跨流域、跨区域调水。非工程途径是指,在水利工程体系已相对完善的流域,借助先进的科学技术及完善的调度方案,尽可能地拦蓄洪水资源或延长其在陆地的存蓄时间,从而满足经济及生态发展用水需求。目前得以广泛研究的非工程途径主要可划分为 3 类:①通过合理调整水库汛限水位,实现分期调度洪水;②借助洪水预报,实现实时预报调度;③借助蓄滞洪区主动分洪,恢复湿地。

国外学者们对洪水资源化问题展开过大量的研究,但他们更加注重的是雨洪资源利用及其带来的生态效益。例如:澳大利亚的墨尔本,以其先进的城市雨洪管理技术为基础,最先提出了水敏感性城市的概念,并构建了综合考虑雨水、地下水、饮用水、污水及再生水的全水环节管理体系,其相关理论技术目前仍处于世界领先地位[9];在澳大利亚,由于干燥的气候,该国的河流水资源较少且不稳定,地下水超采现象十分严重,故有关利用洪水回灌地下水的技术研究便受到了重视[10]。摩洛哥已成功地利用注水井技术将洪水注入地下,回灌地下水,保障了其重要城市丹吉尔的用水需求。美国曾建造了大量的渗滤田,在补充地下水资源的同时可对汛期的雨洪资源起到汇集与调节的作用[7]。日本虽在 20 世纪 60—90 年代就构建了较高标准的防洪工程体系,但在实际应用中逐渐认识到该体系既不安全又不经济,自此该国水管理者的治洪理念转化为在满足防洪安全的前提下进行决策,通过雨洪就地消化的措施实现洪水的资源化[11]。

在美国,面对严峻的水资源供需矛盾问题,人们曾先后通过多种方式对水库的库容进行重新划分,试图将部分防洪库容转化为兴利库容。Ralph A. Wurbs 等人从 20 世纪 80 年代后期开始就以得克萨斯州为研究对象,对规划及已建水库库容的重新分配进行了大量的系统研究[12-17]，提出了水库库容季节性利用及水库库容重新分配的详细方案，并在 Wright Patman 水库得以实际应用，有效地提高了水库的供水能力及防洪能力。

进入 21 世纪以后，随着水资源短缺问题的凸显，洪水资源化问题成为我国学者研究的热点。

2002 年，田友[4]对海河流域水生态恢复与洪水资源化问题进行了探讨；王宝玉[18]以水资源匮乏的塔里木河流域为研究对象，提出了通过合理控制水库拦蓄洪水、引洪回灌以补充地下水、整治河道等洪水资源化措施，提高输水效率、集中输送中小洪水用于下游生态蓄水，缓解流域水资源短缺问题；胡四一等[19]以海河流域为研究对象，详细阐述了以分期控制水库汛限水位来合理配置洪水资源的研究思路和技术框架，并提出了基于水文预报的实时调度方式。

2003 年，李长安[5]对长江洪水资源化问题进行了思考，提出了"给水让地"的思想，通过引洪冲湖治理流域的污染湖泊，通过建设蓄洪区以蓄洪、引洪实现南水北调。

2004 年，侯立柱等[20]对北京市中德合作城市雨洪利用的实践进行了总结，北京市从 2000 年开始与德国的专家进行合作，将汛期的雨洪资源收集用于地下水回灌及城市生态修复，实现城区水资源的可持续利用。同年，邵东国等[21]曾以洋河水库为研究对象，建立了考虑入库洪水、水库安全运行、下泄洪水超下游防洪标准等不确定性的提升水库汛限水位的风险评估模型，并以此为基础进一步探讨了抬高汛限水位所带来的洪水资源的利用效益；邱瑞田等[22]对水库汛期限制水位控制理论与观念的更新进行了探讨；王才君等[23]对三峡水库动态汛限水位控制问题进行了研究，提出了三峡水库动态汛限水位洪水调度风险指标及综合评价模型研究的洪水调度风险指标及综合评价模型。

2005 年，冯峰等[6]对洪水资源化的实现途径进行了探讨；江浩等[24]对水库实时防洪调度中动态拦蓄洪尾的洪水资源利用风险进行了研究。同年，为了更好地进行洪水资源安全、高效利用，曹永强等[25]以碧流河水库为例，探讨了利用水文和气象等预报信息来指导水库实时调度；高波等[26]以潘家口水库为例，提出了风险设计分析论证的框架、定量分析方法和汛限水位合理调整的论证；周惠成等[27]以碧流河水库为例，从洪水总量与洪水过程两个角度研究了汛限水位动态控制调度中的洪水预报误差；刘攀等[28]以三峡水库汛期围堰发电调度为例，对汛限水位实时动态控制中可接受的风险进行了研究。

2006 年，刘攀等[29]对水库洪水资源化调度的主要途径及水库洪水资源化调度中存在的问题进行了系统阐述，指出还存在着设计洪水的不确定性、设计洪水过程线的频率意义不明晰、设计洪水与设计暴雨的频率不一致、气候变化和人类活动影响条件下的水文频率分析、分期设计洪水与年设计洪水关系、分期防洪标准的确定、预报误差规律分析以及动态控制的安全性、水库洪水资源化调度的管理机制等理论问题;周惠成等[30]针对太子河流域水库群的特点,进行了覆窝水库防洪预报调度方式的库群联合预报调度研究,在观音阁、汤河水库仍按原调度方式的条件下,分析确定了覆窝水库的汛限水位抬高值及防洪预报调度规则。

2007年,董前进等[31]对三峡水库洪水资源化多目标决策评价模型进行了研究;许士国等[32]对吉林省白城市洪水资源利用系统进行了研究,利用当地的泡沼、湿地众多,过境径流量大的优势来弥补当地降水少、工程措施不足造成的水资源短缺问题,并针对特定的洪水资源利用措施,提出了洪水资源利用风险分析模型,形成了区域洪水资源利用的新模式;王宗志等[33]以滦河流域潘家口水库为例,对水库控制流域汛期分期问题进行了研究,提出了能够处理高维时序聚类问题的动态模糊C-均值聚类分析方法,并对潘家口水库进行了汛期分期,为分期汛限水位控制决策提供了依据;冯平等[34]对河北省的滏阳河流域东武仕水库提高汛限水位的防洪风险进行了分析,其中考虑了泄洪能力的不确定性及不同典型洪水过程和历史特大洪水等因素的影响;朱兆成[35]从社会对防洪保安和水资源保障的需求角度出发,分析了两者的对立统一规律,认为水库实施洪水资源化面临的最大风险就是旱涝急转风险。

2008年,袁晶瑄等[36]运用模糊数学方法研究了淮河流域白龟山水库分期汛限水位,实现了在不降低水库防洪标准前提下对水库汛期汛限水位进行动态控制;王国利等[37]对太子河流域覆窝水库汛限水位动态控制域进行了研究,提出了确定汛限水位动态控制域的分级预泄方法,采用分级预泄方法并考虑库容补偿影响确定了覆窝水库的汛限水位动态控制域,制定了相应的动态控制规则;李玮等[38]对清江梯级水库群汛限水位动态控制模型进行了研究,提出了基于预报及库容补偿的梯级水库汛限水位动态控制逐次渐进补偿调度模型。曹永强等[39]对海河流域洪水资源量、已利用洪水资源量和洪水资源利用率进行了分析评价;邵学军等[40]对黄河流域洪水资源利用水平进行了初步分析,探讨了黄河流域历年来水利工程空间布局及运行方式变化与洪水资源利用过程的关系。冯峰等[41]以白城市洪水资源利用为研究背景,基于边际等值原理,构建了月亮泡水库洪水资源最优利用量决策模型。

2009年,刘招等[42,43]以安康水库为例,对基于水库防洪预报调度图的洪水资源化方法进行了深入研究,在分析水库调洪过程和洪水过程特性的基础上,绘制了安康水库以洪水资源化为目标的防洪预报调度图;周惠成等[44]以碧流河水库为例,采用洪灾淹没损失、水库防洪风险率、年平均发电量、洪水资源利用率及供水保证率可靠度5个指标建立了汛限水位动态控制方案优选的多指标评价体系,利用可变模糊优选模型对水库汛限水位动态控制方案进行了优选,为汛限水位动态控制决策提供了重要依据。同年,王银堂等[45]从城市和流域点面结合的途径,系统研究了流域洪水资源利用量、可利用量、利用潜力等概念和内涵及指标计算方法,提出了流域层面的洪水资源利用模式;胡庆芳等[46]以海河流域为研究区域,在对洪水资源利用量、洪水资源可利用量、洪水资源利用潜力等基本概念进行系统阐述的基础上,建立了流域洪水资源利用的评价方法。

2010年,王国利等[47]以碧流河水库为例,从规划和实时应用两方面,研究了预蓄预泄汛限水位动态控制方法,对基于预报信息和泄流能力约束的水库汛限水位动态控制模型进行了详细的数学描述;李响等[48]将入库洪水不确定性、风险分析与汛限水位动态控制域的确定过程有机结合起来,利用预泄能力约束法和随机模拟方法推求了三峡水库汛限水位动态控制域。

2011年,王本德等[49]以碧流河水库为例,利用贝叶斯定理对汛限水位动态控制进行了风险分析研究;李菡等[50]以观音阁-葠窝梯级水库群为背景,分析了考虑上游观音阁水库富余防洪库容补偿下游葠窝水库的可行性,调洪计算确定了观音阁水库汛期不同水位下葠窝水库汛限水位的提高值。

2012年,郭生练、陈炯宏等[51,52]对清江梯级水库群汛限水位进行了联合设计与运用研究,在不降低清江流域自身防洪标准、不影响清江梯级水库在长江防洪系统中发挥作用的前提下,进行了梯级水库群汛限水位联合设计,采用大系统聚合分解理论建立了梯级水库群汛限水位联合运用和动态控制模型,显著地提高了水库群的综合利用效益。

2013年,丁伟等[53]以尼尔基水库为例,研究了如何应用基于洪水预报信息的水库汛限水位实时动态控制方法,考虑了汛限水位动态控制域的上下限值、洪水预报方案可利用的预见期、下游防洪对象的安全泄量等指标值,制定了水库汛限水位实时动态控制方案,并进行了相应的风险分析及效益计算。同年,冯峰等[54]针对洪水资源利用社会效益难以定量评估的问题,以模糊优选理论为基础,构建了基于熵权的分度测评定量评估模型,实现了对洪水资源利用社会效益的定量评价,并应用该模型对吉林省白城市洪水资源利用进行了实例验证;王忠静等[55,56]以海河流域为研究区域,进行了流域洪水资源化分析研究,提出了洪水资源利用经济适度性和生态适度性的概念和分析方法。

2014年,钟平安等[57]以滹沱河岗南-黄壁庄梯级水库为例,针对共同承担下游防洪任务的梯级水库,建立了基于库容补偿的梯级水库汛限水位动态控制域计算方法。同年,王忠静等[58]以淮河流域为研究对象,基于淮河流域生态用水调度模型和现状水利工程条件,分析计算了淮河水系在满足生态适度性的前提下,其8座规划的大型水库可增加的流域尺度的供水量和投资边际效益,分析了规划工程在洪水资源利用中的经济适度性;王宗志等[59]采用极限分析理论,推理分析了流域洪水资源现状利用潜力、理论利用潜力和流域洪水资源现状可利用量、理论可利用量之间的数量关系,完善和统一了流域洪水资源利用的概念体系和评价方法,评价了南四湖流域洪水资源利用现状和利用潜力,指出现状洪水资源利用的阈值空间和未来挖掘方向。

2015年,周研来等[60]以清江梯级水库为研究对象,提出了一套梯级水库汛限水位动态控制方法,该方法基于汛期的数值气象水文预报模型滚动预报流域未来三天的洪水过程,采用大系统聚合分解和逐次优化法相结合的方法建立并求解清江梯级水库汛限水位动态控制模型,提出梯级水库汛限水位动态控制方案;孙甜等[61]研究了基于降水预报信息的棉花滩水库汛限水位动态控制模型。王慧等[62]对淮河城西湖蓄洪区洪水资源利用进行了分析研究,认为引汛末淮河水入蓄城西湖蓄洪区,抬高城西湖蓄洪区蓄水位,对缓解淮河中游地区的干旱缺水问题具有重要意义。

2016年,冯峰等[63]以吉林省白城市为例,对于各种蓄滞利用洪水资源的方式,例如水库、湿地、泡塘等,建立了蓄滞洪水量、风险、效益之间的对应关系,计算了其单元模块的效益/风险比,根据效益/风险比的峰值确定了各种利用方式的消纳量阈值;吴浩云等[64]在分析太湖流域洪水特性的基础上,结合降水和水位等要素,划分了太湖流域"洪水期",从水量平衡角度识别和解析了太湖流域洪水过程,阐明了太湖流域洪水资源利用的实质,提出了流域洪水资源利用的防洪安全、供水安全及水环境安全约束条件;黄显峰等[65]对连云港市石梁河水库汛限水位调整的洪水资源利用风险效益进行了量化研究,在考虑风险最小且效益最大的前提下,分析计算了石梁河水库汛限水位合理的控制范围。

从以上近20年的研究看出,洪水资源利用的研究主要集中在以单一水库为主的汛限水位动态控制上,关于以水库群、闸坝、蓄滞洪区等为手段的洪水资源利用的研究尚有不足,理论研究与实际应用缺乏有效衔接;流域洪水资源利用的相关基本概念、评价方法、利用模式及风险效益决策等方面尚需进一步完善。

1.3 研究区域概况

本课题以淮河干流吴家渡水文站以上流域为研究区域。

1.3.1 自然概况

淮河流域地处中国中东部,介于长江和黄河两流域之间,位于东经111°55′~121°20′,北纬30°55′~36°20′,流域面积27万 km^2。流域西起桐柏山、伏牛山,东临黄海,南以大别山、江淮丘陵、通扬运河及如泰运河南堤与长江分界,北以淮河南堤和沂蒙山与黄河流域毗邻,参见图1.1。

流域西部、西南部及东北部为山区、丘陵区,其余为广阔的平原。山丘区面积约占总面积的1/3,平原面积约占总面积的2/3。流域西部的伏牛山、桐柏山

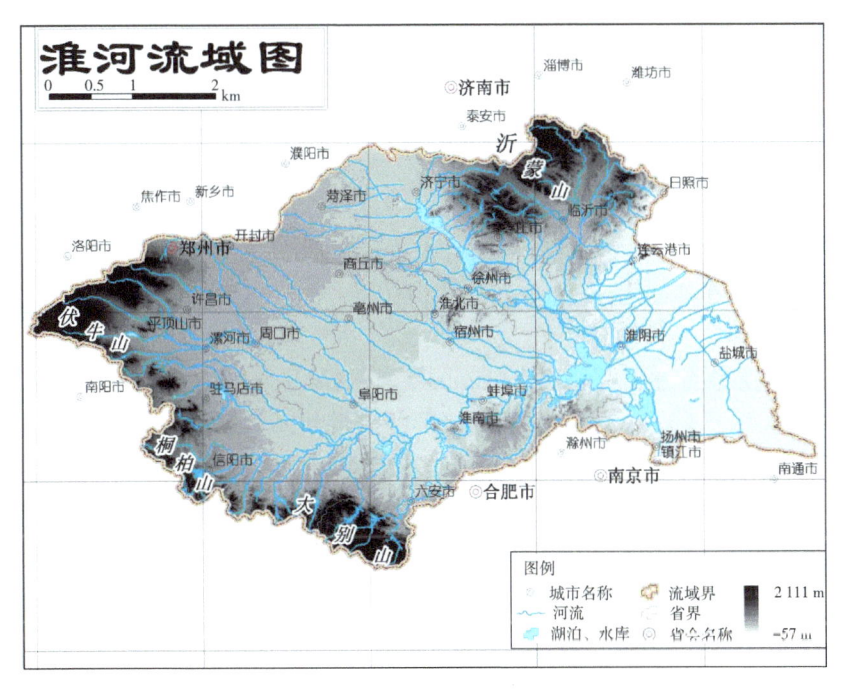

图 1.1　淮河流域图

区一般高程在 200～500 m，南部大别山区高程在 300～1 774 m；东北部沂蒙山区高程在 200～1 155 m。丘陵区主要分布在山区的延伸部分，西部高程一般为 100～200 m，南部高程为 50～100 m，东北部高程一般在 100 m 左右。淮河干流以北为广大的冲、洪积平原，地面自西北向东南倾斜，高程一般在 15～50 m；淮河下游苏北平原高程为 2～10 m；南四湖湖西为黄泛平原，高程为 30～50 m。流域内除山区、丘陵和平原外，还有为数众多、星罗棋布的湖泊、洼地。

淮河流域以废黄河为界，分淮河及沂沭泗河两大水系，流域面积分别为 19 万 km² 和 8 万 km²。本课题以淮河水系蚌埠闸下水文站吴家渡流域为研究区域。

淮河水系西部伏牛山区主要为棕壤和褐土；丘陵区主要为褐土，土层深厚，质地疏松，易受侵蚀冲刷。淮南山区主要为黄棕壤，其次为棕壤和水稻土；丘陵区主要为水稻土，其次为黄棕壤。淮北平原北部主要为黄潮土，并在其间零星分布着小面积的盐化潮土和盐碱土；淮北平原中部和南部主要为砂礓黑土，其次为黄潮土和棕潮土等。淮河下游平原水网区为水稻土。

淮河水系流域自然植被分布具有明显的地带性特点。伏牛山区及偏北的泰沂山区主要为落叶阔叶—针叶松混交林；中部的低山丘陵区一般为落叶阔叶—常绿阔叶混交林；南部大别山区主要为常绿阔叶—落叶阔叶—针叶松混交林，并夹有竹林，山区腹部有部分原始森林。平原区除苹果、梨、桃等果树林外，主要为刺槐、泡桐、白杨等零星树林;滨湖沼泽地有芦苇、蒲草等。栽培植物的地带性更为明显,淮南及下游平原水网区以稻、麦(油菜)一年两熟为主,淮北基本以旱作物为主,有小麦、玉米、棉花、大豆和红薯等。

淮河水系地处我国南北气候过渡带,属暖温带半湿润季风气候区,其特点是:冬春干旱少雨,夏秋闷热多雨,冷暖和旱涝转变急剧。年平均气温 14.5℃,由北向南,由沿海向内陆递增,最高月平均气温为 25℃左右,出现在 7 月份;最低月平均气温在 0℃,出现在 1 月份;极端最高气温可达 40℃以上,极端最低气温可达－24.3℃。

淮河水系多年平均降雨量 875 mm,总的趋势是南部大、北部小、山区大、平原小,沿海大、内陆小。淮南大别山区淠河上游年降雨量最大,可达 1 500 mm 以上,而西北部与黄河相邻地区则不到 680 mm。流域内 5—9 月为汛期,汛期降雨量占全部年降雨量的 50%～75%。降雨量年际变化大,1954、1956 年分别为 1 185 mm 和 1 181 mm,1966、1978 年仅 578 mm 和 600 mm。

淮河水系多年平均年径流深约 221 mm,其中淮河水系为 238 mm,沂沭泗水系为 181 mm。径流的年内分配也很不均匀,主要集中在汛期。淮河干流各控制站汛期实测来水量占全年的 60%左右。

产生淮河暴雨洪水的天气系统为台风(包括台风倒槽)涡切变、南北向切变和冷式切变线,以前两种居多。在雨季前期,主要是涡切变型,后期则有台风参与。暴雨走向与天气系统的移动大体一致,台风暴雨的中心移动与台风路径有关。冷锋暴雨多自西北向东南移动,低涡暴雨通常自西南向东北移动,随着南北气流交绥,切变线或锋面做南北向、东南—西北向摆动,暴雨中心也做相应移动。例如 1954 年 7 月几次大暴雨都是低涡切变线造成的,暴雨首先出现在淮南山区,然后向西北方向推进至洪汝河、沙颍河流域,再折向东移至淮北地区,最后在苏北地区消失。一次降水过程就遍及淮河,由于暴雨移动方向接近河流方向,使得淮河容易造成洪涝灾害。

淮河水系暴雨洪水集中在汛期 6—9 月,6 月主要发生在淮南山区;7 月全流域均可发生;8 月则较多地出现在西部伏牛山区,同时受台风影响东部沿海地区常出现台风暴雨。9 月份流域内暴雨减少。一般 6 月中旬至 7 月上旬淮河南部进入梅雨季节,梅雨期一般为 15～20 d,长的可达一个半月。据历史文献统计,公元前 252 年至公元 1948 年的 2200 年中,淮河流域每百年平均发生水灾 27 次。16 世纪至新中国成立初期的 450 年中,每百年平均发生水灾 94 次,水灾日趋频繁。1400—1900 年的 500 年中,流域内发生较大旱灾 280 次。洪涝旱灾的频次已超过三年两淹,两年一旱,灾害年占整个统计年的 90%以上,不少年洪涝旱灾并存,往往一年内涝了又旱,有时则先旱后涝。年际之间连涝连旱等情况也经常出现。

1.3.2 社会经济

淮河流域包括湖北、河南、安徽、江苏、山东5省40个市,160个县(市、区)。2010年总人口1.70亿人,约占全国总人口的13%;其中城镇人口5 809万人,城镇化率34.8%。流域平均人口密度为620人/km^2,是全国平均人口密度的4.5倍。国内生产总值(GDP)3.76万亿元,人均2.26万元。

淮河流域在我国国民经济中占有十分重要的战略地位,区内矿产资源丰富、品种繁多,其中分布广泛、储量丰富、开采和利用历史悠久的矿产资源有煤、石灰岩、大理石、石膏、岩盐等。煤炭资源主要分布在淮南、淮北、豫东、豫西、鲁南、徐州等矿区,探明储量为700亿t,煤种齐全,质量优良,是我国黄河以南地区最大的火电能源中心、华东地区主要的煤电供应基地。石油、天然气主要分布在中原油田延伸区和苏北南部地区,河南兰考和山东东明是中原油田延伸区;苏北已探明的油气田主要分布在金湖、高邮、溱潼三个凹陷区,已探明石油工业储量近1亿t,天然气工业储量近27亿m^3。河南、安徽、江苏均有储量丰富的岩盐资源,河南舞阳、叶县、桐柏,估算岩盐储量达2 000亿t以上;安徽定远1991年底氯化钠保有储量为12.43亿t;江苏苏北岩盐探明储量33亿t。

淮河流域交通发达。京沪、京九、京广三条南北铁路大动脉从流域东、中、西部通过,著名的欧亚大陆桥——陇海铁路及晋煤南运的主要铁路干线新(乡)石(臼)铁路横贯流域北部;流域内还有合(肥)蚌(埠)、新(沂)长(兴)、宁西等铁路。流域内公路四通八达,近些年高等级公路建设发展迅速。从连云港、日照等大型海运港口可直达全国沿海港口,并通往海外。内河水运南北向有年货运量居全国第二的京杭运河,东西向有淮河干流;平原各支流及下游水网区水运也很发达。

淮河流域的工业门类较齐全,以煤炭、电力、食品、轻纺、医药等为主,近年来化工、化纤、电子、建材、机械制造等有很大的发展。2010年工业增加值为17 783亿元,占全国的比重约为8%,对本区GDP的贡献率达47.2%。

淮河流域气候、土地、水资源等条件较优越,适宜发展农业生产,是我国重要的粮、棉、油主产区之一。淮河流域农作物分为夏、秋两季,夏收作物主要有小麦、油菜等,秋收作物主要有水稻、玉米、薯类、大豆、棉花、花生等。2010年淮河流域的总耕地面积为1.9亿亩(1亩=1/15 hm^2),约占全国总耕地面积的11.7%,人均耕地面积1.14亩,低于全国人均耕地面积。有效灌溉面积1.45亿亩,约占全国有效灌溉面积的16.5%,耕地灌溉率72.6%。粮食总产量10 121万t,约占全国粮食总产量的17.4%,人均粮食产量923 kg,高于全国人均粮食产量。

综上所述,淮河水系范围内平原广阔,人口众多,城镇密集,资源丰富,交通便捷,加之位于我国东部的中间地带,社会经济地位重要,也是极具发展潜力的地区。

1.3.3 河流水系

淮河发源于河南南部桐柏山，东流经豫、皖、苏三省，在三江营入长江，全长 1 000 km，总落差 200 m。洪河口以上为上游，长约 360 km，地面落差 178 m，流域面积 3.06 万 km^2；洪河口以下至洪泽湖出口中渡为中游，河长约 490 km，地面落差 16 m，中渡以上流域面积分别为 15.82 万 km^2；中渡以下至三江营为下游入江水道，长约 150 km，地面落差 6 m，三江营以上流域面积约 16.51 万 km^2。洪泽湖以下淮河下游的排水出路，除入江水道以外，还有苏北灌溉总渠、入海水道和向新沂河分洪的淮沭新河。

淮河上中游支流众多。右岸大支流主要有浉河、竹竿河、寨河、潢河、白露河、史灌河、淠河、东淝河、池河等，都发源于大别山区及江淮丘陵区，源短流急，属山丘区河流。左岸有洪汝河、沙颍河、西淝河、涡河、新汴河、奎濉河、安河等，除洪汝河上游和沙颍河上游属山丘区河流外，其余基本上是平原排水河道。流域面积以沙颍河最大，近 4 万 km^2，涡河次之，为 1.6 万 km^2，其他支流多在 3 000～16 000 km 之间。

淮河水系湖泊众多，较大的湖泊有城西湖、城东湖、瓦埠湖、洪泽湖、高邮湖和邵伯湖等。

淮河水系图见图 1.2。

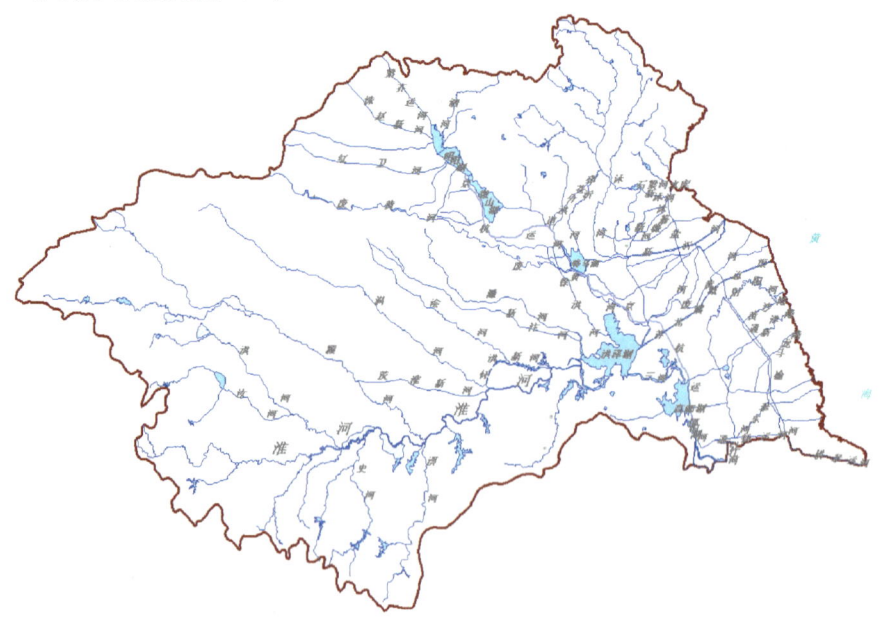

图 1.2 淮河水系图

1.3.4 径流特征

淮河水系洪泽湖出口以上集水面积 15.8 万 km², 占淮河水系集水面积的 83%。洪泽湖以上多年平均径流量（1950—2000 年）367 亿 m³, 其中淮河干流（以下或简称"淮干"）占 89%（以吴家渡 1950—2007 计算）；受 20 世纪 50 年代内外水分流的影响，怀洪新河、新汴河、奎濉河从溧河洼直接汇入洪泽湖，加上洪泽湖周边区间，约占 11%。

淮河干流两岸支流呈不对称的扇形分布。淮南支流均发源于山区或丘陵区，源短流急，较大的支流有史灌河、淠河，其流域面积在 6 000~7 000 km² 之间；淮河以北，沙颍河为最大的支流，流域面积约 3.7 万 km², 其他较大的支流还有洪汝河、涡河，其流域面积大于 1 万 km²。图 1.3 为淮河中游主要支流在两岸的分布情况。

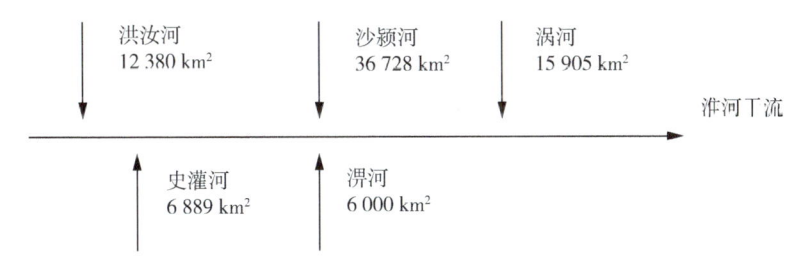

图 1.3　淮河中游主要支流在两岸的分布

由 1950 年以来淮河中游干支流主要测站多年平均径流量统计可得淮干吴家渡站来水的基本组成，见图 1.4。

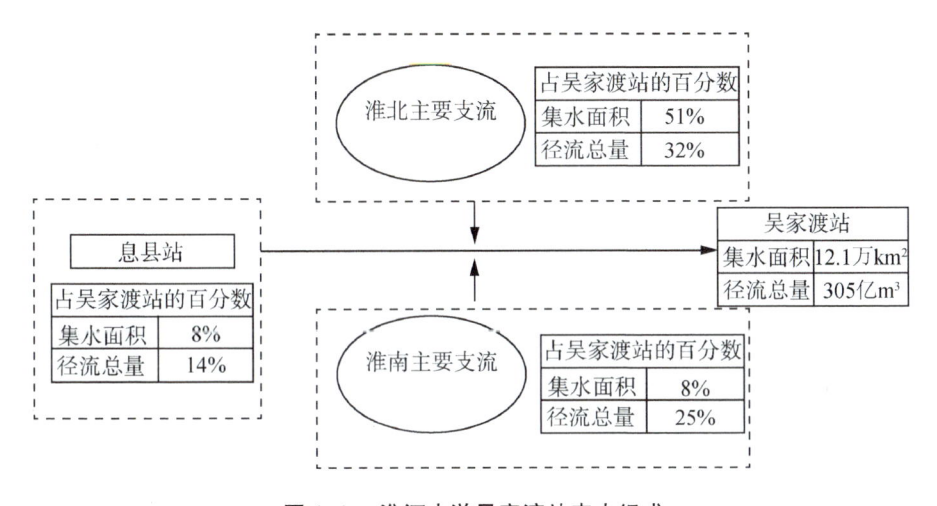

图 1.4　淮河中游吴家渡站来水组成

吴家渡站多年平均径流量 305 亿 m³。淮干上游息县站以上集水面积约为 1.02 万 km²，占吴家渡站以上集水面积 8%，多年平均径流量 43 亿 m³，占吴家渡站径流量的 14%；北部支流洪汝河、沙颍河、涡河各入淮控制站以上集水面积总和约为 6.2 万 km²，占吴家渡站以上集水面积的 51%，径流量总和约为 99 亿 m³，占吴家渡站径流量的 32%。南部支流史灌河、浉河各入淮控制站以上集水面积总和约为 1.0 万 km²，占吴家渡站以上集水面积的 8%，径流量总和约为 76 亿 m³，占吴家渡站径流量的 25%。淮河中游南北主要支流集水面积相差 43%，径流量只相差 7%，这也表明淮北平原和淮南丘陵山区的产流特性差异大。

淮河中游径流量的年内分配呈现各地汛期的起讫时间不一致，汛期径流集中，季节径流变化大，最大最小月相差悬殊等特点。由于自然地理环境和气候条件的差异，淮河中游不同区域径流量最大四个月的起讫时间不完全一致。淮南支流较早，一般为 5—8 月，淮北支流一般为 6—9 月或 7—10 月。淮干受支流入汇影响，鲁台子以上一般为 6—9 月，吴家渡、小柳巷一般为 7—10 月，中渡受洪泽湖调蓄的影响，最大四个月一般为 6—9 月。淮河中游径流量主要集中在汛期（6—9 月），约占年总量的 56%～70%，北方的集中程度高于南方。淮南各支流一般为 56%～59%；淮北各支流一般为 60%～70%；淮河干流一般为 62%～66%。连续最大四个月径流量占年总量的百分率大于汛期所占的百分率，变幅为 59%～74%。其地区分布也是南小北大，淮南支流一般为 59%～64%；淮北支流一般为 64%～74%；淮河干流一般为 62%～68%。最大月径流占年径流量的比例一般为 18%～35%，出现时间一般在 7 月。最小月径流占年径流量的比例一般为 1.2%～2.6%，淮河以南一般出现在 1 月，淮河以北一般出现在 1—3 月。

径流的年际变化的总体特征表现在最大与最小年径流量相差悬殊，年径流变差系数较大，年际丰枯交替频繁。淮河中游干支流最大与最小年径流量相差悬殊，除涡河水系和池河水系外，其余主要水系最大年与最小年径流量的比值一般在 4～30，地区上的分布特点为南部小于北部，山区小于平原。淮河中游年径流变差系数的变幅在 0.32～0.86 之间，并呈现自南向北递增、平原大于山区的规律。淮河中游主要河流年径流变差系数的大致情况为：淮干一般在 0.5～0.6 之间，史河、浉河一般在 0.3～0.6 之间，洪汝河、颍河、涡河、池河一般在 0.65～0.90 之间。

1.3.5　暴雨特征

产生淮河水系暴雨的天气系统大致可分为低空急流、切变线、低涡、台风等。淮河流域南部 6—7 月份的暴雨多由低空急流、切变线和低涡造成，江淮间一般称为"梅雨"。这类暴雨一般持续时间长、范围大、洪水总量大，往往形成流域性暴雨洪水，如1931年和1954年。6月下旬至7月上旬流域北部也常产生暴雨，但历时较短。8月份是淮河流域受台风影响的主要月份，近百年来的资料表明，台风雨可以影响整个淮河流域。台风型暴雨的特点是范围小、历时短、强度大，如"75·8"暴雨时林庄站最大6 h雨量为830.1 mm，接近世界最高纪录。

淮河水系降雨集中，汛期（6—9月）降水量占年降水量的50%～75%，暴雨强度大。"75·8"暴雨时，林庄站暴雨强度尤为突出，1、3、6、12和24 h的雨量分别为189.5 mm、494.6 mm、830.1 mm、954.4 mm、1 060.3 mm，最大1、3、7 d的暴雨量分别为1 005.4 mm、1 605.3 mm和1 631.1 mm。

据统计分析，淮河水系1 d暴雨超过100 mm、200 mm、300 mm的最大笼罩面积分别为48 760 km^2、11 090 km^{2}和5 980 km^2；3 d暴雨超过200 mm、400 mm和600 mm的最大笼罩面积分别为44 170 km^2、12 800 km^{2}和7 360 km^2；7 d暴雨超过100 mm、200 mm和300 mm的最大笼罩面积分别为194 820 km^2、111 270 km^{2}和38 030 km^2。

根据资料分析，淮河水系24 h可能最大降水有2个高值区，沙颍河及洪汝河上游地区可达1 300 mm以上，淠河上游可达1 200 mm以上。淮河水系其他地区多在900～1 000 mm。

1.3.6 洪水特征

淮河水系洪水大致可分为三类：①由连续一个月左右的大面积暴雨形成的流域性洪水，量大而集中，对中下游威胁最大，如淮河1931、1954、2003年洪水和沂沭泗河1957年洪水。1954年淮河干流正阳关30 d洪量330亿 m^3，接近多年平均值的4倍，鲁台子最大实测洪峰流量12 700 m^3/s。②由连续两个月以上的长历时降水形成的洪水，整个汛期洪水总量很大但不集中，对淮河干流的影响不如前者严重，如1921、1991年洪水。1921年洪泽湖中渡30 d洪量336亿 m^3，仅为1954年30 d洪量的65.5%，但120 d洪量为826亿 m^3，是1954年120 d洪量的125%。③由一、二次大暴雨形成的局部地区洪水，洪水在暴雨中心地区很突出，但全流域洪水总量不算很大，如1968年淮河上游洪水，1975年洪汝河、沙颍河洪水；1968年淮干王家坝实测洪峰流量17 600 m^3/s。

淮河干流的洪水特性是洪水持续时间长、水量大，正阳关以下一般情况是一次洪水历时一个月左右。每当汛期大暴雨时，淮河上游及支流洪水汹涌而下，洪峰很快到达王家坝，由于洪河口至正阳关河道弯曲、平缓，泄洪能力小，加上绝大部分山丘区支流相继汇入，河道水位迅速抬高，洪水经两岸行蓄洪区调蓄后至正阳关洪峰既高且胖。支流洪水分两种情况：一是山丘区河道径流系数大、汇流快,在河槽不能容纳时就泛滥成灾;另一种是平原河道汇流时间长,加上地面坡降平缓,河道标准低,受干流洪水顶托,常造成严重的洪涝灾害。

1.3.7 洪涝灾害

淮河流域地处南北气候过渡带,气候复杂,降雨常以暴雨形式出现。地形呈周边山丘高地围绕广阔平原分布,而平原地势低平,蓄水困难,排水也困难。历史上黄河长期南泛夺淮,打乱水系,堵塞河道,加重了淮河流域洪水灾害。受气候和地理条件的影响,淮河流域暴雨的范围广、强度大,大暴雨与特大暴雨在全流域都可能发生。1954 年 7 d 降雨量超过 200 mm 的最大笼罩面积达到 111 270 km^2,1975 年 3 d 降雨量超过 600 mm 的最大笼罩面积达 7 360 km^2,其中林庄 6 h 降雨量达 830.1 mm,在世界上也是罕见的。由于降雨集中(7、8 月降雨占全年降水量的 40%),丰枯变化大(年径流最大值可达最小值的 30 倍),淮河流域极易形成洪涝灾害。流域内人口密集,耕地率高,受洪水威胁的范围广,经统计分析,共有 1.18 亿人,910 万 hm^2 耕地,15.8 万 km^2 的面积处于洪水威胁之下,一旦堤坝溃决漫溢,损失将十分惨重。

1.3.8 防洪减灾体系

(1) 干支流控制性工程

淮河水系已建成水库 3 000 多座,总库容 202 亿 m^3,其中大型水库 20 座,控制面积 1.78 万 km^2,总库容 155.43 亿 m^3,防洪库容 45.04 亿 m^3。

建成临淮岗洪水控制性工程,100 年一遇设计滞洪库容 85.6 亿 m^3。

(2) 蓄滞洪工程

淮河水系现有湖泊和蓄滞洪区共 12 处,总容量 259.93 亿 m^3,蓄滞洪容量 191.84 亿 m^3。其中,淮河干流有濛洼、城西湖、城东湖、瓦埠湖 4 处蓄洪区及洪泽湖周边滞洪圩区,蓄洪量 93.17 亿 m^3;淮北支流滞蓄洪区 5 处,滞蓄洪容量 8.59 亿 m^3;洪泽湖、高邮湖等湖泊总容量 158.17 亿 m^3,蓄洪容量 90.08 亿 m^3。

(3) 河道堤防

淮河水系建成主要堤防 8 070 km,其中淮北大堤、洪泽湖大堤、里运河大堤等 1 级堤防长 1 240 km,2 级堤防长 1 408 km。

淮河干流上游主要河段的泄洪能力为 7 000 m^3/s;中游王家坝—正阳关泄洪能力为 6 400~7 800 m^3/s,正阳关—涡河口—洪泽湖为 9 000~12 000 m^3/s;下游入江入海的泄洪能力为 15 270~18 270 m^3/s;茨淮新河分洪、泄洪能力 2 300~2 700 m^3/s;怀洪新河分洪、泄洪能力 2 000~4 710 m^3/s;重要支流的泄洪能力在 750~3 380 m^3/s 之间。

(4) 行洪区

淮河干流有 17 处行洪区,目前运用频率为 4~18 年一遇,如充分运用,可分泄河道流量的 20%~40%,是淮河防洪体系中的重要组成部分。

1.4 本书主要研究内容

本书以淮河干流吴家渡以上流域为典型区,重点考虑史灌河和淠河上游的梅山、响洪甸、白莲崖、磨子潭、佛子岭等水库及临淮岗工程,对流域复杂系统洪水多目标协同调控技术进行了深入研究。主要研究内容包括:

1. 流域降雨径流模拟和概率洪水预报

采用分布式水文模型方法构建淮河水系吴家渡站以上流域降雨径流模型。将 TIGGE 应用于淮河流域,建立基于 TIGGE 的集合降水预报校正模型,并对降水预报的不确定性进行研究,提出降水概率预报模型。在流域分布式洪水预报模型和降水概率预报模型的基础上,提出对降水预报不确定性和水文模型与参数不确定性进行耦合的洪水概率预报模型,实现了流域洪水概率预报。

2. 洪水资源利用多目标竞争与协同机制分析和决策

对洪水资源利用多目标决策问题进行深入研究,提出基于协同的洪水资源利用多目标决策方法。采用基于协同的洪水资源利用多目标决策方法对临淮岗工程、响洪甸水库、梅山水库等工程洪水资源利用的关键参数——汛限水位进行多目标竞争与协同机制分析。

3. 基于降雨预报的水库洪水资源利用实时调控方式

对基于 TIGGE 降雨预报的水库洪水资源利用实时调控方式进行深入研究,提出基于降雨预报的水库洪水资源利用实时调控方式与连续无雨预报的水库洪水资源利用风险分析模型,以及洪水资源利用量欠蓄风险与防洪风险对冲规则。

4. 水库群洪水资源利用多目标风险决策与协同均衡方式

对水库群洪水资源利用多目标风险决策模型进行了深入研究,建立以水库群系统防洪风险、下游防洪风险、缺水风险为目标的水库群洪水资源利用多目标风险决策模型与求解方法。

5. 流域洪水资源利用效率综合评价

对流域洪水资源利用量、洪水资源开发利用率和利用效益等指标进行深入研究,研发流域洪水资源利用效率综合评价指标体系和综合评价方法,为流域洪水资源利用模式的优选和推广、洪水资源有效开发利用和管理提供科学依据。

第 2 章
降雨径流模拟与概率洪水预报

流域复杂系统洪水多目标协同调控涉及众多的洪水调控工程和不确定性因素，必须采用模拟与优化相结合的途径，需要解决分布式降雨径流模拟、集总式水资源调配模拟、水库闸坝调洪与洪水调控三者之间的耦合模拟技术。流域复杂系统洪水资源利用全过程综合模拟模型也是洪水调控系统的输入、输出必不可少的部分。

考虑洪水资源化的洪水预报与调度，目前至少还存在以下重要问题亟待解决：

（1）洪水预报模型系统预见期短。依据雨量站和水文站的实测降水、水位流量资料预报下游或流域出口断面洪水过程的传统水文预报方法，受限于流域产汇流时间而预见期较短，难以满足防洪和兴利同时兼顾的要求，不利于防洪减灾与洪水资源利用。考虑预见期内的降水预报、耦合数值天气预报的洪水预报方法是延长预见期的有效途径。

（2）洪水预报系统的不确定性。由于降雨等输入资料和水文模型的不确定性的客观存在，水文预报不可避免地存在着不确定性。因此，水文预报系统必须具备对洪水进行概率预报的能力，提供预报洪峰流量或水位的置信区间或者出现概率，便于为防汛决策提供更为科学的依据。全面考虑降水预报及水文模型的不确定性的概率洪水预报技术的研发，对于提高洪水预报水平、为洪水资源安全与高效利用提供更加科学的依据具有重要意义。

本章研究的主要内容包括：①降雨径流分布式模拟；②TIGGE 降雨预报精度评价与集合校正；③降雨预报的不确定性分析与概率预报；④洪水概率预报。

2.1 降雨径流分布式模拟

2.1.1 模型框架

2.1.1.1 计算单元划分

由于流域下垫面和气候因素具有时空变异性，为了便于分布式模拟，需将流域细分为若干个计算单元。通常有两种划分的方法：矩形网格（Rectangle Grid）

划分法和自然子流域-水文响应单元(Subbasin- HRU)划分法。

像 MIKE SHE 模型[66-67]那样的用数理方程描述水分或水流运动规律、具有物理基础的分布式水文模型,一般采用将流域划分成许多矩形网格的流域计算单元划分方法,以便处理模型参数、降雨输入以及水文响应的空间分布性和偏微分方程的离散求解,但需要大量的参数和输入数据,建立和率定模型时非常耗时。

SWAT 模型[68]采用了自然子流域-水文响应单元划分法。首先将流域细分为若干个自然子流域,然后再将每个子流域划分为若干个水文响应单元(HRU)。每个水文响应单元则是包括子流域内具有相同植被覆盖、土壤类型和管理条件的陆面面积的集总,水文响应单元之间不考虑交互作用。这样的计算单元划分方法可以对具有相同水文响应的下垫面部分进行综合考虑,以便减少冗余计算量,但它又可以发挥分布式模型的优点,恰当考虑下垫面的分散信息。

本课题在进行研究区域吴家渡站以上流域分布式产汇流模拟计算时,兼顾两种计算单元划分方法,即将研究区域划分为若干个自然子流域和区间,在每个自然子流域或区间上,再进行矩形网格划分;将汇流时间相等的网格单元进行合并,作为一个水文响应单元,对每个水文响应单元进行产汇流计算。

考虑到水系、地形地貌及重要水库、闸坝、水文站分布等,将研究区域吴家渡站以上流域划分为 71 个子流域,参见图 2.1;在每个自然子流域或区间上,再进行矩形网格划分,网格尺寸为 1 km。

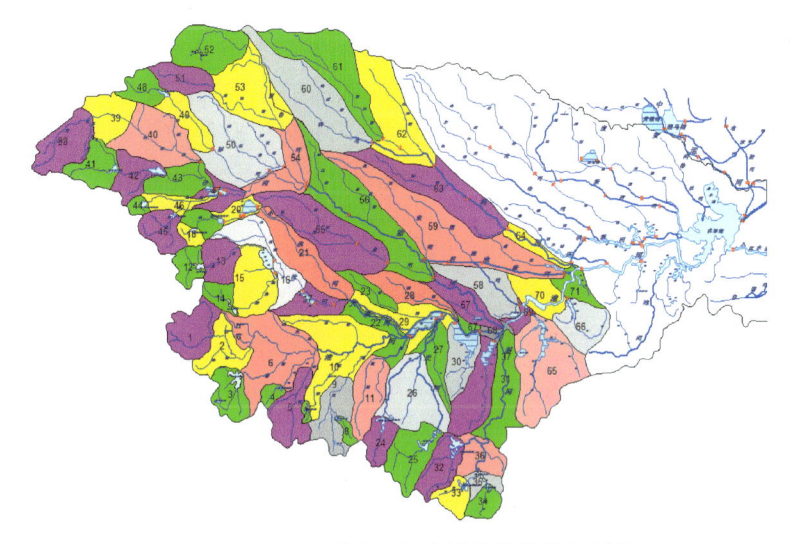

图 2.1 研究区域降雨径流模拟计算单元划分

2.1.1.2 降水空间分布计算

降水空间分布模拟模型的功能是根据流域内雨量站点处的实测降水序列推求每个子流域的每个网格单元的降水序列，即把采样点的资料插值为空间分布的雨量资料。常见的降水空间分布点雨量插值方法有泰森多边形法、人工绘制等雨量线法、空间线性插值法、距离倒数插值法、高程修正距离倒数插值法、降雨－高程线性回归法和克里金插值法等。

推求流域水文响应单元面平均雨量的基本步骤是：

（1）用泰森多边形法或空间线性插值法推求覆盖水文响应单元的每个DEM格点的雨量 $P_i, i=1, \cdots, n$。

（2）计算覆盖水文响应单元的DEM格点雨量的算术平均值 $\overline{P} = \frac{1}{n} \sum_{i=1}^{n} P_i$，作为水文响应单元的面平均雨量。

2.1.1.3 计算单元产流计算

采用概念性水文模型方法进行计算单元产流计算。考虑到下垫面特征，淮河水系西南部产流计算基于新安江三水源模型[69]方法，淮北平原采用淮北平原概念性水文模型，在新安江模型中考虑了塘坝调蓄模拟，在淮北平原模型中考虑了大孔隙下渗、潜水蒸发及地下水和上层自由水之间的转化，单独考虑了闸库和沿淮圩区调蓄。

从产流机制上讲，湿润地区是蓄满产流，干旱地区是超渗产流，而半干旱和半湿润地区则是蓄满和超渗产流两者皆有。对于湿润地区的水文模拟，国内广泛采用的是新安江模型；而对于干旱地区的水文模拟，可采用陕北模型。国外著名的萨克拉门托模型和坦克模型[70]均可用于湿润和干旱地区。与萨克拉门托模型和坦克模型相比，新安江模型结构和参数的物理意义比较明确且容易调试，故在国内水文预报中得到了广泛使用。由于新安江模型的核心是蓄满产流模型，对于有超渗产流的半干旱半湿润地区，或对于气候湿润但植被较差、土层较薄的地区，新安江模型的使用受到了一些限制。本项研究将新安江模型和陕北模型相结合，在新安江模型中加入了超渗产流模块。

淮北平原广泛分布着黄潮土和砂姜黑土，存在着大孔隙下渗现象，且地表水、地下水、土壤水之间的水力联系密切，地下水位变化迅速。淮北平原区内降雨、蒸散发等气象因素和土壤、植被、包气带等下垫面条件形成了自身鲜明的流域特点，显然新安江模型并不适用于该流域，因此研制适合淮北平原区水文规律的流域水文模型很有必要。

2.1.1.4 流域汇流计算

净雨经过流域汇流才会形成流域出口断面的流量过程。分布式汇流计算有两种思路：逐网格模型（cell-to-cell）与网格到出口模型（cell-to-outlet）。采用逐网格单元对汇水过程进行描述属于紧密耦合型的分布式汇流模型，能够考虑每个网格之间的水文过程的相互作用,能够得到水流过程在流域空间上的分布,细致刻画水流的非线性过程,但计算复杂、计算量较大。采用网格到出口,即源到汇(source-to-sink)的汇流模型,先将每个栅格处的流量汇到子流域出口断面,再将不同网格流量过程算术叠加得子流域出口断面流量过程,属于松散耦合型的分布式汇流模型。

1. 基于网格单元的汇流模型

利用圣维南方程的运动波近似法来模拟坡面水流运动,基本公式为

连续方程: $$\frac{\partial h}{\partial t} + \frac{\partial q}{\partial l} = r \tag{2.1}$$

曼宁公式: $$v = S_f^{1/2} h^{2/3}/n \tag{2.2}$$

利用有限差分格式进行数值计算求解:

$$h(l, t) = q\Delta t + h(l, t-1) - \alpha\beta\left[\frac{\Delta t}{\Delta l}\right]\left[\frac{h(l, t-1)+h(l-1, t-1)}{2}\right]^{m-1}$$
$$\times [h(l, t-1) - h(l-1, t-1)] \tag{2.3}$$

$$S_f = S_0;\ h = aq^\beta;\ \alpha = \left[\frac{n}{\sqrt{s_0}}\right]^{3/5};\ \beta = 3/5 \tag{2.4}$$

式中:h 是地面水平均深度,m;q 是单宽流量,m²/s;r 是净入通量,m/s;l 是当地地表坡长,m;t 是时间,s;S_f 是摩阻坡度;S_0 是地表坡度;v 是地表径流流速,m/s;n 是地表曼宁糙率系数。其中,部分参数如 l、S_0 等可在生成数字流域的过程中直接得到。

基于单元网格的汇流演算是在数字化流域特征的基础上完成的,包括流向、河网等数字图层的利用。

网格单元之间的汇集过程采用多流向方法计算。汇集时从较高单元到相邻较低单元的流量分配由下式计算:

$$f_{j\to i} = \frac{S^p_{\ j\to i}}{\sum S^p_{\ j\to i}} \tag{2.5}$$

$$S_{j\to i} = \frac{Z_j - Z_i}{\sqrt{(x_j-x_i)^2+(y_j-y_i)^2}} \tag{2.6}$$

式中:$f_{j\to i}$ 是从 j 单元分给 i 单元的流量部分;p 是无量纲常数;$S_{j\to i}$ 是从 j 单元到 i 单元的方向坡度;Z_i 是 i 单元的高程;x_i、y_j 是各单元的平面直角坐标。

将各单元网格由运动波演算的实际出流量,逐步计算到下一级单元格直至汇入河道。

2. 基于单元流域的等流时线法汇流模型

对于同时降落到流域的水滴,将凡是能同时到达出口断面的水滴的连线称

为等流时线；两条相邻等流时线间的流域面积称为等流时面积。设将从靠近流域出口断面开始自下而上的等流时面积划分为 $\omega_1, \omega_2, \cdots, \omega_j, \cdots$。等流时线法假定流域流速分布均匀，单元流域出流断面在第 i 时段的出流量是由第一块面积 ω_1 上的本时段净雨、第二块面积 ω_2 上一时段净雨……所合成：

$$Q_i = \frac{h_i}{3.6\Delta t}\omega_1 + \frac{h_{i-1}}{3.6\Delta t}\omega_2 + \frac{h_{i-2}}{3.6\Delta t}\omega_3 + \cdots \tag{2.7}$$

式中：Q_i 为单元流域出流断面在第 i 时段的出流量，m³/s；h_i 为第 i 时段地面净雨，mm；ω_j 为单元流域第 j 块等流时面积，km²；Δt 为时段长，h。

等流时线法汇流是根据时间-面积曲线计算流量过程的一种方法，它假定流域各处汇流速度不随时间改变，即不存在断面流速分布不均匀的现象，以获得流域上假定的固定不变的等流时体系。等流时线概念说明出流流量是各块面积上的净雨经过一定汇流时间后组成的，这是一个概念性模型。等流时线概念没有考虑到河网调节作用，它认为在一定等流时线上的水质点，能同时到达出流断面。而事实上由于断面流速分布的不均匀性以及各种蓄水滞水的作用，这些水质点不能同时到达。也就是等流时线法只考虑了洪水波运动中的平移作用，而没有考虑其坦化作用。这一点则可用线性水库来弥补，即滞后演算法。滞后演算法的概念是把洪水波运动中的平移与坦化两种作用分开而且一次处理。滞后一段时间就代表平移，用一个线性水库作一次演算就代表坦化。这里有两个参数，即平移时间 T 和水库的蓄泄系数 K。

汇流时间计算公式如下：

$$T = \frac{L}{V} \tag{2.8}$$

式中：T 为汇流时间；V 为坡地流速度；L 为水力学意义上的汇流路径长。

由于虚拟河网中糙率对径流路径影响的不可知性，实际计算中只考虑了径流过程坡度的影响，即认为 L 为水流从网格中心点流至流域出口断面处的地球表面路径长（依据两点坐标和它们之间的高差计算）。

要确定汇流时间，对于有实测资料的河道汇流而言，可以用水力学方法进行计算，即根据河道的糙率、水力半径、坡度等求流速，进一步求取汇流时间；但对于坡地汇流和由其他方法生成的河道（以下简称"虚拟河道"）而言，用严格的水力学方法是不切实际的。于是国外一些学者提出了介于两者之间的方法。SCS(the Soil Conservation Service)方法早在 1986 年就提出对于坡地汇流可以采用下式计算：

$$V = kS_0^{1/2} \tag{2.9}$$

式中：V 为坡地流速度；k 为坡地流速度常数；S_0 为坡地流平均坡度。

源到汇的汇流模型与等流时线法汇流模型是一致的。

3. 研究区域分布式汇流模拟

本课题在进行研究区域吴家渡站以上流域分布式产汇流模拟计算时,采用了矩形网格划分法和自然子流域-水文响应单元划分法相结合的计算单元划分方法,即将研究区域划分为若干个自然子流域和区间,在每个自然子流域或区间上,再进行矩形网格划分。

本项研究采用源到汇的松散耦合汇流模型与等流时线法汇流模型相结合的方法进行汇流模拟计算,步骤如下:

(1) 对于覆盖子流域的每一个网格单元,采用D8算法计算出每个网格单元的出流方向和汇流路径,再按式(2.8)、式(2.9)计算网格单元的汇流时间。

(2) 将汇流时间相等的网格单元进行合并,作为一个水文响应单元,对每个水文响应单元进行产汇流计算。

(3) 采用马斯京根分段连续演算法,分别将计算单元的流量汇流演算到子流域出口并进行算术叠加,再将该子流域入流(若有)进行马斯京根河道汇流演算至子流域出口,将这两部分合并作为该子流域的出流。

(4) 研究区域可以分为自然子流域或区间、水库子流域、闸库子流域、圩区子流域、蓄滞洪区子流域等5类。对于水库子流域、闸库子流域、圩区子流域和蓄滞洪区子流域,还需要考虑水库、闸库、圩区和蓄滞洪区的调洪演算。

2.1.2 淮北平原模型

新安江模型一般适用于湿润半湿润的山丘区,在淮北平原不适用,因为:

(1) 淮北平原广泛分布的黄潮土和砂姜黑土中[71],除通常的下渗之外,还存在着大孔隙下渗,下渗水量可顺隙而下迅达地下水面,速度远大于土壤层中的下渗锋面移速[72]。新安江模型中没有考虑大孔隙下渗。

(2) 淮北平原的地表水、地下水、土壤水之间的水力联系密切,地下水位变化迅速。一般情况下,地表与地下边界都不易确定,地下水埋深较浅,一般为1~3 m,汛期暴雨集中,地下水极易上升到地面,导致直接径流与地下径流汇流的非线性十分明显[72],这与新安江模型采用的线性划分水源和线性水库汇流不适应。

(3) 淮北平原地下水埋深浅,潜水蒸发较大,且不同的下垫面条件,尤其是植被对蒸发的影响显著[73-74],这在新安江模型中体现得并不充分。

前人研发的淮北坡水区概念性流域水文模型主要有:1989年王井泉提出了淮北坡水区基于水箱模型的概念性流域水文模型[75],1989—1993年刘新仁等提出了汾泉河平原水文综合模型[73-74],1993年张泉生提出了淮北坡水区谷河降雨径流模型[72]。淮北坡水区基于水箱模型的概念性水文模型,考虑了潜水蒸发和地下水汇流的非线性,但考虑大孔隙下渗不够;谷河降雨径流模型用变动渗漏面积来考虑大孔隙下渗,但采用三层蒸散发模型计算流域蒸散发量,考虑潜水蒸发不够;汾泉河平原水文综合模型考虑了大孔隙下渗、潜水蒸发和地下水汇流的非线性,参数少,模拟效果最好。以上三个模型均对地下水与地表水之间的转化考虑不够。2009年,王振龙等提出了淮北平原"四水"转化模型[76],模型假定土壤由两个域构成,一个域代表均质土壤,另一个域代表土壤中的大孔隙;对均质土壤采用Richards方程求解,将大孔隙则概化成一个大孔隙系数描述,数值求解较为复杂。

本项研究在前人研究的基础上提出了新的淮北平原概念性流域水文模型。模型将包气带概化为两层,即透水性能良好的上层(耕作层)和透水性能相对弱些的下层(非耕作层),用蓄满产流原理分别模拟上土层的产流和下土层的产流,用变动渗漏面积模拟上层自由水对地下水的大孔隙直接下渗,用下渗率曲线模拟上层自由水蓄量对下土层的下渗及对地下水的稳定入渗,用两层蒸发计算模型和阿维里扬诺夫公式分别考虑上土层蒸发、下土层蒸发和潜水蒸发,用地下水反馈参数考虑地下水对地表水的反馈。模型考虑了大孔隙下渗、潜水蒸发及地下水和上层自由水之间的转化。模型的基本原理参见图2.2。

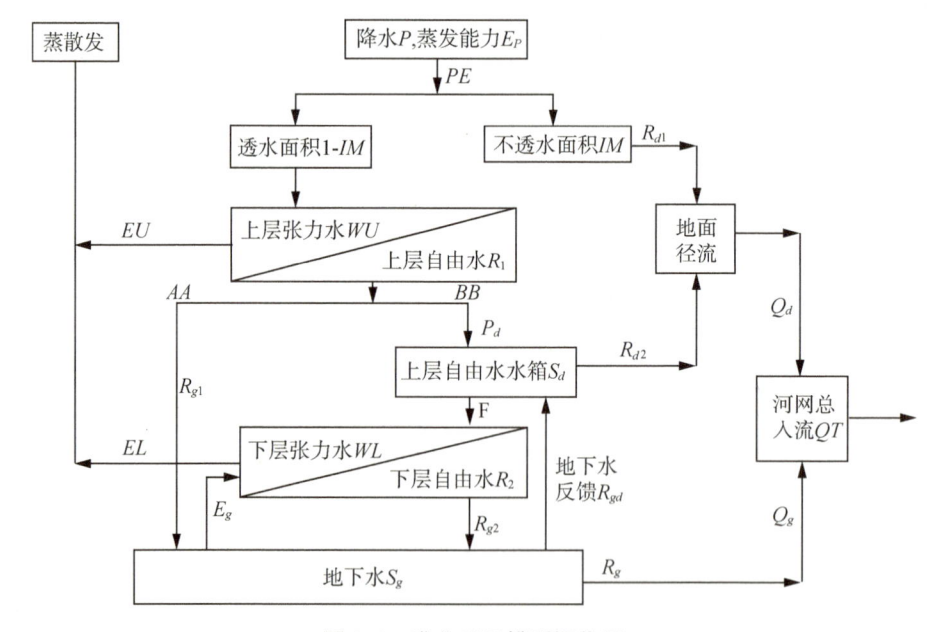

图 2.2 淮北平原模型概化图

1. 土层概化

将包气带概化为两层:上层(耕作层)土壤疏松,根系发达,透水性能良好;下层(非耕作层)根系不发达,相对于上层说来透水性能弱些。

2. 大孔隙下渗概化

设流域面积为 1,将流域面积分为不透水面积 IM 和透水面积 $1-IM$ 两部分。在透水面积上设置模拟大孔隙下渗的变动渗漏面积 AA 和一般透水面积 BB 两部分。

变动渗漏面积 AA 随裂隙大小而变,而裂隙大小又与土湿有关。透水面积的计算公式为

$$AA = (1-IM) \cdot IA \left(1-\frac{WL}{WLM}\right)^n \tag{2.10}$$

$$BB = 1-IM-AA \tag{2.11}$$

式中:WL 为下土层的张力水蓄水量;WLM 为下土层张力水蓄水容量;IA 为 AA 的上限;n 为经验指数。

3. 蒸散发计算

按二层土壤蒸散发模型计算上下两层土壤的土壤蒸散发,公式如下:

当 $WU > EP$ 时,

$$EU = EP, EL = 0 \tag{2.12}$$

当 $WU \leqslant EP$ 时,

$$EU = WU \tag{2.13}$$

$$EL = \begin{cases} (EP-EU) \cdot \dfrac{WL}{WLM}, & 若 \dfrac{WL}{WLM} > C \\ (EP-EU) \cdot C, & 否则 \end{cases} \tag{2.14}$$

$$EP = k \cdot EM \tag{2.15}$$

式中:WU 为上土层张力水蓄水量;C 为下土层蒸发扩散系数;EP 为陆面蒸发能力;EU 为上层土壤的蒸散发;EL 为下层土壤的蒸散发;EM 为蒸发皿读数;k 为蒸发折减系数。EP 也可采用 Penman-Monteith 理论公式计算。

对潜水蒸发进行概化处理。蒸发上层土壤水时,认为无潜水蒸发;蒸发下层土壤水的同时,通过下边界有潜水补给该层土壤水,补给的量为潜水蒸发量。潜水蒸发量用阿维里扬诺夫的抛物线型公式计算:

$$E_g = rEM(1-Z/Z_{\max})^a \tag{2.16}$$

式中:E_g 为潜水蒸发量;r 为植被对潜水蒸发的修正系数;Z 为潜水蒸发的地下水埋深;$Z_{\max}$ 为潜水蒸发的地下水临界埋深,当地下水埋深 $Z > Z_{\max}$ 时,$E_g = 0$;α 为指数。

4. 上土层产流计算

扣除降水期蒸发截留后的降水为

$$PE = P - EP \qquad (2.17)$$

在不透水面积 IM 上产生的直接径流为

$$R_{d1} = PE \cdot IM \qquad (2.18)$$

采用蓄满产流原理计算透水面积 $1-IM$ 上的上层自由水 R_1。透水面积 $1-IM$ 上，上土层蓄水量（指超过凋萎含水量部分，上限为田间持水量）用 WU 表示，其最大值即上层蓄水容量用 WUM 表示。上层土壤蓄水由 PE 补给，当蓄水量超过 WUM 时，形成上层自由水 R_1。考虑到上层张力水蓄水容量不均匀，设上层张力水蓄水容量曲线的方次为 B，上层自由水 R_1 的计算公式为

$$MM = WUM \cdot \frac{1+B}{1-IM} \qquad (2.19)$$

$$A = MM \cdot \left(1 - \left(1 - \frac{WU}{WUM}\right)^{\frac{1}{1+B}}\right) \qquad (2.20)$$

当 $PE \leqslant 0$，则 $R_1 = 0$；不然，则
当 $PE + A < MM$，则

$$R_1 = PE - WUM + WU + WUM \cdot \left(1 - \frac{PE+A}{MM}\right)^{1+B} \qquad (2.21)$$

不然，则

$$R_1 = PE - WUM + WU \qquad (2.22)$$

透水面积上产生的上层自由水的一部分通过大孔隙直接渗漏到地下水中，其渗漏的水量为

$$R_{g1} = R_1 \cdot AA/(1-IM) \qquad (2.23)$$

另一部分进入底宽为上土层产流面积的敞开式上层自由水水箱，补充上层自由水蓄量，其量值 P_d 为

$$P_d = R_1 \cdot BB/(1-IM) \qquad (2.24)$$

上层自由水水箱中的自由水，一方面向下渗漏补充给下土层张力水和地下水，另一方面侧向出流产生地面径流（含壤中流）。

设上层自由水水箱蓄量为 S_d，地面径流出流量为 R_{d2}，地面径流出流量与地面径流蓄量成正比，即

$$R_{d2} = K_d \cdot S_d \cdot Fru \qquad (2.25)$$

式中：K_d 为地面径流出流系数；Fru 为上土层产流面积比例。

于是，整个单元流域面积上地面径流出流量 R_d 为

$$R_d = R_{d1} + R_{d2} \tag{2.26}$$

5. 下渗量计算及下土层产流计算

采用霍尔坦（Holtan）型下渗率曲线计算上层自由水对下土层的入渗。下土层的蓄水量用 WL 表示，其最大值即下层蓄水容量用 WLM 表示。上层自由水对下土层入渗，当下土层达到持水能力后，将发生对地下水的稳定入渗。下渗率计算公式：

$$f = F_c \cdot \left[1 + y\left(\frac{WLM - WL}{WLM}\right)^x\right] \tag{2.27}$$

式中：f 为下渗率，mm/d；F_c 为稳定下渗率，mm/d；x、y 为参数。

上层自由水对下土层的实际入渗水量为 F，

$$F = \begin{cases} f \cdot \dfrac{\Delta t}{24} \cdot Fru, & 若 \ f \cdot \dfrac{\Delta t}{24} < S_d \\ S_d \cdot Fru, & 否则 \end{cases} \tag{2.28}$$

式中：Δt 为计算时段长，h。

采用蓄满产流原理计算下渗水量 F 产生的下层自由水 R_2。考虑到下层张力水蓄水容量不均匀，设下层张力水蓄水容量曲线的方次为 BL，下层自由水 R_2 的计算公式为

$$MML = WLM \cdot \frac{1 + BL}{1 - IM} \tag{2.29}$$

$$AL = MML \cdot \left(1 - \left(1 - \frac{WL}{WLM}\right)^{\frac{1}{1+BL}}\right) \tag{2.30}$$

当 $F \leqslant 0$，则 $R_2 = 0$；不然，则

当 $F + AL < MML$，则

$$R_2 = F - WLM + WL + WLM \cdot \left(1 - \frac{F + AL}{MML}\right)^{1+BL} \tag{2.31}$$

不然，则

$$R_2 = F - WLM + WL \tag{2.32}$$

下土层产生的下层自由水直接补给地下水的水量为

$$R_{g2} = R_2 \tag{2.33}$$

于是，本时段地下水总补给量 P_g 为

$$P_g = R_{g1} + R_{g2} \tag{2.34}$$

设地下水蓄量为 S_g，地下径流出流量为 R_g，地下径流出流量与地下水蓄量成正比，即

$$R_g = K_g \cdot S_g \tag{2.35}$$

式中：K_g 为地下径流出流系数。

地下水蓄量 S_g 可取为平原区河网切割深度以上的潜水量，即

$$S_g = \mu \cdot 10^3 \cdot (Zms - Z) \tag{2.36}$$

式中：μ 为给水度，即单位深地下水的变化所释放的水量或补充的水量；Z 为地下水埋深，m；Zms 为河网平均切割深度参数。

6. 汇流计算

单元面积地下径流出流进入河网，其消退系数为 CG；单元面积地面径流出流进入河网，其消退系数为 CD，计算公式为

$$QG(I) = QG(I-1) \cdot CG + RG(I) \cdot (1-CG) \cdot U \tag{2.37}$$

$$QD(I) = QD(I-1) \cdot CI + RD(I) \cdot (1-CD) \cdot U \tag{2.38}$$

式中：U 是单位转换系数，$U=$ 流域面积(km^2)/(3.6 Δt)(h)；$RG(I)$、$RD(I)$ 分别为单元面积地下径流出流过程、地面径流出流过程，mm；$QG(I)$、$QD(I)$ 分别为单元面积河网地下径流入流过程、地面径流入流过程，m^3/s。

单元面积河网总入流过程为

$$QT(I) = QD(I) + QG(I) \tag{2.39}$$

式中：$QT(I)$ 为单元面积河网总入流，m^3/s。

单元面积河网汇流采用滞后演算法，计算公式为

$$Q(t) = CR \cdot Q(t) + (1-CR) \cdot QT(t-L) \tag{2.40}$$

式中：$Q(t)$ 为单元面积出口流量，m^3/s；CR 为河网蓄水消退系数；t 为当前时间；L 为滞后时间。

单元面积河网汇流也可采用无因次单位线法进行汇流计算。

7. 水量平衡

上土层和下土层张力水水量变化：

$$WU_2 = \begin{cases} WUM, & \text{若 } P-EU > WUM - WU_1 \\ WU_1 + P - EU, & \text{否则} \end{cases} \tag{2.41}$$

$$WL_2 = \begin{cases} WLM, & \text{若 } F-EL > WLM - WL_1 \\ WL_1 + F - EL + E_g, & \text{否则} \end{cases} \tag{2.42}$$

式中：WU_1、WU_2 分别为时段初、末上土层张力水含量；WL_1、WL_2 分别为时段初、末下土层张力水含量；其余符号意义同前。

上层自由水蓄量变化：

$$(S_d)_2 = (S_d)_1 + (P_d - R_{d2} - F)/Fru \tag{2.43}$$

式中：$(S_d)_1$、$(S_d)_2$ 分别为时段初、末上层自由水蓄量；其余符号意义同前。

地下水蓄量变化：

$$(S_g)_2 = (S_g)_1 + P_g - E_g - R_g \tag{2.44}$$

式中：$(S_g)_1$、$(S_g)_2$ 分别为时段初、末地下径流蓄量；其余符号意义同前。

淮北平原地下水埋深较浅，汛期暴雨集中，地下水极易上升到地面。为此，考虑地下水与地面径流之间的转化。引进地下水反馈参数即地下水蓄水容量 S_gM，当地下水蓄量超过其蓄水容量（潜水位上升到上土层）时，超过部分反馈给上层自由水，其反馈量由下式计算：

$$R_{gd} = \begin{cases} S_g - S_gM, & 若 S_g > S_gM \\ 0, & 否则 \end{cases} \tag{2.45}$$

上层自由水蓄量和地下水蓄量更新为

$$(S_d)_2 = (S_d)_1 + R_{gd}/Fru \tag{2.46}$$

$$(S_g)_2 = (S_g)_1 - R_{gd} \tag{2.47}$$

考虑地下水蓄量与地下水埋深之间的关系，计算时段地下水埋深变化为

$$Z_2 = Z_1 - (P_g - E_g - R_g)/(\mu \cdot 10^3) \tag{2.48}$$

式中：Z_1、Z_2 为时段初、末地下水埋深位，m；μ 为给水度，即单位深地下水的变化所释放的水量或补充的水量；P_g、E_g、R_g 含义同前，mm。

当没有地下水埋深观测资料时，可用下式计算潜水蒸发量：

$$E_g = rEM(S_g/S_gM)^\alpha \tag{2.49}$$

2.2 降雨预报精度评价与集合校正

2.2.1 全球气象模式

中尺度大气数值模式在20世纪80年代已有相当发展，进入20世纪90年代，一些中尺度模式和模拟系统已发展得相当先进并在世界范围内广为使用。如欧洲中期天气预报中心（ECMWF）的业务模式，美国国家环境预报中心（NCEP）与美国国家大气研究中心（NCAR）联合研制的 WRF 模式，英国气象局

业务中尺度模式 UKMO，加拿大中尺度可压缩共有模式 MC2，法国中尺度非静力模式 MESO-NH 模式，日本区域谱模式 JRSM，中国的 T213、T639 模式等[77-78]。

欧洲中期天气预报中心（ECMWF）是一个包括 34 个国家支持的国际性组织，是当今全球独树一帜的国际性天气预报研究和业务机构。ECMWF 于 1979 年 6 月首次做出了实时的中期天气预报。它的第一个业务模式是网格点模式[79]，从 1980 年 8 月 1 日起至 1983 年 4 月一直用于业务预报，于 1979 年 8 月 1 日开始做每周 5 d 的业务预报，1980 年 8 月 1 日起做每周 7 d 的业务预报。ECMWF 的第二个业务模式是一个谱模式[79]，于 1983 年 4 月 21 日投入业务使用。目前，ECMWF 主要提供 10 d 的中期数值预报产品，各成员国通过专用的区域气象数据通信网络得到这些产品后做出各自的中期预报，同时 ECMWF 也通过由世界气象组织（WMO）维护的全球通信网络向世界所有国家发送部分有用的中期数值预报产品。其使用的模式充分利用四维同化资料，可提供全球在 65 km 高度内 60 层的 40 km 网格密度共 20、911、680 个点的风、温、湿预报。

从 21 世纪 90 年代后半段开始，以美国环境预测中心（NCEP）、美国国家大气研究中心（NCAR）等为主的美国科研机构开始着手开发一种统一的气象模式。NCEP 和 NCAR 终于于 2000 年开发出了 WRF 模式[80]，WRF 模式分为 ARW(the Advanced Research WRF) 和 NMM(the Nonhydrostatic Mesoscale Model)两种，即研究用和业务用两种形式，分别由 NCEP 和 NCAR 管理维持着。WRF 模式不仅可以用于对真实天气的个案模拟，也可以用其包含的模块组作为基本物理过程探讨的理论根据。模式的输出及其后的分析承接前一代 MM5 系统[81]。WRF2.2 于 2006 年 12 月 22 日推出，WRF3.1 于 2009 年 4 月 9 日发布。

日本气象厅（JMA）从 1988 年 3 月开始对业务模式进行改进，并发展了日本谱模式（JSM），使之成为业务预报模式[82]，JSM 每天运行 2 次，发布 24 h 预报。JSM 在垂直方向有 19 层，水平分辨率为 40 km，模式的预报对象是中-α尺度的天气现象以及地形扰动的细致结构。该模式能非常好地预报天气尺度背景下的中尺度结构以及与极涡有关的中尺度云系的演变。对于梅雨季节的强降水过程，模式预报也非常有效。

中国气象局（CMA）从 1969 年开始正式发布短期数值天气预报。T213 中期数值预报系统于 2002 年 9 月 1 日起在中国气象局正式业务化。作为此系统核心的 T213L31 全球模式与原业务模式 T106L19 相比，在目前有限的计算机资源条件下，能积分高分辨率的模式，对于辐射方案、次网格尺度地形参数化、积云对流方案、云方案、陆面过程方案都做了很大改进，从而克服了许多 T106L19 模式中存在的问题[83-84]。T639L60 全球中期数值预报模式[85-86]，简称"T639 模式"，是对谱模式 T213L31 升级而来的，于 2007 年 12 月 14 日通过准业务运行评审[85]。T639全球模式（台风）1～15 d集合预报系统2014年8月5日正式投入业务运行。T639全球模式（台风）1～15 d集合预报系统适应业务优化的需求，构建的全球模式（台风）集合预报系统运行稳定，总体预报性能优于T213集合预报准业务化系统。

欧洲洪水预报系统于2003年启动后，最早开始将气象集合预报数值模式产品应用于洪水预报业务中[87]。2004年，欧洲中期天气预报中心在英国里丁召开了由气象和水文两个领域的科技工作者参加的国际水文集合预报试验第1次研讨会[88-89]。2005年世界气象组织启动了为期10年的THORPEX（The Observing System Research and Predictability Experiment a World Weather Research Program，简称WWRP/THORPEX）计划[90]，其主要目的在于研究全球及区域范围内高影响天气系统的发生、发展和可预报性，设计并实现交互式预报系统。TIGGE（THORPEX Interactive Grand Global Eusemble，全球交互式大集合）资料是THORPEX的一个重要组成部分[91-92]，全世界共有3个TIGGE集合预报产品数据库中心，即欧洲中期天气预报中心ECMWF、美国国家环境预报中心NCEP和中国气象局CMA。这3个中心可以接收来自全球主要预报中心的集合预报产品，包括欧洲中期天气预报中心ECMWF、美国国家环境预报中心NCEP、中国气象局CMA、英国气象办公室UKMO、法国气象局Meteo France、澳大利亚气象研究中心CAWCR、日本气象厅JMA、韩国气象中心KMA、巴西气象局CPTEC、加拿大气象中心MSC十个气象中心的数值预报资料，并以统一格式储存。各中心开始接收的时间不同，其中绝大部分是从2007年开始接收的，预报时效最长达16 d。

2.2.2 研究区域与数据

由雨量站监测到的降落到地面的雨量驱动水文模型得到的洪水过程预报，其理论预见期为主雨停止时刻至洪峰出现的时距，是由流域产汇流特性决定的，通常难以满足防洪和兴利同时兼顾的要求。为进一步延长预报发布时间至预报对象出现的时间间隔，即洪水预报的有效预见期[93]，有必要将降雨预报和降雨径流模型相结合，充分利用降雨预报的预见期。随着数值天气预报水平的不断提高，降雨预报产品已被研究应用于洪水预报[27,94-98]。本项研究以淮河水系典型流域为研究区域，选用TIGGE的4个不同模式的降雨预报数据，结合流域实测降雨资料，对各模式在1～7 d预见期内的预报精度进行综合评价，分析TIGGE降雨预报信息在淮河流域的可用性；在此基础上，提出基于TIGGE的4个不同模式的实时降水预报非线性校正方法，并研究其不确定性，提高降雨预报在研究区域内的精度，为洪水预报与调度提供科学依据。

为了分析研究TIGGE降雨预报信息在淮河流域的可用性，本项研究以淮河水系上游息县以上、史河蒋集以上、潢河横排头以上3个子流域为研究典型区域（参见图2.3）。研究区域是淮河水系重要的暴雨洪水产生区，也是淮河水系洪水资源利用的潜力区。

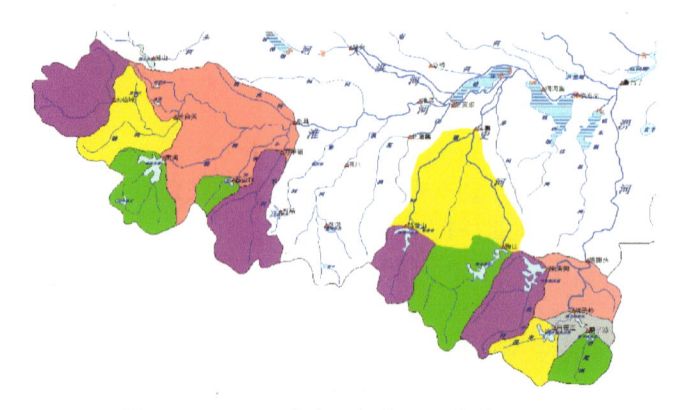

图 2.3　TIGGE 降水预报应用研究典型区域

考虑到洪水预报的实际需求、各个机构的预报时限以及起报时间,并考虑到与实测数据比对的分析期 2015 年至 2019 年之间数据的完整性(例如,NCEP 在 2015—2018 年汛期 5—9 月降水预报数据存在缺失,如 20160612,20160624-20160625,20160628-20160707,20160810-20160811,20160823-20160826 时间点数据缺失),本项研究主要选取 TIGGE 的欧洲中期天气预报中心 ECMWF、日本气象厅 JMA、中国气象局 CMA、英国气象局 UKMO 共 4 个预报模式的 7 d 降雨量,数据来源于 http://apps.ecmwf.int/datasets/。由于各个机构发布的降水预报时空分辨率有所不同,因此统一选用预报时间为每天的世界标准时间(00:00UTC)的预报产品,预报时长统一为 168 h(7 d),分辨率为 $0.5°×0.5°$。由于 JMA 在 2013 年缺少世界时间 0 时的预报数据、CMA 在 2014 年缺少 8 月份的预报数据,故选取的序列时间为 2015 年至 2018 年淮河流域汛期(5 月 1 日至 9 月 30 日)。采用泰森多边形法由 TIGGE 产品 $0.5°×0.5°$ 格点预报雨量计算各子流域面雨量作为面雨量预报值;提取研究区域雨量站相应时段的实测雨量数据,采用泰森多边形法计算各子流域面雨量,对比同期面雨量预报值与实测值,评价降雨预报的精度。研究依据的降雨资料概况汇总为表 2.1。

表 2.1　研究依据的降雨资料概况

数据类型	CMA	JMA	ECMWF	UKMO	实测
预见期	240 h	216 h	360 h	360 h	—
起报时间	世界时 00:00,12:00				—
时间步长	6 h				24 h
空间分辨率	$0.5°×0.5°$				—
资料长度	2015—2018 年汛期(5 月 1 日—9 月 30 日)				

2.2.3 预报精度评价

2.2.3.1 评价指标

本项研究从降雨定性预报检验和降雨定量预报检验的角度评价降雨预报的精度。降雨定性预报检验指标采用我们提出的三率综合评价值，降雨定量预报检验采用均方根误差。

1. 三率综合评价值

为评估降水预报降水量级的准确性，需要先将预报降水按照标准分级。对于短期降雨预报，气象部门常采用的降水分级标准有两种：一种为晴雨二级标准，即有雨、无雨预报；另一种为降雨量多级标准，即将时段内总的降雨量信息按照大小划分为微量降雨(零星小雨)、小雨、中雨、大雨、暴雨、大暴雨、特大暴雨7个等级[99]。由于在实际进行洪水预报计算时，小于1 mm的时段降雨量对于洪水的形成没有影响，故将24 h晴及微量降雨量级定义为"无雨"，具体降雨等级划分见表2.2所示。

表2.2 降雨等级划分表

降雨等级编号	降雨等级	24 h降雨总量/mm
1	无雨	0～0.9
2	小雨	1.0～9.9
3	中雨	10.0～24.9
4	大雨	25.0～49.9
5	暴雨	50.0～99.9
6	大暴雨	100.0～249.9
7	特大暴雨	>250.0

Flueek于1987年曾提出，建立一个评分方法应遵循5条准则[100]：①构造一个简单易懂的值来表示评分结果；②构造评分值时应包括列联表中的所有元素；③该值与事件本身的概率是独立的，使评分结果有可比性；④避免导向预报偏于某种错误倾向；⑤反映预报能力的变化有一定的灵敏度。

根据Flueek提出的5条准则，2005年中国气象局颁布的《中短期天气预报质量检验办法(试行)》中的Ts评分、漏报率PO、空报率FAR指标显然不符合准则②。PO指标会导致宁空不漏，即过分预报倾向，不符合准则④。FAR指标会导致宁漏不空，即过少预报倾向，不符合准则④。若每次都预报降雨事件不发生，则PO等于事件发生的气候概率，不符合准则③。若每次都预报降雨事件发生，则FAR等于事件不发生的气候概率，不符合准则③。

为了更好地对面向洪水预报的降雨预报模式的精度进行评价，定义降雨预报的确报率、漏报率和空报率。

(1) 确报率(α)：

$$\alpha_i = (n_{i,j}/N_i) \times 100\% \qquad (2.50)$$

式中：α_i 为第 i 级降雨的降雨预报确报率；$n_{i,j}$ 为表示预报将发生 i 级降雨而实际发生 j 级降雨的次数；N_i 为表示预报量级为 i 级降雨的总次数。

(2) 漏报率(β)：

$$\beta_i = \Big(\sum_{j=i+1}^{m} n_{i,j}/N_i\Big) \times 100\%,\ i \neq m \qquad (2.51)$$

式中：β_i 为第 i 级降雨的降雨预报漏报率；m 为降雨量级划分总数，即 $m=7$ 级。

(3) 空报率(γ)：

$$\gamma_i = \Big(\sum_{j=i+1}^{m} n_{i,j}/N_i\Big) \times 100\%,\ i \neq 1 \qquad (2.52)$$

式中：γ_i 为第 i 级降雨的降雨预报空报率。

确报率反映降雨预报的确报情况（即预报量级与实际发生量级相同）；漏报率反映预报的降雨量级小于实际降雨量级的情况；空报率反映预报的降雨量级大于实际降雨量级的情况。

为了能综合评价降雨预报精度，在确报率、空报率和漏报率评价指标的基础上提出降雨预报三率综合评价的方法，公式如下：

$$P_i = w_1 \cdot P_{h,i} + w_2 \cdot (1 - P_{f,i}) + w_3 \cdot (1 - P_{m,i}) \qquad (2.53)$$

$$P = \sum_{i=1}^{D} V_i \cdot P_i \qquad (2.54)$$

式中：$P_{h,i}$、$P_{f,i}$、$P_{m,i}$ 分别为预见期为 i（d）的确报率、空报率和漏报率；w_1、w_2、w_3 分别为确报率、非空报率、非漏报率权重，满足 $w_1+w_2+w_3=1$；P_i 为预见期为 i（d）的降雨预报三率综合评价值，越大越好，满足 $0 \leqslant P_i \leqslant 1$；$V_i$ 为 P_i 的权重，满足 $\sum_{i=1}^{D} V_i = 1$；D 为考虑的最长预见期(d)，根据研究区域洪水预报与调度的实际情况，本项研究取 $D=7$；P 为整个预见期降雨预报三率综合评价值，越大越好，满足 $0 \leqslant P \leqslant 1$。

鉴于漏报对于防洪调度可能产生较大不利影响，本文主要考虑漏报率最低、确报率高的预报方案，故应给予非漏报率较高的权重、确报率次高权重、非空报率稍低权重，经分析确定 w_1、w_2、w_3 分别取为 0.3、0.2、0.5。从洪水预报与调度工作对未来降雨预报的要求来看，未来某时段距离预报根据时间(实测截止时间)越近，该时段降水预报的预见期就越短，对该时段降雨预报的精度要求就越高，经分析确定，1~7 d 的预见期精度综合评价指标权重分别赋为 0.2、0.2、0.15、0.15、0.15、0.1、0.05。

三率综合评价值是正向指标，三率综合评价值越大，降雨预报精度越高。

2. 均方根误差

均方根误差（$RMSE$）反映降雨预报和实测值差别的平均大小，公式如下：

$$RMSE = \sqrt{\frac{1}{n}\sum_{i=1}^{n}(f_i - o_i)^2} \tag{2.55}$$

式中：f_i 为降雨预报值；o_i 为降雨实测值；n 为样本容量。

均方根误差是负向指标，均方根误差越小，降雨预报精度越高。

2.2.3.2 息县流域预报精度

基于 2015 年至 2018 年汛期（5 月至 9 月）研究区域 TIGGE 的欧洲中期天气预报中心 ECMWF、日本气象厅 JMA、中国气象局 CMA、英国气象局 UKMO 预报模式的 7 d 降雨量和各雨量站实测雨量数据，对 TIGGE 的 4 个预报模式的精度进行了评估计算，结果如图 2.4、图 2.5 及表 2.3、表 2.4 所示。

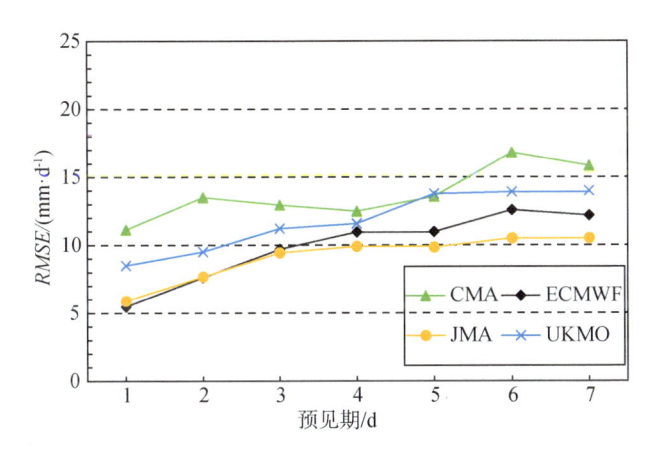

图 2.4 降雨预报均方根误差（息县以上各子流域面积加权）

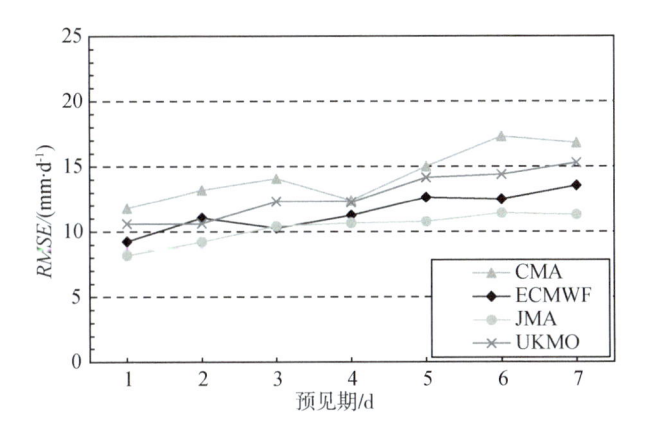

图 2.5 降雨预报均方根误差（大坡岭子流域）

表 2.3　降雨预报三率综合评价值(息县以上各子流域面积加权)

模式	无雨	小雨	中雨	大雨	暴雨	大暴雨
ECMWF	0.93	0.64	0.58	0.64	0.56	—
JMA	0.92	0.62	0.58	0.69	0.70	—
UKMO	0.92	0.62	0.56	0.66	0.58	0.50
CMA	0.90	0.61	0.55	0.60	0.57	0.50

表 2.4　降雨预报三率综合评价值(大坡岭子流域)

模式	无雨	小雨	中雨	大雨	暴雨	大暴雨
ECMWF	0.95	0.60	0.54	0.58	0.67	0.50
JMA	0.94	0.57	0.53	0.56	0.65	0.50
UKMO	0.93	0.58	0.56	0.60	0.63	0.50
CMA	0.92	0.56	0.54	0.57	0.58	0.50

对于降雨预报均方根误差指标 $RMSE$：

(1) JMA 的 $RMSE$ 表现最好,均相对低于其他几个模式;ECMWF 的 $RMSE$ 表现仅次于 JMA;CMA 的 $RMSE$ 则明显高于其他几个模式。

(2) 总体上,$RMSE$ 随着预见期的增加而增加。

对于降雨预报三率综合评价指标 P:

(1) 4 个预报模式对于无雨情况预报的三率综合评价值均在 0.90 以上,可直接应用于实际工作中。

(2) 除无雨外,对于其他几个量级的降雨,在息县以上流域及其子流域的预报三率综合评价值在 0.60 左右,难以直接应用于洪水预报中。

(3) 从不同模式来看,ECMWF 的精度优于其他模式,JMA 的表现相当,稍次于 ECMWF。

2.2.3.3　蒋集流域预报精度

TIGGE 的 4 个预报模式的精度评估计算结果如图 2.6、图 2.7 及表 2.5、表 2.6 所示。

对于均方根误差指标 $RMSE$,4 家机构的降雨预报数据在蒋集以上流域和息县以上流域表现相似:

(1) 4 个预报模式的 $RMSE$ 随预见期增加而增加。

(2) CMA 的表现明显差于其他 3 家机构,而 JMA 拥有最小的 $RMSE$,ECMWF 和 UKMO 的表现十分接近。

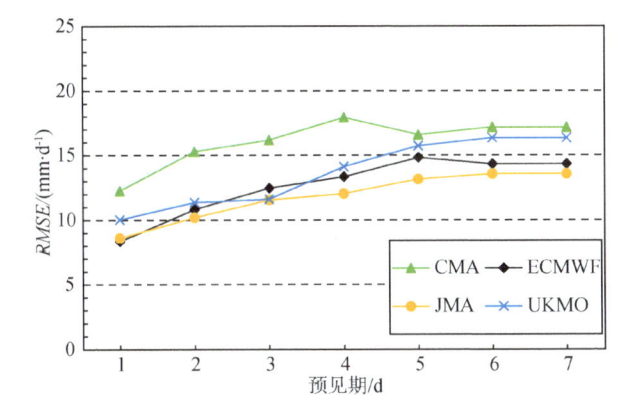

图 2.6　降雨预报均方根误差(蒋集以上各子流域面积加权)

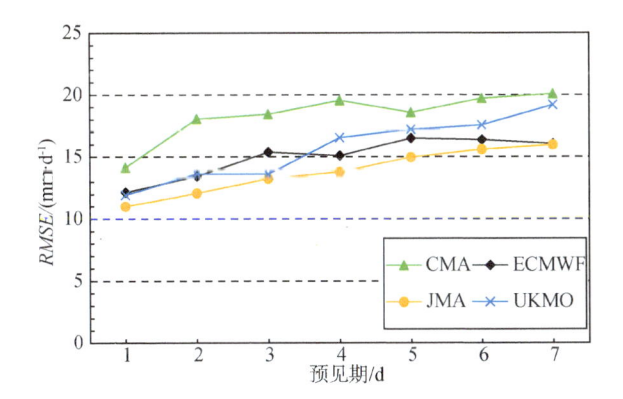

图 2.7　降雨预报均方根误差(梅山水库子流域)

表 2.5　降雨预报三率综合评价值(蒋集以上各子流域面积加权)

模式	无雨	小雨	中雨	大雨	暴雨	大暴雨
ECMWF	0.92	0.62	0.61	0.63	0.58	0.50
JMA	0.92	0.61	0.57	0.56	0.46	—
UKMO	0.90	0.61	0.58	0.58	0.61	0.59
CMA	0.88	0.60	0.58	0.58	0.55	0.53

表 2.6　降雨预报三率综合评价值(梅山水库子流域)

模式	无雨	小雨	中雨	大雨	暴雨	大暴雨
ECMWF	0.94	0.53	0.58	0.60	0.59	0.50
JMA	0.92	0.54	0.55	0.56	0.52	—
UKMO	0.92	0.54	0.57	0.62	0.63	0.66
CMA	0.90	0.52	0.53	0.55	0.55	0.52

对于降雨预报三率综合评价指标 P，在蒋集以上流域和息县以上流域表现也十分接近：

（1）4 个预报模式中，除 CMA 外，对于无雨情况，三率综合评价值均超过了 0.90，CMA 对于无雨情况的三率综合评价值为 0.88。

（2）除无雨外，对于其他几个量级的降雨，在蒋集以上流域及其子流域的预报三率综合评价值在 0.52～0.66 之间，其精度明显不如无雨预报。

（3）4 个模式随着降雨量级的增大，预报三率综合评价值出现显著下降。

2.2.3.4 横排头流域预报精度

TIGGE 的 4 个预报模式的精度评估计算结果如图 2.8、图 2.9 及表 2.7、表 2.8 所示。

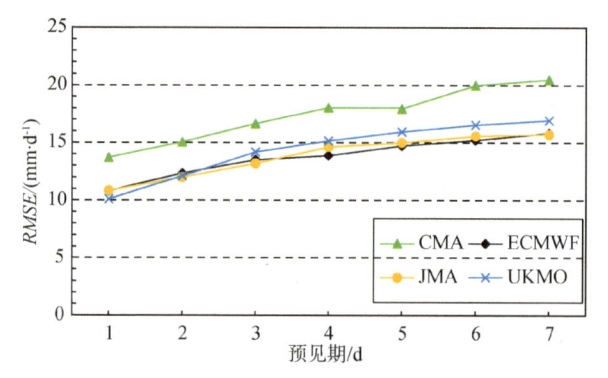

图 2.8 降雨预报均方根误差（横排头以上各子流域面积加权）

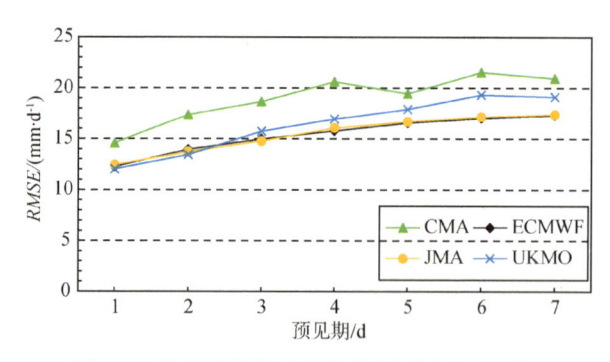

图 2.9 降雨预报均方根误差（响洪甸子流域）

表 2.7 降雨预报三率综合评价值（横排头以上各子流域面积加权）

模式	无雨	小雨	中雨	大雨	暴雨	大暴雨
ECMWF	0.91	0.64	0.62	0.53	0.57	0.50
JMA	0.89	0.64	0.61	0.57	0.53	—
UKMO	0.90	0.64	0.63	0.58	0.62	0.50
CMA	0.87	0.64	0.60	0.53	0.54	0.58

表 2.8　降雨预报三率综合评价值（响洪甸子流域）

模式	无雨	小雨	中雨	大雨	暴雨	大暴雨
ECMWF	0.92	0.61	0.58	0.55	0.54	0.50
JMA	0.91	0.61	0.57	0.57	0.54	—
UKMO	0.91	0.59	0.59	0.55	0.57	0.70
CMA	0.88	0.60	0.56	0.56	0.53	0.55

对于均方根误差指标 $RMSE$：

（1）综合来看，全流域和各个子流域的精度变化基本一致，$RMSE$ 随预见期增加而增加。

（2）ECMWF 与 JMA 的表现十分相近，UKMO 的表现稍差于 ECMWF 与 JMA，CMA 明显差于其他 3 家机构。

对于降雨预报三率综合评价指标 P：

（1）4 个预报模式对于无雨情况的预报三率综合评价值基本在 0.87 以上。

（2）除无雨外，对于其他几个量级的降雨，在将集以上流域及其子流域的预报三率综合评价值在 0.50～0.70 之间，其精度明显不如无雨预报。

（3）4 个模式随着降雨量级的增大，预报三率综合评价值出现显著下降。

2.2.4　降雨预报集合校正

由于大气混沌特性的客观存在，以及降水预报模型结构等原因，降水预报的结果与实测结果存在一定的偏差。因此，降水预报校正对于提高降水预报精度具有重要意义。降水集合预报是提高降水预报精度的常用手段。降水集合预报可以在单一数值天气预报模式基础上进行初值扰动后再进行集合，也可对多种数值天气预报模式进行集合。利用多种模式集合预报进行校正能够更好地考虑模型结构对结果的影响，有效弥补单一模式预报效果的不足，提高降水预报的精度[101]。

降水预报多模式集合校正方法可分为线性方法、非线性方法、贝叶斯概率平均法 3 类。线性方法包括消除偏差集合平均法（BREM）、等权的简单集合平均法（EMN）以及不等权的超级集合平均法（SUP）等[102]；非线性方法就是基于非线性动态系统方法及机器学习方法的校正方法，包含 BP 人工神经网络、SVR 支持向量回归等方法[103-105]。近年来，随着概率预报的不断兴起，基于贝叶斯理论的多模型概率平均法也逐渐应用于多模式集合预报中[106]。

2.2.4.1　集合校正模型方法

为了改善降雨预报的精度，许多学者提出了各种集合预报的方法，例如消除偏差集合平均法（BREM），公式如下：

$$F = \overline{O} + \frac{1}{m}\sum_{i=1}^{m}(F_i - \overline{F}_i) \tag{2.56}$$

式中：$\overline{O}$ 为与模型训练样本同期的实测降雨的均值；m 为利用的集合成员数；F_i 为第 i 个成员的预报值；$\overline{F}_i$ 为第 i 个成员训练样本的均值；F 为降雨集合预报值。

在公式(2.56)中，F 与 $F_1, F_2, \cdots, F_m$ 的关系是线性的，广义的，有

$$F = f(F_1, F_2, \cdots, F_m) \tag{2.57}$$

其中，f 可以是非线性回归关系，例如，可用支持向量回归来逼近 f。

本文采用 ν-SVR 逼近 f 并与集合平均法 EM、消除偏差集合平均法 BREM 及线性回归 LR 对比。

ν-SVR 模型有三个参数需要选择，分别为惩罚因子 C、核函数参数 σ 和支持向量控制参数 ν。通常采用极小化均方误差模型(2.58)来优选 C、σ 和 ν。

$$MSE = \frac{1}{n}\sum_{i=1}^{n}(F(i) - O(i))^2 \tag{2.58}$$

式中：$F(i)$ 和 $O(i)$ 分别代表第 i 时刻的预报值和实测值；n 是样本容量。

通过极小化均方误差求解的 ν-SVR 模型，其支持向量的个数可能很大。固定参数 C、σ，通过摄动参数 $\nu \in [0,1]$，分析预报误差及支持向量个数，最终确定参数 ν。

在实际调度中，漏报和空报对于洪水资源利用有着完全不同的影响，前者会极大地增加防洪风险，而后者仅仅影响洪水资源利用效益。为了避免由漏报产生的防洪风险，本研究在 SVR 模型的基础上，提出通过极小化漏报误差来优化参数 C、σ 和 ν，并通过摄动参数 $\nu \in [0,1]$，分析预报误差及支持向量机个数，最终确定参数 ν。

极小化漏报误差 ν-SVR 模型(SVR-MA)优选参数 C、σ 和 ν 的目标函数如下：

$$RMSE_{MA} = \sqrt{\frac{1}{N_M}\sum_{i=1}^{N_M}(D_i)^2} \tag{2.59}$$

$$D_i = \begin{cases} o_i - f_i, & o_i > f_i \\ 0, & o_i \leqslant f_i \end{cases} \tag{2.60}$$

$$N_M = \sum_{i=1}^{n} I(D_i), \quad I(x) = \begin{cases} 1, & x > 0 \\ 0, & x \leqslant 0 \end{cases} \tag{2.61}$$

式中：o_i 为实测值；f_i 为预报值；N_M 是 $D_i > 0$ 的数目。

2.2.4.2 模型率定与验证比较

以史河蒋集流域为例,选取 2015 年和 2016 年的汛期(5 月 1 日至 9 月 30 日)作为训练期,2017 年和 2018 年的汛期(5 月 1 日至 9 月 30 日)作为验证期,对基于 TIGGE 的 ECMWF、JMA、CMA、UKMO 等 4 个预报模式的集合预报校正模型 ν-支持向量回归校正模型 SVR、极小化漏报误差的 ν-支持向量回归校正模型 SVR-MA、线性回归校正模型 LR 进行模型率定与验证,并与集合平均法 EM、消除偏差集合平均法 BREM 进行对比。由 2.2.3 节对 TIGGE 的 4 个预报模式评价结果可知,JMA 预测精度较高。将各种预报校正模型与最佳原始预报 JMA 进行对比,计算结果见图 2.10、图 2.11、表 2.9、表 2.10。

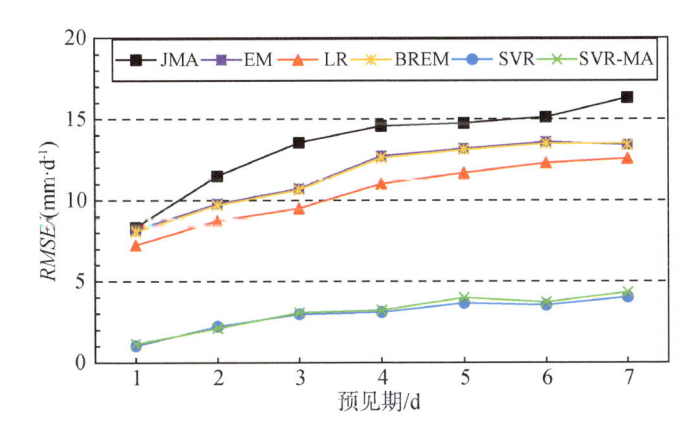

图 2.10 训练期均方根误差对比(蒋集各子流域面积加权)

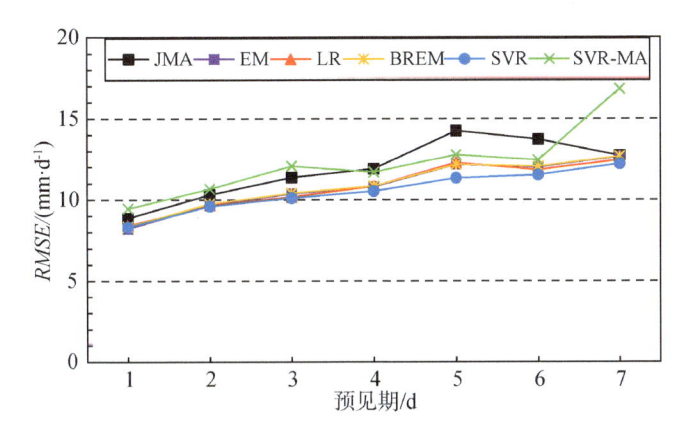

图 2.11 验证期均方根误差对比(蒋集以上各子流域面积加权)

表 2.9 训练期三率综合评价对比（蒋集以上各子流域面积加权）

集合方法	无雨	小雨	中雨	大雨	暴雨	大暴雨
JMA	0.92	0.61	0.57	0.56	0.46	—
EM	0.93	0.60	0.57	0.64	0.51	0.20
BREM	0.93	0.59	0.55	0.69	0.50	0.20
LR	0.91	0.61	0.57	0.64	0.51	0.20
SVR	0.94	0.62	0.83	0.95	1.00	1.00
SVR-MA	0.92	0.65	0.85	0.98	1.00	1.00

表 2.10 验证期三率综合评价对比（蒋集以上各子流域面积加权）

集合方法	无雨	小雨	中雨	大雨	暴雨	大暴雨
JMA	0.92	0.62	0.54	0.57	0.43	0.50
EM	0.97	0.62	0.61	0.61	0.50	—
BREM	0.97	0.61	0.59	0.53	0.50	—
LR	0.93	0.63	0.64	0.61	0.50	—
SVR	0.96	0.65	0.66	0.72	0.79	0.65
SVR-MA	0.82	0.59	0.59	0.75	0.76	0.60

对于降雨预报均方根误差指标 $RMSE$：

（1）5 种集合校正方法结果均优于 JMA 的原始预报结果，仅有极少的情况劣于 JMA，这表明采用集合校正方法确实有助于提高降雨预报的精度；各种方法预报的精度也随预见期的增加而下降。

（2）EM 和 BREM 方法的 $RMSE$ 十分相近，而 LR 的结果略好于另外两种线性集合校正方法但差距不大。作为非线性集合校正方法，SVR 和 SVR-MA 在训练期表现出了极大的优势，在验证期 SVR 也好于其他集合校正方法，SVR-MA 与 JMA 的 $RMSE$ 差别不大。

对于降雨预报三率综合评价指标 P：

（1）与 4 个原始模式相比，5 种集合方法无论是在训练期还是在验证期，均有效改善了降雨预报三率综合评价值。

（2）三种线性方法得到的降雨预报三率综合评价指标值相差不大，而作为非线性方法的 SVR 和 SVR-MA 对三率综合评价指标的改进较明显。

面向洪水资源利用的防洪调度实践中，降雨预报的漏报和空报有着不同影响。下面分析不同集合校正方法对于漏报误差的改善。图 2.12 至图 2.16 与图 2.17 至图 2.21 分别是蒋集全流域不同集合方法训练期与验证期的漏报误差分布箱线图。

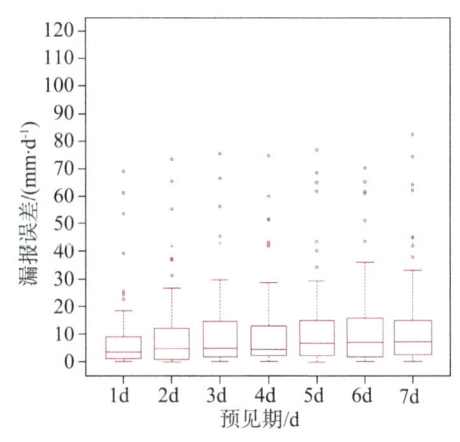

图 2.12　蒋集全流域漏报误差分布箱线图(EM,训练期)

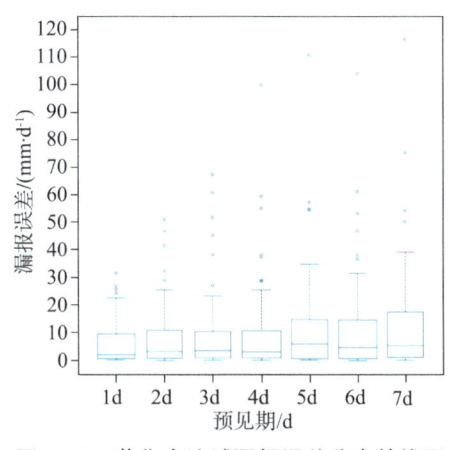

图 2.13　蒋集全流域漏报误差分布箱线图(BREM,训练期)

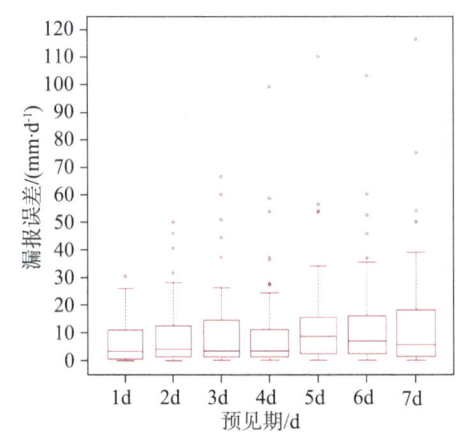

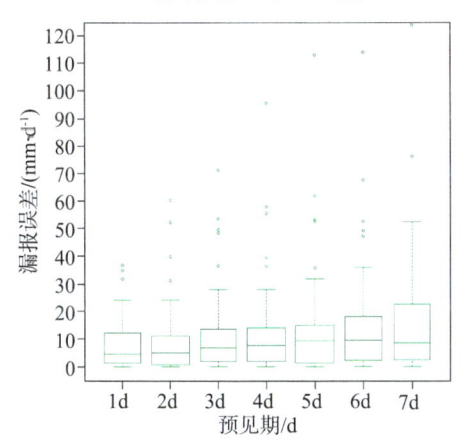

图 2.14　蒋集全流域漏报误差分布箱线图(LR,训练期)

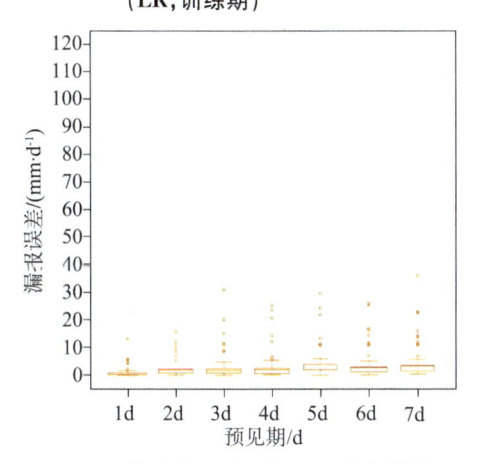

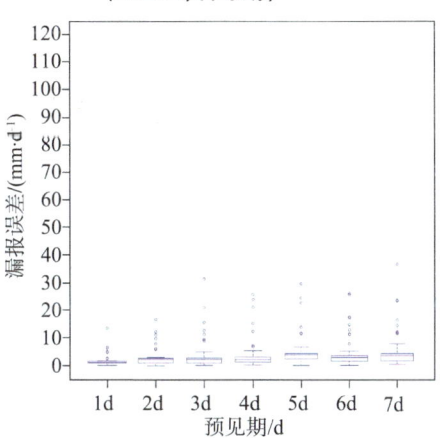

图 2.15　蒋集全流域漏报误差分布箱线图(SVR,训练期)

图 2.16　蒋集全流域漏报误差分布箱线图(SVR-MA,训练期)

图 2.17　蒋集全流域漏报误差分布箱线图(EM,验证期)

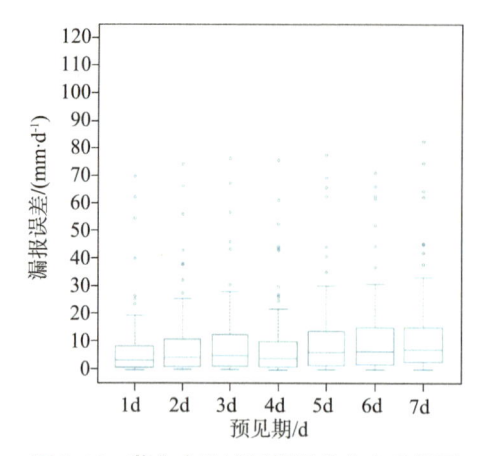

图 2.18　蒋集全流域漏报误差分布箱线图（BREM，验证期）

图 2.19　蒋集全流域漏报误差分布箱线图（LR，验证期）

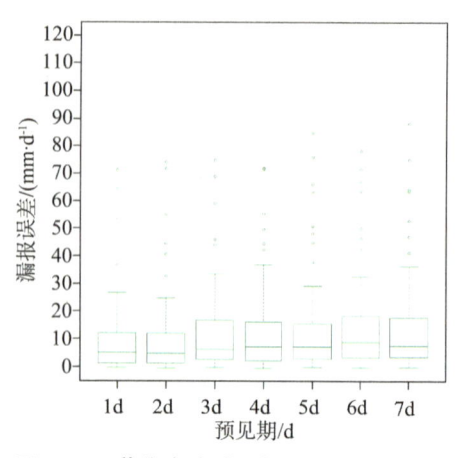

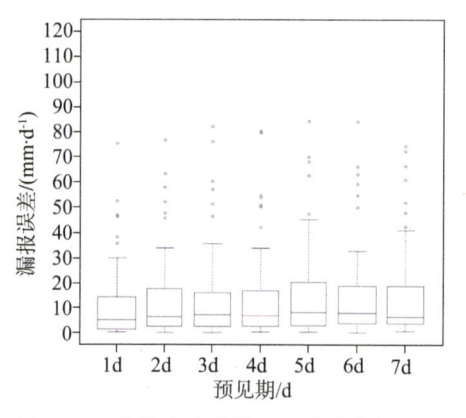

图 2.20　蒋集全流域漏报误差分布箱线图（SVR，验证期）

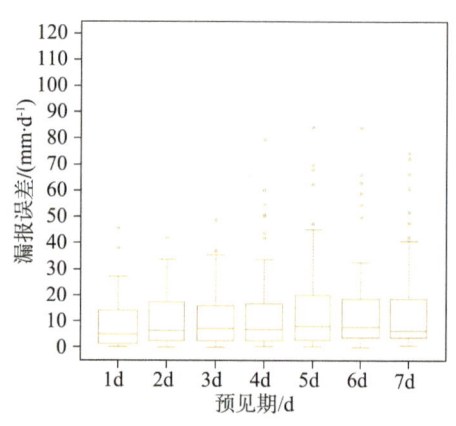

图 2.21　蒋集全流域漏报误差分布箱线图（SVR-MA，验证期）

由图 2.12 至图 2.16 与图 2.17 至图 2.21 可知：

(1) 在训练期，5 种集合校正方法中，SVR、SVR-MA 的漏报误差最小，绝大多数的漏报误差在 8 mm 以内，全部离群点漏报误差均在 40 mm 以内；LR、BREM 和 EM 的漏报误差超过 10 mm，绝大多数离群点漏报误差超过 40 mm，甚至超过 80 mm。

(2) 在验证期，SVR-MA 的漏报误差最小，其次是 BREM 和 SVR；在预见期为 3 d 以内时，SVR-MA 的包括离群点在内的全部漏报误差均小于 50 mm，而 SVR 的绝大部分离群点漏报误差超过了 50 mm。

综上所述，非线性集合校正方法 SVR 的 *RMSE*、三率综合评价指标和漏报误差指标的表现优于线性方法；非线性集合校正方法 SVR-MA 的三率综合评价指标的表现与 SVR 相近，它的 *RMSE* 稍高于 SVR；但 SVR-MA 的漏报误差指标的表现优于 SVR，这对于防洪安全十分有利，更符合洪水资源利用的要求。

2.3 降雨预报的不确定性分析与概率预报

降水不确定性可分为"落地雨"的不确定性与定量降水预报的不确定性。

"落地雨"的降水预报数据的采集最常见的是雨量站站网采集。其不确定性在于，首先部分区域雨量站的布置覆盖率不高，尤其是一些偏远地区，雨量站的布置密度根本无法保证降水数据采集的质量和数量；同时现有研究表明雨量站数目增加和预报精度提高两者之间并不呈现完全的正相关关系，只依靠增加雨量站的数目并不能保证降水预报精度提高，而且布设密集的雨量站只能减小降水预报空间上的偏差，时间上的偏差仍然无法避免。此外，实测降水观测过程中，由于降雨观测技术和方法的选择以及观测仪器精度的影响，观测误差仍无法避免。

预见期内降水预报的不确定性产生于不同的定量降水预报方法，定量降水预报方法通常可分为气象学方法与统计学方法两类。降水预报模型往往借助物理学原理或数学方法对降水过程作一定假设与概化，模型结构设置与参数选择的不确定性会使降水预报结果存在误差。统计学方法是基于统计学原理，利用线性或非线性方法建立气象因子与天气预报量之间的有效相关关系进而预报降水的方法，无法明确降水形成的物理机制，受统计方法选择及参数设置影响，降水预报误差也不可避免。

目前，已有众多研究学者就降水不确定性开展研究并取得诸多成果，"落地雨"的不确定性处理方法有"抽站法"[107]和"雨深乘子法"[108]等，而定量降水预报的不确定性处理目前主要通过降水概率预报技术或集合预报实现。

Kelly 和 Krzysztofowicz[109]于 1997 年根据贝叶斯预报系统（BFS）中的高斯定律建立了二变量的准高斯分布函数，用于评估降水数据的不确定性。Herra 和 Krzysztofowicz[110]于 2005 年建立了两个空间分布的降雨量随机变量的联合概率分布函数计算公式。Schaake 等[111]于 2007 年基于二变量的混合分布，并应用正态分位数转换方法制作并开发了降水集合后处理模型（EPP），用于建立两个非正态变量之间的联合分布。在此基础上，Wu 等[112]于 2011 年开发了混合型亚高斯联合分布，将每个边缘分布建模为连续分布的凸组合，能够更加准确地描述间隔降水。本项研究提出了降水预报不确定性分析的广义贝叶斯模型（Generalized Bayesian model，简称 GBM）[113]。

2.3.1 GBM 的基本原理

2.3.1.1 降雨的广义概率密度

贝叶斯决策理论于 1763 年提出，并在 20 世纪 70 年代后应用于洪水风险研究,逐渐成为概率水文预报中重要的不确定性分析方法。

贝叶斯决策理论认为:如果我们没有现时观察值可以利用,那么我们就必须在信息不完全的条件下做出决策,必须根据以前的经验信息,对 S 的概率分布作出先验推断,估计出 S 的概率分布 $\pi(s)$。为了减少决策的风险,应当经常不断地利用所有可能获得的信息,包括来自经验、直觉、判断的主观认识,以减少未来状态认识论层次的不确定性。如果我们既有以前的经验,又有现时的观察数据(即现时信息)可利用,我们就应该利用现时信息去更新对 S 的认识。

贝叶斯决策理论的基础是贝叶斯公式。设状态变量 S 是连续型随机变量,S 的先验概率密度为 $\pi(s)$,S 的预报记为 S',贝叶斯统计中称之为伴随状态变量。当通过伴随变量对状态变量有了新的认识,得到了伴随状态变量的条件概率密度 $f(s'|s)$ 时,则可以用 $f(s'|s)$ 更新对状态变量的认识,将 S 的先验概率密度 $\pi(s)$ 更新为后验概率密度 $\pi(s|s')$,贝叶斯公式为

$$\pi(s|s') = \frac{f(s'|s) \cdot \pi(s)}{\int f(s'|t) \cdot \pi(t)\mathrm{d}t} \qquad (2.62)$$

当状态变量 S 可以用离散型概率分布描述时,设 S 的先验分布为

$$P\{s = s_j\} = p(s_j),\ j = 1,2,\cdots,m \qquad (2.63)$$

设状态变量 S 的预报变量 S' 的条件概率分布为

$$P\{s' = s'_i \mid s = s_j\} = p(s'_i \mid s_j), i = 1,2,\cdots,m; j = 1,2,\cdots,m \qquad (2.64)$$

则状态变量 S 的后验分布为由离散型贝叶斯公式计算:

$$p(s_j \mid s'_i) = \frac{p(s'_i \mid s_j) \cdot p(s_j)}{\sum_{k=1}^{m} p(s'_i \mid s_k) \cdot p(s_k)} \qquad (2.65)$$

对于离散型随机变量,有离散型随机变量的贝叶斯公式;对于连续型随机变量,有连续型随机变量的贝叶斯公式。而降雨随机变量本质上既不是连续型随机变量,也不是离散型随机变量,是混合型随机变量。对于混合型随机变量,没有相应的贝叶斯公式。

为了能统一描述离散型随机变量和连续型随机变量的贝叶斯公式,我们提出了基于广义概率密度函数概念的降水预报不确定性分析的广义贝叶斯公式[113]。

对于离散型概率分布 r.v.S,其分布律为式(2.63),定义 r.v.S 的广义概率密度函数为

$$f_S(s) = \sum_{i=1}^{m} p_i \cdot \delta(s-s_i) \tag{2.66}$$

其中，

$$\delta(x) = \begin{cases} +\infty, & x=0 \\ 0, & x\neq 0 \end{cases}, \int_{-\infty}^{+\infty}\delta(x)\mathrm{d}x = \int_{-\varepsilon}^{+\varepsilon}\delta(x)\mathrm{d}x = 1, \forall \varepsilon>0 \tag{2.67}$$

r.v. S 的分布函数为

$$\begin{aligned} F_S(x) &= P\{S<x\} = \int_{-\infty}^{x} f_S(s)\mathrm{d}s \\ &= \int_{-\infty}^{x} \sum_{k=1}^{m} p_k \delta(s-s_k)\mathrm{d}s = \begin{cases} 0, & x \leqslant s_1 \\ \sum_{k=1}^{i} p_k, & s_i < x \leqslant s_{i+1}, i=1,2,\cdots,m-1 \\ 1, & x > s_m \end{cases} \end{aligned} \tag{2.68}$$

设研究区域降水随机变量为 r.v. X，其基本事件空间为 $\Omega_X = [0,+\infty)$，分布函数为

$$x \leqslant 0, F_X(x) = P\{X<x\} = 0;$$
$$x > 0, F_X(x) = P\{X<x\} = P\{X=0\} + P\{X>0\} \cdot P\{0<X<x \mid X>0\} \tag{2.69}$$

由式(2.69)可知 r.v. X 的广义概率密度函数为

$$f_X(x) = \alpha_0 \delta(x) + (1-\alpha_0) f_X(x \mid X>0) \tag{2.70}$$

$$\alpha_0 = P\{X=0\} \tag{2.71}$$

式(2.70)、(2.71)中：$f_X(x \mid X>0)$ 为 $X>0$ 下的条件概率密度函数，可用 Weibull 分布、Gamma 分布或对数正态分布等估计；α_0 可根据样本直接估计。

2.3.1.2 降雨预报的条件概率密度

设研究区域降雨预报随机变量为 r.v. Y，其基本事件空间为 $\Omega_Y = [0,+\infty)$，r.v. Y 与 r.v. $X=x$ 的关系为

$$Y = x + \varepsilon(x) \tag{2.72}$$

式中：$\varepsilon(x)$ 为 r.v. $X=x$ 的条件下降雨预报误差随机变量。

r.v. Y 对于 r.v. $X=x$ 的条件分布函数推导如下：

当 $y \leqslant 0$ 时，

$$F_{Y|X=x}(y) = P\{Y < y \mid X = x\} = 0 \tag{2.73}$$

当 $y > 0$ 时，

$$\begin{aligned}F_{Y|X=0}(y) &= P\{Y < y \mid X = 0\} = P\{Y < y, Y = 0 \mid X = 0\} + \\ & \quad P\{Y < y, Y > 0 \mid X = 0\} \\ &= P\{Y = 0 \mid X = 0\} + P\{Y > 0 \mid X = 0\} \cdot P\{Y < y \mid Y > 0, X = 0\} \\ &= \beta_{0,0} + (1 - \beta_{0,0}) \int_0^y f_Y(t \mid Y > 0, X = 0) \mathrm{d}t \end{aligned} \tag{2.74}$$

其中，

$$\beta_{0,0} = P\{Y = 0 \mid X = 0\} \tag{2.75}$$

$$f_Y(y \mid Y > 0, X = 0) \begin{cases} > 0, & y > 0 \\ 0, & y \leqslant 0 \end{cases}, \quad \int_0^{+\infty} f_Y(y \mid Y > 0, X = 0) \mathrm{d}y = 1 \tag{2.76}$$

且

$$\begin{aligned}F_{Y|X=x, x>0}(y) &= P\{Y < y \mid X = x, x > 0\} \\ &= P\{Y < y, Y = 0 \mid X = x, x > 0\} + P\{Y < y, Y > 0 \mid X = x, x > 0\} \\ &= P\{Y = 0 \mid X = x, x > 0\} + P\{Y > 0 \mid X = x, x > 0\} \cdot \\ & \quad P\{Y < y \mid Y > 0, X = x, x > 0\} \\ &= \beta_{x,0} + (1 - \beta_{x,0}) \int_0^y f_Y(t \mid Y > 0, X = x > 0) \mathrm{d}t \end{aligned} \tag{2.77}$$

其中，

$$\beta_{x,0} = P\{Y = 0 \mid X = x\} \tag{2.78}$$

$$f_Y(y \mid Y > 0, X = x > 0) \begin{cases} > 0, & y > 0 \\ = 0, & y \leqslant 0 \end{cases},$$

$$\int_0^{+\infty} f_Y(y \mid Y > 0, X = x > 0) \mathrm{d}y = 1 \tag{2.79}$$

于是 r.v. Y 对于 r.v. $X = x$ 的条件下的广义概率密度函数为

$$f_Y(y \mid X = x) = \begin{cases} \beta_{0,0}\delta(y) + (1 - \beta_{0,0}) f_Y(y \mid Y > 0, X = 0), & x = 0 \\ \beta_{x,0}\delta(y) + (1 - \beta_{x,0}) f_Y(y \mid Y > 0, X = x > 0), & x > 0 \end{cases} \tag{2.80}$$

其中，$\beta_{x,0}$ 可根据样本估计。由于降雨随机变量 r.v. X 及降雨预报随机变量 r.v. Y 不可能取负值及式(2.72)，可用截尾正态分布等描述 $X = x$ 的预报误差统计规律即条件概率密度 $f_Y(y\mid Y>0, X=x)$。

2.3.1.3　降雨的广义贝叶斯模型

由上面的广义密度函数和广义条件概率密度函数的定义及条件概率公理，可以得到降雨的后验概率密度函数，即广义贝叶斯公式：

$$f_X(x\mid Y=y)=\frac{f_X(x)\cdot f_Y(y\mid X=x)}{\int_{-\infty}^{+\infty}f_X(t)\cdot f_Y(y\mid X=t)\mathrm{d}t} \qquad (2.81)$$

广义贝叶斯公式(2.81)统一了离散型随机变量的贝叶斯公式与连续型随机变量的贝叶斯公式，将贝叶斯公式推广到了混合型概率分布情形。

应用广义贝叶斯模型进行降雨概率预报，能直接得出不同降雨预报值条件下真值的条件概率，并给出指定概率的置信区间预报值，实现降雨概率预报。

2.3.2　GBM 实例分析

以史河蒋集以上流域为研究区域。实测日雨量资料数据和 TIGGE 数据时间段为 2015—2018 年 5 月至 9 月。2.2.4 节建立了淮河水系史河蒋集流域 TIGGE 降雨预报 SVR-MA 集合校正模型，下面采用 GBM 方法研究 SVR-MA 集合校正模型的不确定性，建立降雨概率预报模型。

2.3.2.1　降雨 r. v. X 的先验分布密度估计

可用 Weibull 分布、Gamma 分布或对数正态分布估计降水量 $X>0$ 条件下降水量 X 的先验概率密度 $f_X(x\mid X>0)$。

采用 K-S 统计检验方法确定非零降水的先验概率密度线型，利用 SPSS 软件进行计算，计算结果见表 2.11、图 2.22。

表 2.11　非零降水的先验分布函数拟合 K-S 检验计算结果

分布	h	P
Weibull	0	0.52
Gamma	0	0.12
Lognormal	0	0.13
Exponential	1	≈ 0

注：h、P 为 K-S 统计检验中的两个统计指标。

由表 2.11、图 2.22 知，Weibull 分布、Gamma 分布、对数正态分布对应的 h 值均为 0，即均通过假设检验，其中 Weibull 分布对应的 P 值最大；采用 Weibull 分布作为非零降水的先验概率密度较合适。

Weibull 分布的概率密度函数为

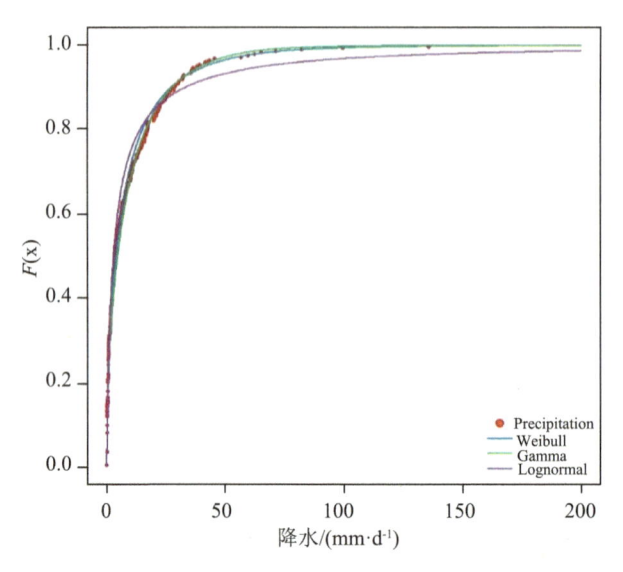

图 2.22 蒋集流域非零降水的先验分布函数拟合结果

$$f(x) = \begin{cases} \dfrac{k}{\lambda}\left(\dfrac{x}{\lambda}\right)^{k-1} \exp\left[-\left(\dfrac{x}{\lambda}\right)^k\right], & x \geqslant 0 \\ 0, & x < 0 \end{cases} \quad (2.82)$$

式中：$\lambda > 0, k > 1.0$，是参数；均值与方差分别为

$$\mu = \lambda \cdot \Gamma\left(1 + \dfrac{1}{k}\right) \quad (2.83)$$

$$\sigma^2 = \lambda^2 \left[\Gamma\left(1 + \dfrac{2}{k}\right) - \left(\Gamma\left(1 + \dfrac{1}{k}\right)\right)^2\right] \quad (2.84)$$

r.v. X 的广义概率密度函数表达式(2.70)、(2.71)中，α_0 由样本直接估计，为 $\alpha_0 = 0.5130$；用 Weibull 分布拟合 $f_X(x \mid X > 0)$，其参数估计为 $\mu = 11.5373$，$\sigma^2 = 295.6353$；根据式(2.83)、(2.84)可以计算出参数 λ、k。

2.3.2.2 降雨预报 r.v. Y 的条件概率密度估计

采用截断型正态分布密度函数估计 r.v. $X = x$ 的条件下降雨预报误差随机变量 $\varepsilon(x) = Y - x > -x$ 的概率密度函数，进而得 $Y = x + \varepsilon(x)$ 在 r.v. $X = x$ 的条件下的概率密度函数 $f_Y(y \mid Y > 0, X = 0)$ 与 $f_Y(y \mid Y > 0, X = x > 0)$。随机变量 $\varepsilon(x)$ 的密度函数形式为

$$f(t) = \dfrac{1}{S(c) \cdot \sigma \cdot \sqrt{2\pi}} \exp\left[-\dfrac{(t-\mu)^2}{2\sigma^2}\right], t > c \quad (2.85)$$

式中：μ、σ 为参数；$c = -x$；$S(c) = 1 - \Phi\left(\dfrac{c-\mu}{\sigma}\right)$，$\Phi(t)$ 为标准正态分布函数。

可以证明,有以下关系:

$$a = E(\varepsilon \mid \varepsilon > c) = \mu + \sigma^2 \frac{f(c)}{S(c)} \tag{2.86}$$

$$E(\varepsilon^2 \mid \varepsilon > c) = \mu^2 + \sigma^2 + (\mu+c)\sigma^2 \frac{f(c)}{S(c)} \tag{2.87}$$

$$d^2 = Var(\varepsilon \mid \varepsilon > c) = E(\varepsilon^2 \mid \varepsilon > c) - [E(\varepsilon \mid \varepsilon > c)]^2 \tag{2.88}$$

若估计了 $\varepsilon(x)$ 的均值和方差 a 与 d^2,则可以式(2.86)、(2.88)求解出参数 μ、σ。SVR-MA 模型的均值 a 和方差 d^2 估计如表 2.12,其余略。

表 2.12 SVR-MA 模型的预报误差均值 a 和方差 d^2 估计

预见期/d	X=0 a	X=0 d^2	X>0 a	X>0 d^2
1	3.724 3	0.373 3	−0.984 4	100.425 3
2	5.253 9	0.457 3	0.810 5	97.829 2
3	6.581 0	0.662 7	−0.102 8	124.246 8
4	7.881 5	3.230 6	0.749 9	123.089 7
5	7.527 8	1.886 8	0.711 0	117.860 7
6	5.235 8	5.992 3	−0.964 1	112.815 3
7	6.538 7	3.952 3	−0.451 4	163.518 4

2.3.2.3 SVR-MA 集合校正预报模型的不确定性

评价降雨概率预报结果,需要从精度、可靠性、分辨能力等方面进行评价,评价指标有预报期望值的均方根误差(RMSE)、平均预报带宽(WPI)、布莱尔评分(BS)等[114-117]。本研究选用概率平均均方根误差 RMSE、平均预报带宽 WPI,从精度和锐度 2 个方面考察评估降水预报模型的不确定性。

均方根误差是评价预报精度的重要指标,选取概率预报条件下预报期望值的均方根误差(即概率平均均方根误差)进行评价,计算公式如式(2.89)。

$$RMSE = \left(\frac{1}{N} \sum_{i=1}^{N} \left(\int_{0}^{+\infty} t \cdot f(t \mid Y = y_i) dt - x_{oi} \right)^2 \right)^{\frac{1}{2}} \tag{2.89}$$

式中:x_{oi} 为第 i 次预报的实测值;$f(x \mid Y = y_i)$ 为第 i 次预报 $Y = y_i$ 条件下的 r.v. X 的条件概率密度;N 为预报次数;RMSE 为概率平均均方根误差,是负向指标,RMSE 越小,不确定性程度越小、概率预报越好。

平均预报带宽 WPI 是指预报分布的 90% 置信区间即 5% 和 95% 分位数之间的间隔,用来度量预报区间的锐度,计算公式如式(2.90)。

$$WPI = \frac{1}{N}\sum_{i=1}^{N}(f_i^u - f_i^l) \tag{2.90}$$

式中：f_i^u 为第 i 次预报的条件概率分布 95% 分位数对应的降水值；f_i^l 为第 i 次预报的条件概率分布 5% 分位数对应的降水值；N 为预报次数；WPI 为平均预报带宽，是一个负向指标，WPI 值越小，不确定性程度越小、概率预报越好。

为了将基于 TIGGE 的 ECMWF、JMA、CMA、UKMO 等 4 个预报模式的 SVR-MA 集合校正预报模型与校正前 TIGGE 的 ECMWF、JMA、CMA、UKMO 预报模式进行比较，也对 ECMWF、JMA、CMA、UKMO 预报模式的不确定性进行评估，样本数据来源于 ECMWF、JMA、CMA、UKMO 的集合预报。基于各种预报模型 GBM 的 $RMSE$ 及 WPI 计算结果见表 2.13、表 2.14、图 2.23、图 2.24。

表 2.13　蒋集流域降雨 GBM 概率预报 $RMSE$

预见期/d	1	2	3	4	5	6	7
ECMWF	10.33	12.00	12.72	13.54	14.04	14.24	14.02
JMA	10.52	12.18	12.84	13.15	13.31	13.94	14.18
UKMO	11.16	12.55	12.64	13.50	15.27	14.25	15.81
CMA	12.67	13.87	15.53	14.32	15.45	15.76	15.95
SVRMA	10.66	9.99	10.79	12.42	11.68	13.03	14.39

表 2.14　蒋集流域降雨 GBM 概率预报 WPI

预见期/d	1	2	3	4	5	6	7
ECMWF	8.10	8.94	9.32	9.33	10.08	9.33	8.57
JMA	7.34	8.15	10.64	11.27	10.64	9.34	10.97
UKMO	8.43	8.76	9.11	10.26	11.26	10.88	8.55
CMA	8.98	9.48	9.38	9.45	9.34	9.42	8.61
SVRMA	5.87	5.89	3.95	4.99	6.57	6.47	5.66

由表 2.13、表 2.14、图 2.23、图 2.24 可知，多模式集合校正模型 SVR-MA 的概率平均均方根误差 $RMSE$ 较校正前 TIGGE 的 ECMWF、JMA、CMA、UKMO 等 4 个预报模式的 $RMSE$ 明显减小，90% 置信区间带宽减少较多。这说明，采用多模式集合校正模型 SVR-MA 方法降低了降雨预报的不确定性。

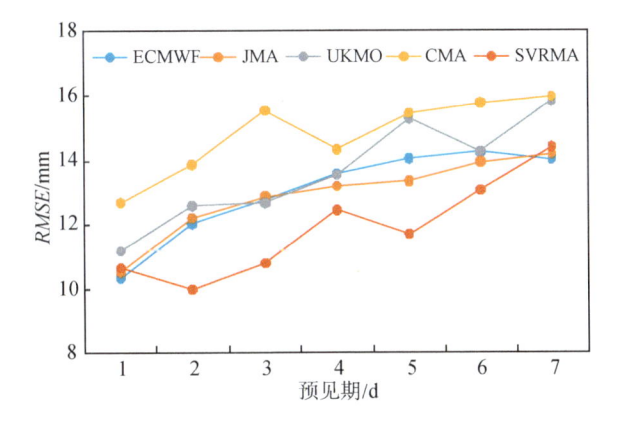

图 2.23　蒋集流域降雨 GBM 概率预报 *RMSE*

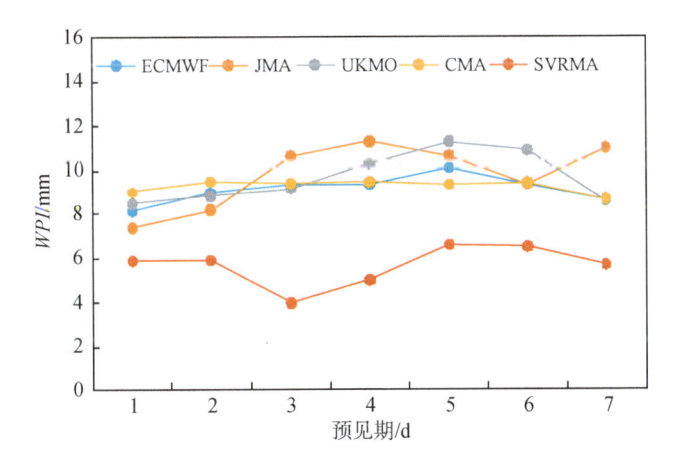

图 2.24　蒋集流域降雨 GBM 概率预报 *WPI*

2.3.3　GBM 模型与 EPP 模型比较

2.3.3.1　EPP 的基本原理

EPP 概率预报模型利用 EPP 集合后处理方法，基于观测降水与预报降水两个变量的边缘分布，应用正态分位数转换方法建立两个非正态变量之间的联合分布，进而由定量预报降水生成包含不确定性信息的概率预报降水，是目前常用的降水不确定性处理方法，已经在诸多地区得到应用[118-110]。

降雨量随机变量具有一定的特殊性，无雨即雨量为 0 的概率，雨量大于 0 的概率为离散型概率分布，而雨量大于 0 的条件下的降雨量是连续型随机变量。降雨量随机变量既不是离散型的，又不是连续型的，可称为混合型的随机变量。

设降雨 r.v. X 的样本空间为 $\Omega_X = [0, +\infty) = \{X \geqslant 0\}$，降雨预报 r.v. Y 的样本空间为 $\Omega_Y = [0, +\infty) = \{Y \geqslant 0\}$，则 r.v. X 与 r.v. Y 的二维样本空间

$\Omega_{X,Y} = \Omega_X \times \Omega_Y$ 可以分解为

$$\Omega_{X,Y} = \{X=0, Y=0\} + \{X>0, Y=0\} + \{X=0, Y>0\} + \{X>0, Y>0\} \tag{2.91}$$

于是有

$$P\{X=0, Y=0\} + P\{X>0, Y=0\} + P\{X=0, Y>0\} + P\{X>0, Y>0\}$$
$$= p_{00} + p_{10} + p_{01} + p_{11} = 1 \tag{2.92}$$

其中,

$$p_{00} = P\{X=0, Y=0\} \tag{2.93}$$

$$p_{10} = P\{X>0, Y=0\} \tag{2.94}$$

$$p_{01} = P\{X=0, Y>0\} \tag{2.95}$$

$$p_{11} = P\{X>0, Y>0\} \tag{2.96}$$

根据概率分布函数与连续型随机变量的概率密度函数的概念,有

$$F_{10,X}(x) = P\{X \leqslant x \mid X>0, Y=0\} = \int_0^x f_{10,X}(t) \mathrm{d}t \tag{2.97}$$

$$F_{01,Y}(y) = P\{Y \leqslant y \mid X=0, Y>0\} = \int_0^y f_{01,Y}(t) \mathrm{d}t \tag{2.98}$$

$$F_{11,X,Y}(x,y) = P\{X \leqslant x, Y \leqslant y \mid X>0, Y>0\} = \int_0^x \int_0^y f_{11,X,Y}(u,v) \mathrm{d}u \mathrm{d}v \tag{2.99}$$

式中:$f_{10,X}(x)$ 为事件 $\{X>0, Y=0\}$ 发生条件下 r. v. X 的条件概率密度;$f_{01,Y}(y)$ 为事件 $\{X=0, Y>0\}$ 发生条件下 r. v. Y 的条件概率密度;$f_{11,X,Y}(x,y)$ 为事件 $\{X>0, Y>0\}$ 发生条件下 r. v. X 与 r. v. Y 的联合条件概率密度。

于是有

$$F_{11,X}(x) = P\{X \leqslant x \mid X>0, Y>0\}$$
$$= \int_0^x \int_0^{+\infty} f_{11,X,Y}(u,v) \mathrm{d}u \mathrm{d}v = \int_0^x f_{11,X}(u) \mathrm{d}u \tag{2.100}$$

$$f_{11,X}(x) = \int_0^{+\infty} f_{11,X,Y}(x,v) \mathrm{d}v \tag{2.101}$$

$$F_{11,Y}(y) = P\{Y \leqslant y \mid X>0, Y>0\}$$
$$= \int_0^{+\infty} \int_0^y f_{11,X,Y}(u,v) \mathrm{d}u \mathrm{d}v = \int_0^y f_{11,Y}(v) \mathrm{d}v \tag{2.102}$$

$$f_{11,Y}(y) = \int_0^{+\infty} f_{11,X,Y}(u, y)\mathrm{d}u \tag{2.103}$$

令

$$f_{11,X|Y=y}(x) = \frac{f_{11,X,Y}(x, y)}{f_{11,Y}(y)} \tag{2.104}$$

则有

$$\begin{aligned}F_{11,X|Y=y}(x) &= P\{X \leqslant x \mid Y = y, X > 0, Y > 0\} \\ &= \int_0^x f_{11,X|Y=y}(u)\mathrm{d}u = \frac{\int_0^x f_{11,X,Y}(u, y)\mathrm{d}u}{f_{11,Y}(y)}\end{aligned} \tag{2.105}$$

r.v. X 与 r.v. Y 的联合概率分布为

$$\begin{aligned}F_{X,Y}(x, y) &= P\{X \leqslant x, Y \leqslant y\} = P\{X \leqslant x, Y \leqslant y, X = 0, Y = 0\} \\ &\quad + P\{X \leqslant x, Y \leqslant y, X > 0, Y = 0\} \\ &\quad + P\{X \leqslant x, Y \leqslant y, X = 0, Y > 0\} \\ &\quad + P\{X \leqslant x, Y \leqslant y, X > 0, Y > 0\} \\ &= p_{00} + p_{10}F_{10,X}(x) + p_{01}F_{01,Y}(y) + p_{11}F_{11,X,Y}(x, y)\end{aligned} \tag{2.106}$$

r.v. X 的边际概率分布为

$$\begin{aligned}F_X(x) &= P\{X \leqslant x\} = P\{X \leqslant x, Y \leqslant +\infty\} \\ &= p_{00} + p_{10}F_{10,X}(x) + p_{01}F_{01}(+\infty) + p_{11}F_{11,X,Y}(x, +\infty) \\ &= (p_{00} + p_{01}) + p_{10}F_{10,X}(x) + p_{11}F_{11,X}(x)\end{aligned} \tag{2.107}$$

于是在有降雨预报做出的条件下降雨量的条件概率分布计算公式如下：

$$\begin{aligned}F_{X|Y=0}(x) &= P\{X \leqslant x \mid Y = 0\} = \frac{P\{X \leqslant x, Y = 0\}}{P\{Y = 0\}} \\ &= \frac{P\{X \leqslant x, X = 0, Y = 0\} + P\{X \leqslant x, X > 0, Y = 0\}}{P\{X = 0, Y = 0\} + P\{X > 0, Y = 0\}} \\ &= \frac{p_{00} + p_{10}F_{10}(x)}{p_{00} + p_{10}} = \alpha + (1-\alpha)F_{10}(x)\end{aligned} \tag{2.108}$$

其中，$\alpha = \dfrac{p_{00}}{p_{00} + p_{10}}$ 可以解释为预报值为 0 的降水样本中真实降水为 0 所占的比例。

$$\begin{aligned}F_{X|Y=y>0}(x) &= P\{X \leqslant x \mid Y = y, Y > 0\} = \frac{P\{X \leqslant x, Y = y, Y > 0\}}{P\{Y = y, Y > 0\}} \\ &= \frac{P\{X \leqslant x, X = 0, Y = y, Y > 0\} + P\{X \leqslant x, X > 0, Y = y, Y > 0\}}{P\{X = 0, Y = y, Y > 0\} + P\{X > 0, Y = y, Y > 0\}}\end{aligned}$$

$$= \frac{p_{01}f_{01,Y}(y) + p_{11}f_{11,Y}(y)F_{11,X|Y=y}(x)}{p_{01}f_{01,Y}(y) + p_{11}f_{11,Y}(y)} = c(y) + (1-c(y))F_{11,X|Y=y}(x)$$
(2.109)

其中，$c(y) = \dfrac{p_{01}f_{01,Y}(y)}{p_{01}f_{01,Y}(y) + p_{11}f_{11,Y}(y)}$。

EPP 的计算步骤包括：

① 降雨 r.v. X 与降雨预报 r.v. Y 的边缘分布估计。

② 降雨 r.v. X 与降雨预报 r.v. Y 的联合概率分布二元亚高斯模型估计。

③ 降雨 r.v. X 在降雨预报 r.v. Y 做出时条件概率分布估计。

由式(2.108)、(2.109)知，降水的分布函数包括离散、连续两部分。离散部分通过简单的概率计算即可获得，连续部分可以通过二元亚高斯模型估计。条件概率分布函数的计算重点在降水序列的连续部分。

2011 年 Wu 等[112]提出了二元亚高斯模型方法，应用该方法可以建立预报值与真实值的联合概率分布函数，并计算条件概率分布。为方便联合概率分布的计算，所有降水数据包括预报值与真实值均要转换到正态空间中，需要进行正态分位数转换[109]，分别将降雨预报 r.v. Y 与降雨 r.v. X 映射为标准正态随机变量 Z 和 W。

设 r.v. ξ 的分布函数为 $F_\xi(x)$，则由概率论知识知 $\eta = F_\xi(\xi)$ 服从 $U[0,1]$，即为 $[0,1]$ 上的均匀分布随机变量；若 η 服从 $U[0,1]$，则 $\xi = F_\xi^{-1}(\eta)$。于是有计算公式如下：

$$Z = Q^{-1}(F_Y(Y)) \tag{2.110}$$

$$W = Q^{-1}(F_X(X)) \tag{2.111}$$

式中：Q^{-1} 表示标准正态分布函数 $Q(x) = \dfrac{1}{\sqrt{2\pi}}\int_{-\infty}^{x} e^{-\frac{\zeta^2}{2}} d\zeta$ 的反函数；$F_Y(y)$ 与 $F_X(x)$ 分别表示 r.v. Y 与 r.v. X 的概率分布函数；Z、W 分别表示 r.v. Y 与 r.v. X 对应的转换随机变量。

设标准正态随机变量 Z 和 W 的相关系数为 ρ，r.v. Z 与 r.v. W 的联合概率分布函数为二维正态分布，二维联合密度函数为

$$f_{W,Z}(w,z) = \frac{1}{2\pi\sqrt{1-\rho^2}} \cdot \exp\left\{-\frac{1}{2(1-\rho^2)}[w^2 - 2\rho wz + z^2]\right\}$$
(2.112)

给定 $Z = z$ 时 W 的条件概率分布为正态分布，其均值为 ρz，方差为 $1-\rho^2$，条件概率密度函数为

$$f_{W|Z=z}(w) = \frac{1}{2\pi\sqrt{1-\rho^2}} \cdot \exp\left[-\frac{(w-\rho z)^2}{2(1-\rho^2)}\right] \tag{2.113}$$

即 $W|_{Z=z} = \dfrac{W-\rho z}{\sqrt{1-\rho^2}}$ 服从标准正态分布。

EPP 方法用 r.v.Y 与 r.v.X 的经正态分位数转换后的 r.v.Z 与 r.v.W 的标准正态联合分布估计 r.v.Y 与 r.v.X 的联合概率分布，即

$$H(y,x;\rho) = B(z,w;\rho) \tag{2.114}$$

式中：$H(y,x;\rho)$ 表示 r.v.X 与 r.v.Y 的联合概率分布；$B(z,w;\rho)$ 表示正态随机变量 r.v.Z、r.v.W 的标准正态联合分布；ρ 为 r.v.Z 与 r.v.W 的相关系数。

则有给定预报值 $Y=y$ 时降水 X 的条件概率分布为

$$H(x\mid Y=y) = Q\left(\dfrac{w-\rho z}{(1-\rho^2)^{\frac{1}{2}}}\right) \tag{2.115}$$

式中：$H(x\mid Y=y)$ 表示 $Y=y$ 的 X 的条件概率分布；z,w 分别为 $F(y)$ 与 $F(x)$ 对应的正态分位数转换值，满足式(2.110)、(2.111)。

由式(2.115)可以得到 $X>0$，$Y>0$ 时，给定 $Y=y$ 时 X 的条件概率分布为 $H_{X>0,Y>0}(x\mid Y=y)$，概率为 p 的分位数计算公式如下：

$$X_{p\mid Y=y} = F_X^{-1}(Q(\rho z + (1-\rho^2)^{\frac{1}{2}} \cdot Q^{-1}(p))) \tag{2.116}$$

其中，z 由式(2.110)计算。

由式(2.108)、(2.109)知，EPP 概率预报计算公式如下：

(1) 当有预报降水 $Y=0$ 时，降水的概率分布计算公式为

$$F_{X\mid Y=0}(x) = \alpha + (1-\alpha)F_{10}(x) \tag{2.117}$$

(2) 当有预报降水 $Y>0$ 时，降水的概率分布计算公式为

$$F_{X\mid Y=y>0}(x) = c(y) + (1-c(y))H_{X>0,Y>0}(x\mid Y=y) \tag{2.118}$$

2.3.3.2 对比分析实例

同 2.3.2 节，以史河蒋集以上流域为研究区域，实测日雨量资料数据和 TIGGE 数据时间段为 2015—2018 年 5 月至 9 月，采用 EPP 方法对 2.2.4 节建立的淮河水系史河蒋集流域 TIGGE 降雨预报 SVR-MA 集合校正模型的不确定性进行分析，建立降雨概率预报模型。采用评价指标概率平均均方根误差 RMSE、平均预报带宽 WPI 与 BS 评分对 GBM 模型与 EPP 模型进行实例对比分析，其中概率平均均方根误差 RMSE 的计算公式见式(2.89)，平均预报带宽 WPI 的计算公式见式(2.90)，BS 的计算公式如下：

$$BS = \dfrac{1}{N}\sum_{i=1}^{N}(a_i-b_i)^2 \tag{2.119}$$

式中：a_i 为第 i 个量级发生的预报概率；b_i 为实际发生的情况，实际发生取 1，不发生取 0；N 为预报次数，BS 取值在 0～1 范围内。BS 是负向指标，即 BS 越小，概率预报模型越好。BS 评分是评估概率预报模型可靠性和分辨能力的有效方法，该方法综合考虑了可靠性、分辨性和不确定性，BS 评分已在降雨预报评价中得到了广泛的应用[117]。

GBM 模型与 EPP 模型的概率平均均方根误差 RMSE、平均预报带宽 WPI 与 BS 评分计算结果见表 2.15 至表 2.17、图 2.25 至图 2.27。

表 2.15　蒋集流域 SVR-MA 降雨概率预报 RMSE

预见/d	1	2	3	4	5	6	7
GBM	8.68	7.26	9.72	9.98	9.58	9.68	11.02
EPP	9.22	9.12	10.75	9.82	9.96	9.73	11.12

表 2.16　蒋集流域 SVR-MA 降雨概率预报 WPI

预见/d	1	2	3	4	5	6	7
GBM	7.91	7.73	8.45	10.58	10.38	9.77	9.51
EPP	9.65	10.64	12.67	12.93	13.64	12.19	16.58

表 2.17　蒋集流域 SVR-MA 降雨概率预报 BS

预见/d	1	2	3	4	5	6	7
GBM	0.37	0.37	0.47	0.49	0.48	0.46	0.51
EPP	0.49	0.50	0.52	0.52	0.53	0.51	0.53

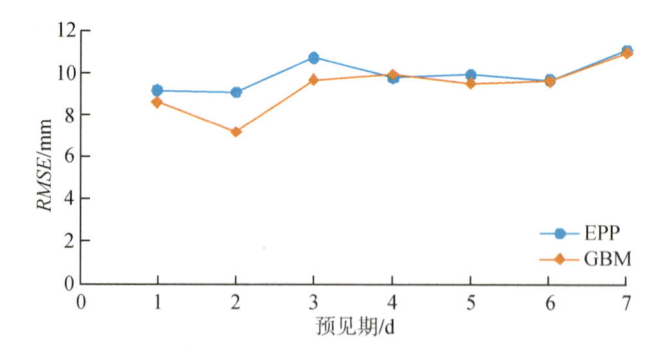

图 2.25　蒋集流域 SVR-MA 降雨概率预报 RMSE

由表 2.15、图 2.25 可以看出，GBM 与 EPP 模型的概率预报均方根误差基本一致，7d 预见期内的差值均在 2 mm 以内，所以应用广义贝叶斯模型与 EPP 模型进行降雨概率预报的精度基本一致。

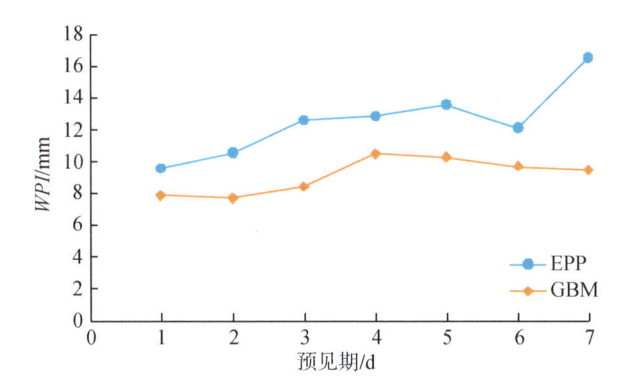

图 2.26　蒋集流域 SVR-MA 降雨概率预报 *WPI*

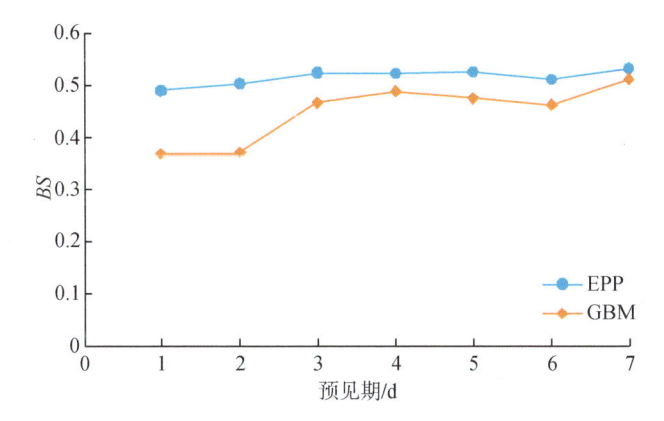

图 2.27　蒋集流域 SVR-MA 降雨概率预报 *BS* 评分

根据表 2.16、图 2.26 分析，EPP 模型的 *WPI* 计算结果明显大于 GBM 模型，GBM 模型的降雨概率预报的锐度要优于 EPP 模型。

根据表 2.17、图 2.27 分析，EPP 模型的 *BS* 评分稍大于 GBM 模型，GBM 模型的降雨概率预报的可靠性和分辨能力要优于 EPP 模型。

综合对比 GBM 模型与 EPP 模型的 *RMSE*、*WPI*、*BS* 这 3 个概率预报评价指标可知，GBM 模型与 EPP 模型进行降水概率预报，其预报的概率平均均方根误差基本一致，但是 GBM 模型具有更优的锐度、可靠性与分辨能力，所以 GBM 模型优于 EPP 模型。

2.4　洪水预报的不确定性与洪水概率预报途径

2.4.1　洪水预报的不确定性

随着定量降水预报技术的逐渐成熟，以及降水预报校正及不确定性处理方法的不断发展,定量降水预报的精度大大提高,以定量降水预报作为水文模型输入以延长预报预见期的气象水文洪水预报方法也得到广泛应用,在水库调度、洪水资源化等领域有重要意义。此外,水文过程中不确定性问题的研究也越来越受到关注,概率洪水预报逐步成为发展趋势。

洪水预报的不确定性主要来源于水文模型的不确定性和模型输入的不确定性两个方面:

(1) 水文模型的不确定性。现有的水文模型都在结构上对水文现象进行了假定与概化,与实际的水文现象必然存在差异,且这种差异凭借目前的技术手段是无法避免的。另外,模型参数率定往往是在实测资料作为输入基础上利用模型输出结果经过调试或者参数优选获得的,忽略了其本身的物理意义,而且实测资料的误差、参数优选的方法选用等都会对模型参数的率定产生影响。此外,针对不同的流域,由于水文气象条件尤其是下垫面条件的影响,不同的水文模型仍存在适用性问题,也会产生误差。以上误差可统称为水文模型不确定性误差。

(2) 模型输入的不确定性。水文预报中模型的输入主要是实测期的降水和预见期的降水。实测期的降水在测量或处理过程中均会产生一定的误差。预见期的降水在天气预报的基础上通过经验估计或定量降水预报手段确定,预见期定量降水预报的不确定性相对于实测期降水监测的不确定性更大。目前基于数值天气预报的定量降水预报耦合水文模型以延长洪水预报的预见期提供预报的精度方法已成为学术研究和应用研究的热点。

2.4.2 洪水概率预报途径

概率水文预报的概念最早是美国国家气象局于 1969 年提出的,并在 20 世纪 90 年代初步形成了较为完善的概率预报系统[120],目前概率水文预报已逐步成为水文领域的研究热点。目前洪水概率预报研究通常从以下几个方面开展:

(1) 考虑实测期降水监测的不确定性。主要考虑实测期降水监测误差,对降水监测误差分布进行蒙特卡洛抽样,迭加到监测降水上,驱动水文模型,得到多个洪水过程,再通过概率计算确定洪水预报的概率分布[107]。这种途径对水文模型的不确定性考虑较少。

(2) 考虑水文模型的不确定性。这种途径假定降水输入是确定性的,用确定性的降水过程驱动多个水文模型,应用贝叶斯理论针对水文模型结构的不确定性得到洪水过程和后验概率密度,在 BMA 框架下实现多模型集合预报和不确定性分析,例如文献[121-126]的研究;或者用确定性的降水过程驱动单个水文模型,主要考虑模型参数不确定性,在 BMA 框架下实现概率洪水预报,例如文献[127]的研究。

(3) 同时考虑实测期降水的不确定性和水文模型的不确定性。这种途径在 BFS 框架下耦合实测期降水的不确定性和水文模型的不确定性,进而实现概率洪水预报,例如文献[128]的研究。

(4) 同时考虑预见期降水的不确定性和水文模型的不确定性。Krzysztofowicz R 提出贝叶斯概率水文预报系统 BFS,将定量降水预报不确定性与水文模型不确定性分别量化,然后通过全概率公式将二者耦合起来,得到水文预报不确定性的解析解[129-131]。目前,对同时考虑降水的不确定性和水文模型的不确定性途径应用于实时洪水预报还需进行深入研究。

2.5 基于误差分析的洪水概率预报

2.5.1 模型方法

以响洪甸水库上游为典型流域,采用基于采样的贝叶斯方法进行洪水预报不确定性分析,构建了洪水概率预报模型。

采用一系列"虚拟"的参数来体现洪水预报过程中的诸多不确定性(包括模型结构、模型参数、边界条件等),并基于贝叶斯公式,在历史空间(已知的洪水)中推求上述参数的概率密度函数,进而估计洪水预报不确定性:

$$f(y_t \mid x_t, X_{t0}, Y_{t0}) = \int_\Theta f(y_t \mid x_t, \theta) g(\theta \mid X_{t0}, Y_{t0}) d\theta \quad (2.120)$$

式中:y_t 为待预报变量(如流量);x_t 为 y_t 的输入变量(如降雨等);X_{t0}、Y_{t0} 分别为历史空间中的输入变量和预报变量;由 x_t 转化为 y_t 的诸多不确定性统一由参数 θ 体现,其取值空间为 Θ;$f(y_t \mid x_t, \theta)$ 是以 x_t 和 θ 为条件的 y_t 的概率密度函数,代表由 x_t 到 y_t 的预报模型过程;$g(\theta \mid X_{t0}, Y_{t0})$ 是历史空间信息下 θ 的概率密度函数,表示根据历史实测输入-输出资料所估计的 θ 的不确定性;$f(y_t \mid x_t, X_{t0}, Y_{t0})$ 可以作为 y_t 最终预报不确定性大小的度量,即概率预报。

洪水概率预报一般是在确定性预报的基础上开展的,即将确定性预报作为概率预报的一种"输入",将式(2.120)改写为

$$f(y_t \mid m_t, Y_{t0}, M_{t0}) = \int_K f(y_t \mid m_t, \kappa) g(\kappa \mid Y_{t0}, M_{t0}) d\kappa \quad (2.121)$$

式中:y_t 与 m_t 分别表示待预报流量的观测值与确定性模型预报值;Y_{t0} 与 M_{t0} 分别表示历史空间中流量的观测值与确定性模型预报值;κ 体现了预报值和观测值之间的差异,可采用相对误差表示;K 为 κ 的取值空间。

对式(2.121)进行估计时,误差 κ 的概率密度函数 $g(\kappa \mid Y_{t0}, M_{t0})$ 的确定是关键。由贝叶斯定理可知:

$$g(\kappa \mid Y_{t0}, M_{t0}) = \frac{L(Y_{t0}, M_{t0} \mid \kappa) g_t(\kappa)}{\int_K L(Y_{t0}, M_{t0} \mid \kappa) g_1(\kappa) d\kappa} \quad (2.122)$$

式中：$g_l(\kappa)$ 为 κ 的先验概率密度函数；$\dfrac{L(Y_{t0},M_{t0}|\kappa)}{\int_K L(Y_{t0},M_{t0}|\kappa)g_1(\kappa)\mathrm{d}\kappa}$ 为通过历史空间的样本信息 (Y_{t0},M_{t0}) 对先验概率密度的修正过程，即似然函数。

假设误差的先验分布为正态分布：

$$\kappa = \frac{M_{t0}-Y_{t0}}{Yt0} \sim N(\bar{\kappa},\sigma_\kappa^2) \quad (2.123)$$

式中：$\bar{\kappa}$ 和 σ_κ^2 分别为相对误差的均值和方差。

大量研究表明，运用同一预报模型对不同量级洪水进行预报，预报误差的统计规律往往不同。故做如下假定：

$$\bar{\kappa} = h_1(M_{t0}) \quad (2.124)$$

$$\sigma_\kappa^2 = h_2(M_{t0}) \quad (2.125)$$

式中：函数 $h_1(\cdot)$ 和 $h_2(\cdot)$ 不局限于某一特定形式，可以随 M_{t0} 变化，也可以不变化；在不同流域，甚至在同一流域采用不同的预报模型，函数 $h_1(\cdot)$ 和 $h_2(\cdot)$ 的具体形式可能不同。由此可以推得预报误差的后验概率密度函数为

$$g(\kappa|Y_{t0},M_{t0}) = \frac{1}{\sqrt{2\pi h_2(M_{t0})}} e^{-\frac{[\kappa - h_1(M_{t0})]^2}{2h_2(M_{t0})}} \quad (2.126)$$

根据式(2.121)，当 t 时刻做出确定性的预报值 m_t 后，流量观测值 y_t 可以视为误差随机变量 κ 的函数，记作

$$y_t = B(\kappa) \quad (2.127)$$

由于 m_t 为确定值，故式(2.121)可以改写为

$$f(y_t|m_t,Y_{t0},M_{t0}) = f(B(\kappa)|Y_{t0},M_{t0}) \quad (2.128)$$

则，对 $f(y_t|m_t,Y_{t0},M_{t0})$ 的推求转换为推导随机变量函数的概率密度问题，即推求 $f(B(\kappa)|Y_{t0},M_{t0})$。

根据随机变量函数的概率密度推求公式，由式(2.123)、(2.126)和(2.128)，可以推得流量的概率密度函数：

$$f(y_t|m_t,Y_{t0},M_{t0}) = g(B^{-1}(y_t))|Y_{t0},M_{t0})|[B^{-1}(y_t)]'|$$

$$= \frac{m_t}{\sqrt{2\pi \cdot h_2(M_{t0})}y_t^2} e^{\frac{\left[\frac{m_t}{y_t}-1-h_1(M_{t0})\right]^2}{2h_2(M_{t0})}} \quad (2.129)$$

由式(2.129)可知，在洪水预报过程中，给定确定性模型的预报值，结合历史洪水的误差规律，便可以对预报流量的不确定性进行量化，实现洪水概率预报。

2.5.2 实例分析

采用 2.5.1 节模型方法构建了响洪甸水库入库洪水概率预报模型。收集响洪甸水库流域 1998 年至 2005 年间 26 场洪水资料,考虑大中小不同量级的洪水过程,选择其中 16 场洪水进行模型参数率定,剩余 10 场洪水进行模型验证。模型率定结果见表 2.18。

表 2.18 响洪甸水库入库洪水预报模型率定结果统计

洪水编号	洪水总量 绝对误差/百万 m³	相对误差/%	洪峰流量 绝对误差/(m³·s⁻¹)	相对误差/%	峰现时刻误差/h	确定性系数
19980817	0.443	1.9	7.11	2.13	1	0.986
19990622	0.379	0.43	52.3	3.6	1	0.998
19990822	0.465	2.75	4.69	2.71	−2	0.988
20010618	0.337	1.23	15.7	3.69	0	0.991
20010809	−0.08	−0.26	27.9	6.15	1	0.995
20020620	−0.125	−0.3	50.5	8.59	1	0.98
20020623	−0.223	−0.28	49.9	2.97	0	0.995
20020806	0.115	0.19	28	4.21	0	0.98
20030708	−1.813	−0.38	−58.8	−1.13	0	0.999
20040530	0.258	0.39	31.1	2.37	1	0.996
20040614	0.536	2.07	38.8	9.76	0	0.976
20040813	−0.562	−0.24	1.85	0.09	0	0.995
20050517	0.153	0.99	2.21	0.87	−8	0.868
20050803	0.079	0.16	24.6	4.34	1	0.965
20060722	0.305	0.9	16.1	3.55	1	0.967
20060726	0.056	0.14	79.2	10.6	0	0.981

以上述 16 场洪水为历史洪水空间,绘制相对预报误差与模型预报值的关系图,如图 2.28 所示。

由图 2.28 可见,流量预报值大小不同,其相对误差也不同。流量值较大时,其相对误差变化范围较小,如当流量值大于 1 000 m³/s 时,其相对误差基本集

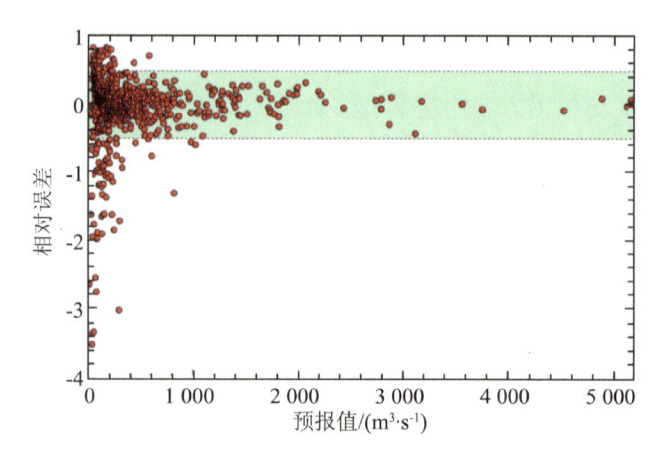

图 2.28　响洪甸水库入库洪水预报相对误差-模型预报值关系图

中在[-0.5,0.5]区间内。相反,当流量值较小时,其相对误差变化范围较大,说明模型在预报小洪水过程时不够稳定。进一步分析预报误差的统计规律,绘制误差均值变化趋势图,如图 2.29 所示。

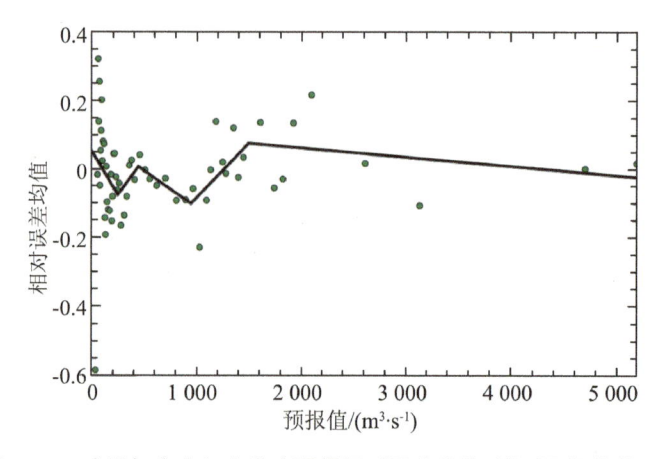

图 2.29　响洪甸水库入库洪水预报相对误差均值-模型预报值关系图

对不同流量区间的流量预报相对误差进行统计分析,计算相对误差均值与标准差,点绘其与流量预报值之间的关系,如图 2.29 和图 2.30 所示。由图 2.29 和图 2.30 可以发现,流量预报相对误差的均值与标准差随着流量值的增加呈现出不同的变化趋势。当流量值为 0~250 m³/s 时,相对误差均值与标准差逐渐减小;250~450 m³/s 时,标准差继续减小,而均值则由小增大;450~950 m³/s 时,两者变化趋势相反,均值逐渐减小,标准差逐渐增大;950~1 500 m³/s 时,均值逐渐增大,标准差逐渐减小;超过 1 500 m³/s 后,两者均逐渐减小。针对这种相对误差变化特性,采用最小二乘与差分进化算法,分别对相对误差均值与标准差进行连续分段线性拟合,得公式(2.130)和(2.131)。另外,从图 2.30 还可以看出,随流量值的增大,相对误差的标准差呈整体减小趋势,小流量时的标准差明显大于大流量时的标准差,再次表明模型预报小洪水时相对误差变化幅度较大。

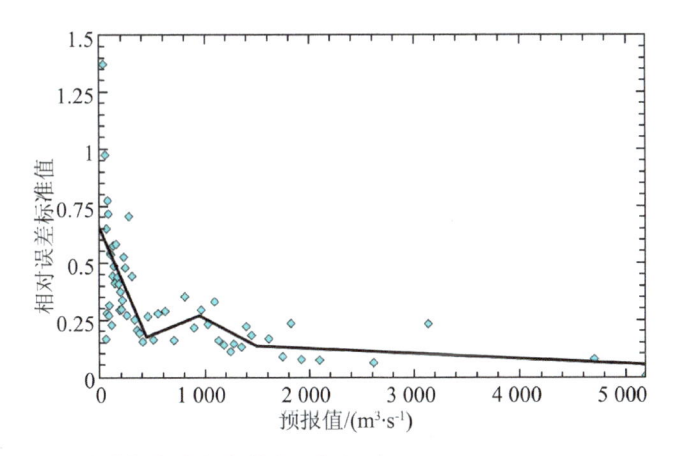

图 2.30 响洪甸水库入库洪水预报相对误差标准差-模型预报值关系图

$$\bar{\theta} = \begin{cases} -5.160 \times 10^{-4} Z_{t0} + 0.055, & 0 \leqslant Z_t < 250 \\ 4.130 \times 10^{-4} Z_{t0} - 0.177, & 250 \leqslant Z_t < 450 \\ -2.145 \times 10^{-4} Z_{t0} + 0.105, & 450 \leqslant Z_t < 950 \\ 3.199 \times 10^{-4} Z_{t0} + 0.403, & 950 \leqslant Z_t < 1\,500 \\ -2.692 \times 10^{-5} Z_{t0} + 0.118, & 1\,500 \leqslant Z_t \end{cases} \quad (2.130)$$

$$\sigma_0^2 = \begin{cases} -1.061 \times 10^{-3} Z_{t0} + 0.655, & 0 \leqslant Z_{t0} < 450 \\ 1.865 \times 10^{-4} Z_{t0} + 0.094, & 450 \leqslant Z_{t0} < 950 \\ -2.145 \times 10^{-4} Z_{t0} + 0.502, & 950 \leqslant Z_{t0} < 1\,500 \\ -2.211 \times 10^{-5} Z_{t0} + 0.171, & 1\,500 \leqslant Z_{t0} \end{cases} \quad (2.131)$$

进而推得流量模拟相对误差后验概率密度函数和流量概率密度函数,见公式(2.132)和(2.133):

$$g(\theta \mid O_{t0}, Z_{t0}) = \begin{cases} \dfrac{\sqrt{2}\mathrm{e}^{-\frac{(\theta+5.160\times10^{-4}Z_{t0}-0.055)^2}{-2.121\times10^{-3}Z_{t0}+1.310}}}{2\sqrt{\pi}\sqrt{-1.061\times10^{-3}Z_{t0}+0.655}}, & 0 < Z_{t0} \leqslant 250 \\[2ex] \dfrac{\sqrt{2}\mathrm{e}^{-\frac{(\theta-4.130\times10^{-4}Z_{t0}+0.177)^2}{-2.121\times10^{-3}Z_{t0}+1.310}}}{2\sqrt{\pi}\sqrt{-1.061\times10^{-3}Z_{t0}+0.655}}, & 250 < Z_{t0} \leqslant 450 \\[2ex] \dfrac{\sqrt{2}\mathrm{e}^{-\frac{(\theta+2.145\times10^{-4}Z_{t0}-0.105)^2}{3.730\times10^{-4}Z_{t0}+0.188}}}{2\sqrt{\pi}\sqrt{1.865\times10^{-4}Z_{t0}+0.094}}, & 450 < Z_{t0} \leqslant 950 \\[2ex] \dfrac{\sqrt{2}\mathrm{e}^{-\frac{(\theta-3.199\times10^{-4}Z_{t0}+0.403)^2}{-4.849\times10^{-4}Z_{t0}+1.003}}}{2\sqrt{\pi}\sqrt{-2.425\times10^{-4}Z_{t0}+0.502}}, & 950 < Z_{t0} \leqslant 1\,500 \\[2ex] \dfrac{\sqrt{2}\mathrm{e}^{-\frac{(\theta+2.692\times10^{-5}Z_{t0}-0.118)^2}{-4.421\times10^{-4}Z_{t0}+0.342}}}{2\sqrt{\pi}\sqrt{-2.211\times10^{-5}Z_{t0}+0.171}}, & Z_{t0} > 1\,500 \end{cases} \tag{2.132}$$

$$f(o_t \mid z_t, O_{t0}, Z_{t0}) = \begin{cases} \dfrac{\sqrt{2}z_t\mathrm{e}^{-\frac{(5.160\times10^{-4}z_t-1.055+\frac{z_t}{O_t})^2}{-2.121\times10^{-3}z_t+1.310}}}{2\sqrt{\pi}o_t^2\sqrt{-1.061\times10^{-3}z_t+0.655}}, & 0 < z_t \leqslant 250 \\[2ex] \dfrac{\sqrt{2}z_t\mathrm{e}^{-\frac{(-4.130\times10^{-4}z_t-0.823+\frac{z_t}{O_t})^2}{-2.121\times10^{-3}Z_t+1.310}}}{2\sqrt{\pi}o_t^2\sqrt{-1.061\times10^{-3}z_t+0.655}}, & 250 < z_t \leqslant 450 \\[2ex] \dfrac{\sqrt{2}z_t\mathrm{e}^{-\frac{(-2.145\times10^{-4}z_t-1.105+\frac{z_t}{O_t})^2}{3.730\times10^{-4}Z_{t0}+0.188}}}{2\sqrt{\pi}o_t^2\sqrt{1.865\times10^{-4}z_t+0.094}}, & 450 < z_t \leqslant 950 \\[2ex] \dfrac{\sqrt{2}z_t\mathrm{e}^{-\frac{(-3.199\times10^{-4}z_t-0.597+\frac{z_t}{O_t})^2}{-4.849\times10^{-4}Z_t+1.003}}}{2\sqrt{\pi}o_t^2\sqrt{-2.425\times10^{-4}z+0.502}}, & 950 < z_t \leqslant 1\,500 \\[2ex] \dfrac{\sqrt{2}z_t\mathrm{e}^{-\frac{(2.692\times10^{-5}z_1-1.118+\frac{z_t}{O_t})^2}{-4.421\times10^{-5}Z_t+0.342}}}{2\sqrt{\pi}o_t^2\sqrt{-2.211\times10^{-5}z_t+0.171}}, & z_t > 1\,500 \end{cases} \tag{2.133}$$

利用洪水预报模型,对验证期10场洪水进行确定性预报,预报效果较好,洪水总量和洪峰流量相对误差平均为-3.62%和4.28%,确定性系数平均达到0.777,其中19990627号洪水确定性系数最高,达到0.973,具体结果见表2.19。

表 2.19 验证期 10 场洪水预报结果

洪水编号	洪峰处 80%置信区间	洪水总量相对误差 确定性预报	洪水总量相对误差 期望值预报	洪水总量相对误差 中位数预报	洪峰流量相对误差 确定性预报	洪峰流量相对误差 期望值预报	洪峰流量相对误差 中位数预报	确定性系数 确定性预报	确定性系数 期望值预报	确定性系数 中位数预报
19980509	[254, 1060]	−4.51%	38.90%	−1.36%	−4.90%	30.92%	−4.00%	0.890	−0.829	0.904
19980522	[311, 1070]	4.46%	42.90%	6.53%	−0.16%	28.83%	−0.32%	0.892	−0.123	0.893
19990627	[2810, 6100]	−5.13%	13.80%	−6.38%	2.33%	11.60%	2.73%	0.973	0.941	0.969
19990629	[401, 1630]	−12.50%	33.40%	−7.77%	0.74%	39.90%	6.15%	0.804	−0.711	0.818
20020627	[378, 1470]	−6.19%	37.40%	−2.00%	23.20%	49.10%	24.80%	0.433	−3.650	0.468
20030506	[296, 992]	−4.97%	32.50%	−3.09%	6.78%	37.80%	8.59%	0.580	−1.055	0.593
20030626	[519, 2750]	−4.28%	35.10%	−1.36%	−3.67%	39.40%	3.50%	0.858	0.019	0.861
20030704	[1080, 2760]	−7.84%	31.00%	−7.77%	−2.04%	9.1%	−8.47%	0.910	0.772	0.923
20050710	[314, 1090]	6.38%	43.30%	8.89%	11.40%	37.50%	11.50%	0.466	−2.465	0.461
20050902	[2750, 6000]	−1.59%	16.20%	−2.33%	9.15%	17.20%	12.40%	0.959	0.908	0.954

基于确定性预报结果，通过流量概率密度函数计算，可得到不同流量值出现的可能性，从而形成不同置信度的流量预报区间，如表 2.19 中列出的 10 场洪水洪峰流量处 80% 置信区间。同时，还可以进行期望值预报与中位数预报。期望值预报中洪水总量和洪峰流量的相对误差平均为 32.5% 和 30.1%，确定性系数平均为 -0.619，预报精度较低，且流量预报值整体偏大。与之相反，中位数预报精度较高，洪水总量与洪峰流量的相对误差平均为 -1.66% 和 5.69%，确定性系数平均达到 0.784，整体效果略优于确定性预报。图 2.31 和图 2.32 分别展示了 19990627 号和 20050902 号洪水的确定性预报与不确定性预报过程。

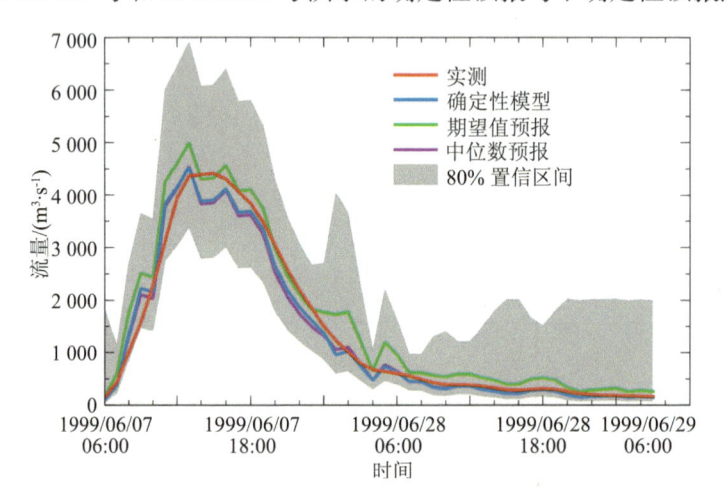

图 2.31 响洪甸水库 19990627 号洪水概率预报

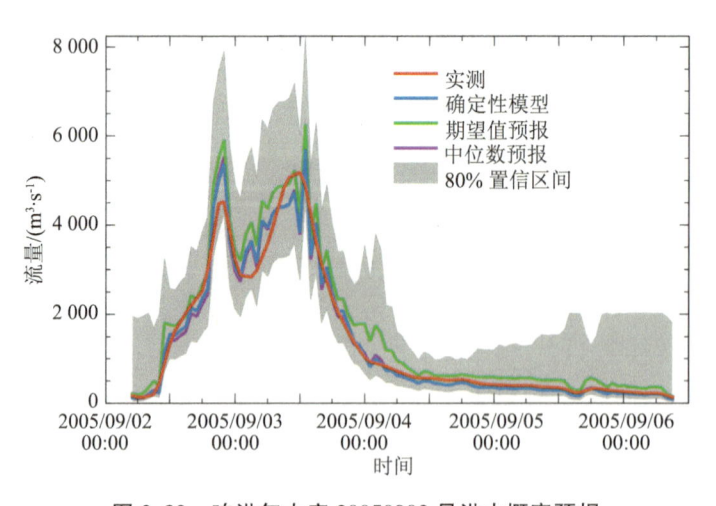

图 2.32 响洪甸水库 20050902 号洪水概率预报

2.6 基于集合预报的洪水概率预报

2.6.1 概述

水文集合预报方法能够为降低洪水预报不确定性、提高洪水预报精度、量化决策风险等方面提供统一的技术框架。采用几个不同的模型在相同的输入条件下分别执行计算,不同的模型往往能够给出差异化的计算结果。进一步的,采用综合预报方案处理这些原始预报结果,不同预报结果之间相互影响,发挥各模型相对优势,能够降低预报过程中不确定性因素的影响,有效地避免了采用单个模型时对特定状况下预报不准、预报结果精度不稳定的不足。水文集合预报方法能够较为可靠地弥补传统单一模型预报的不足,保证水文预报精度的同时,提高预报信息的丰富程度,因而在近些年的洪水预报、水旱灾害防治相关研究中获得更多关注,同时在水资源发展趋势定量预测等领域也取得一定的研究成果。

常见的模型优选方法,可以看作模型权重取 0、1 的特例。相对来说,集合预报方法能够同时考虑多模型的预报过程,不轻易排除或忽略任一单一预报模型的预报信息,减少了遗漏有用信息的可能,亦避免了过分依赖于某一模型,在大多数情况下,集合预报方法可以获得比模型选择或单一预报方法更为优秀的预报结果。综合多个模型并行运算,可以改善预报结果的可靠性程度,降低由于模型选择等因素导致的预报结果不确定性,避免选择不适用模型带来的预报误差与决策风险。

考虑到水文模型的参数、输入数据、边界与初始条件等具有随机性,仅仅给出各模型或模型综合预报结果并不能够定量描述水文预报的不确定性。Leamer 最早提出 Bayesian Model Averaging(BMA)方法,并将其应用于多模型集合预报领域,指出 BMA 能够处理模型选择所带来的不确定性,避免过分依赖某单一的所选模型带来的计算误差。BMA 方法是一种基于贝叶斯理论的将模型本身的不确定性考虑在内的统计分析方法。它以实测样本隶属于某一模型的后验概率为权重,对各模型预报变量的后验分布进行加权平均,获得综合预报变量的概率密度函数,进而推导出均值和方差公式。Kelly 等以贝叶斯理论为基础,建立贝叶斯预报系统(Bayesian forecasting system,BFS)的降雨径流集合预报处理器,该系统在国内外获得较高评价,并获得广泛推广应用。随着算法的进步与计算机性能提高,基于贝叶斯理论的集合预报方法得到更多关注。近年来发展起来的贝叶斯模型平均法在水文和气象等模型综合中得到广泛的应用。George 在其综述文章中介绍了基于贝叶斯理论的模型选择方法,并将 BMA 模型用做决策方法。Raftery 等将 BMA 方法成功应用于天气集合预报。段青云等将 BMA 模型用于 9 个水文预报模型结果的后处理,模拟试验在美国三个水文站进行,模拟结果表明 BMA 模型计算结果的 90% 置信区间预报结果对高水、低水部位模拟结果均较好,显著降低了洪水预报不确定性。Neuman 利用贝叶斯模型平均法进行了地下水模拟。在国内,刘攀等利用贝叶斯模型平均法对水文频率线型进行选择和综合,结果表明:①线型的后验概率越大,则拟合越好;②贝叶斯模型综合能根据各线型的后验概率设置权重,进行加权平均,以此减少线型选择的不确定性。BMA 方法具有以下优点:①无需事先选定最优模型;②可以提供对洪水预报结果的概率描述。BMA 方法通过对历史数据的统计分析,计算各单一模型为最优的概率,并能提供预报结果的概率分布。BMA 可以为实际的洪水管理决策提供对洪水预报不确定性的定量描述,有利于降低洪水预报风险。

2.6.2 BMA 集合预报方法及其实现

2.6.2.1 BMA 集合预报方法的基本理论

以流量 Q 作为预报变量,T_{obs} 表示预报时刻之前的实测流量数据。设有 m 个单一的洪水预报模型,某时刻的最优模型为 M,则模型 j 为最优的概率为 $p(M=j|T_{obs})$,$j=1,2,\cdots,m$。根据贝叶斯理论,流量预报值 Q 的后验概率分布为

$$p(Q|T_{obs}) = \sum_{j=1}^{m} p(M=j|T_{obs}) p(Q|M=j,T_{obs})$$
$$= \sum_{j=1}^{m} \omega_j p(Q|M=j,T_{obs}) \quad (2.134)$$

式中:$p(Q|M=j,T_{obs})$ 为在给定数据集 T_{obs} 和最优模型为 j 的条件下,预报变量 Q 的后验分布;ω_j 表示模型 j 为最优的概率或模型 j 的权重值,且满足 $\omega_j = p(M=k|T_{obs})$,$0<\omega_j<1$,$\sum_{1}^{m} \omega_j = 1$。由于模型结构等不确定性的存在,事先并不知道哪个模型为最优模型,需要根据已知的实测与预报序列计算得出最优的概率。

2.6.2.2 BMA 集合预报方法的实现

根据概率分布描述方法的不同,BMA 方法通常需要以 Markov Chain Monte Carlo (MCMC) 或高斯混合模型等方法来描述预报变量的概率分布。考虑到 MCMC 方法计算量偏大,一般不满足实时洪水预报要求,因此推荐采用以高斯混合模型为基础的 BMA 方法。构建 BMA 的集合预报方法,需要如下步骤:

1. 估计边缘概率密度

贝叶斯理论以概率的形式描述变量的值以及其不确定性,并以先验概率与后验概率分别表示由已知资料统计直接得到和经 BMA 计算得到的预报变量的

概率分布。在应用 BMA 进行集合预报之前,需要根据现有数据统计得到预报值与实测值所服从的概率分布。统计实测与预报数据的概率分布时,首先将时间序列按照从小到大的顺序排序,然后采用如下方法计算变量各值对应的分布概率:

$$p_i = F(Q \geqslant q_i) = \begin{cases} (i-0.35)/N, & i=1 \\ (i-0.3)/(N+0.4), & i=N \\ i/(N+1), & 1<i<N \end{cases} \quad (2.135)$$

式中:i 为排序后当前值所在的序号;N 为样本总数;p_i 为对应流量值的统计分布概率;q_i 为序列号为 i 的流量值。由此得到水文变量的概率分布的离散描述。三参数威布尔分布常被用于描述水文中流量的概率分布,以威布尔分布为例,其概率分布函数的公式如下:

$$WB(Q;\delta,\beta,\zeta) = 1 - \exp\left(-\left(\frac{Q-\zeta}{\beta}\right)^\delta\right), \zeta < Q < +\infty \quad (2.136)$$

式中:δ 为形状参数;ζ 为位置参数;β 为尺度参数。目前常用的威布尔三参数的求解方法有:概率权重法、极大似然法、相关系数法、灰色估计法等。概率权重法不适用于采样样本较少的情况;灰色估计法需要用到逆矩阵计算,因此当采样样本较多时,该方法实用性能差;极大似然方法需要迭代求解三个超越方程,计算量大。而相关系数法计算量相对较低,且原理简单、参数求解精度较高,推荐采用该方法求解威布尔函数的三个参数。

2. 构建高斯混合模型

应用正态分位数转换(Normal Quantile Transform,NQT)方法,依据实测与预报流量时间序列的边缘概率分布特征,将已知分布的实测与预报时间序列转换至标准正态空间中:

$$\begin{cases} D_{i,j}^S = G^{-1}(WB_j^S(Q_{i,j}^S)), & i=1,2,3\cdots,N; j=1,2,\cdots,m \\ D_i^O = G^{-1}(WB_j^O(Q_i^O)), & i=1,2,3\cdots,N \end{cases} \quad (2.137)$$

式中:j 表示模型序号;m 为集合预报成员(单一的预报模型)数目;D^O 与 D^S 分别表示正态空间中的实测与预报值;G 表示正态分位数转换方法。假设正态空间中实测流量与各模型的预报流量值存在如下线性关系:

$$D_i^O = a_j D_{i,j}^S + b_j + \xi_j, i=1,2\cdots,N; j=1,2\cdots,m \quad (2.138)$$

式中:a、b 为系数;$\xi_j \sim N(0,\sigma_j^2)$ 为服从正态分布的残差序列。正态空间中,在已知模型 j 为最优的前提下,实测序列服从如下分布:$D^O \mid M=j, T_{obs} \sim N(a_j D_{i,j}^S + b_j, \sigma^2)$,则正态空间下实测序列的后验概率分布可表示为

$$p(D^O \mid T'_{obs}) = \sum_{j=1}^{m} \omega_j p(D^O \mid M=j, T'_{obs})$$

$$= \sum_{j=1}^{m} p(M=j \mid T'_{obs}) p(D^O \mid M=j, T'_{obs}) \quad (2.139)$$

式中：T'_{obs} 为正态空间下的实测数据集；a_j、b_j、ω_j、σ_j 是高斯混合模型的未知参数。由于公式(2.139)通过概率反映不同的高斯成分在水文模型组合中所起的作用，因此被称作高斯混合模型。

3. 估计高斯混合模型参数

期望最大化算法（Expectation-Maximization algorithm，EM）作为一种统计学中重要的参数估计方法，是根据已有的不完整数据集，借助隐藏变量，估计未知变量的迭代技术。EM 算法与极大似然估计（Maximum Likihood Estimation）方法相比，其算法复杂程度较小，而且性能相当。EM 算法初始化后，经期望步（E 步）与极大化步（M 步）迭代运算直至似然函数值的变化幅度小于预先设定的阈值或满足其他收敛条件，此时得到的 a_j、b_j、ω_j、σ_j 值被认为满足算法要求。似然函数的选取以及 EM 算法实现细节请参考相关文献。

4. 抽样获得预报变量的概率分布

采用蒙特卡罗组合抽样方法获取预报时刻预报变量的后验分布情况，计算步骤如下。根据各模型权重值，随机采样一次获得可能最优模型为 j。将模型 j 在预报时刻的预报值 $Q^S_{n,j}$ 代入其威布尔分布函数得到其对应概率值，然后由 NQT 方法将 $Q^S_{n,j}$ 转换至正态空间。在正态空间下，实测序列中预报变量值服从期望为 $(a_j D^S_{n,j} + b_j)$、方差为 σ_j^2 的正态分布。随机采样获得正态空间下预报变量值及其对应的概率。该概率值代入实测序列的威布尔分布函数，然后经逆运算得到对应原始空间下实测序列的预报变量值。重复以上步骤 L 次，进行大量采样获得预报变量可能的概率分布情况，其平均值可以作为 BMA 确定性预报结果发布。将这些值按照从小到大的顺序排列之后，在 0.05 与 0.95 分位数上的值被认为是 90% 置信度的置信下限、上限，可以作为 BMA 集合预报 90% 的置信水平的概率预报结果发布。BMA 模型的运算流程可参考图 2.33。

BMA 提供了单个模型为最优的后验概率以及预报变量的后验概率分布用于描述预报结果的不确定性。该方法在运算过程中，首先求取各单一模型为最优的概率以及每个单一模型预报结果的后验概率分布；然后通过蒙特卡罗过程大量采样计算预报变量可能的预报结果，这些可能的预报结果被认为是服从预报变量的后验概率分布，其统计特征值可以用作概率预报结果发布。BMA 集合预报不仅能够回答洪水预报工作中所关心的如洪水将在何时到达、洪水量级多大的问题，还能够回答洪水能在多大的置信度水平上不超过某一量级，在实际的防汛调度工作中更为实用。

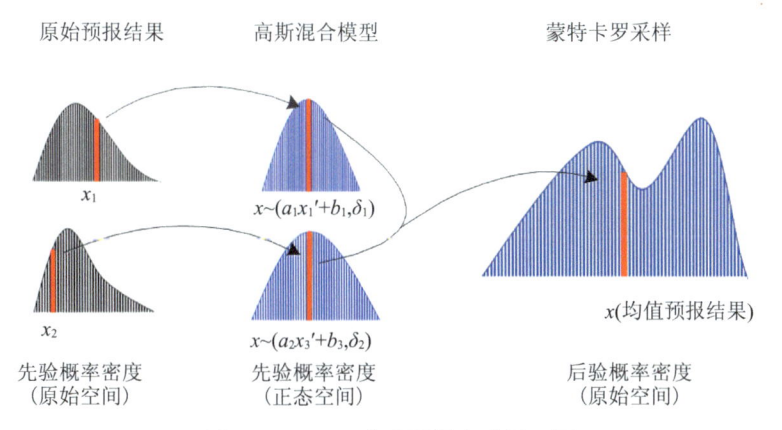

图 2.33　BMA 集合预报方法原理图

2.6.3　集合预报方法的参数规律研究

2.6.3.1　BMA 集合预报计算流程

为研究水文集合预报方法的参数规律，我们首先选择淮河鲁台子—吴家渡区间，采用三种基本的河道洪水演进模型作为集合预报方法的基本成员，分别为 BPNN 方法（前馈式人工神经网络方法）、Muskingum 流量演算法（简称"马法"）、水力学模型，用于河道洪水演进模拟。建模过程中，除考虑河道洪水由干流上游断面来水外，还需要考虑支流与干流之间的水量交换，因此在 BPNN 方法中输入层节点包括干流及所有支流流量（如图 2.34），而马法、水力学方法则以干流来水作为上边界条件，以支流流量作为外部边界条件。

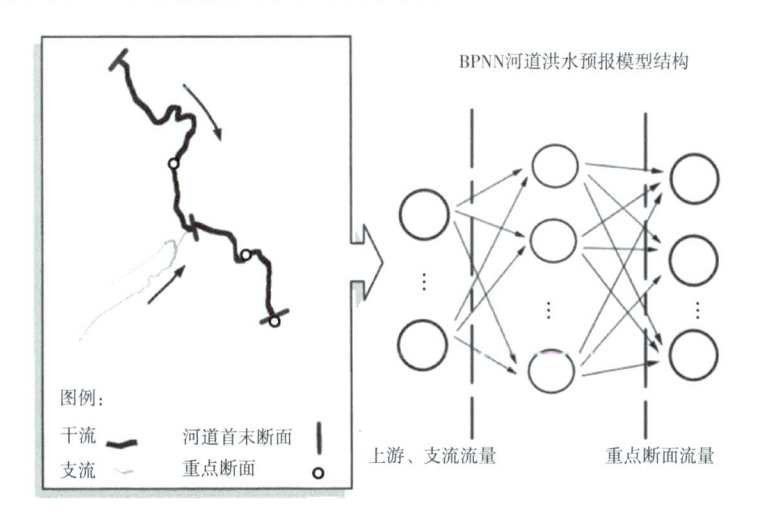

图 2.34　基于 BPNN 方法的河道洪水演进模拟示意图

由于试验流域中各行蓄洪区、闸门的实际调度记录不够完整,仅在大水年份汛期记录频次相对较多,且本研究并不关注各单一预报模型自身的精度问题,因此为建模与研究方便,在此所用的三种方法均未考虑行蓄洪调度。BMA 集合预报计算流程如图 2.35 所示。

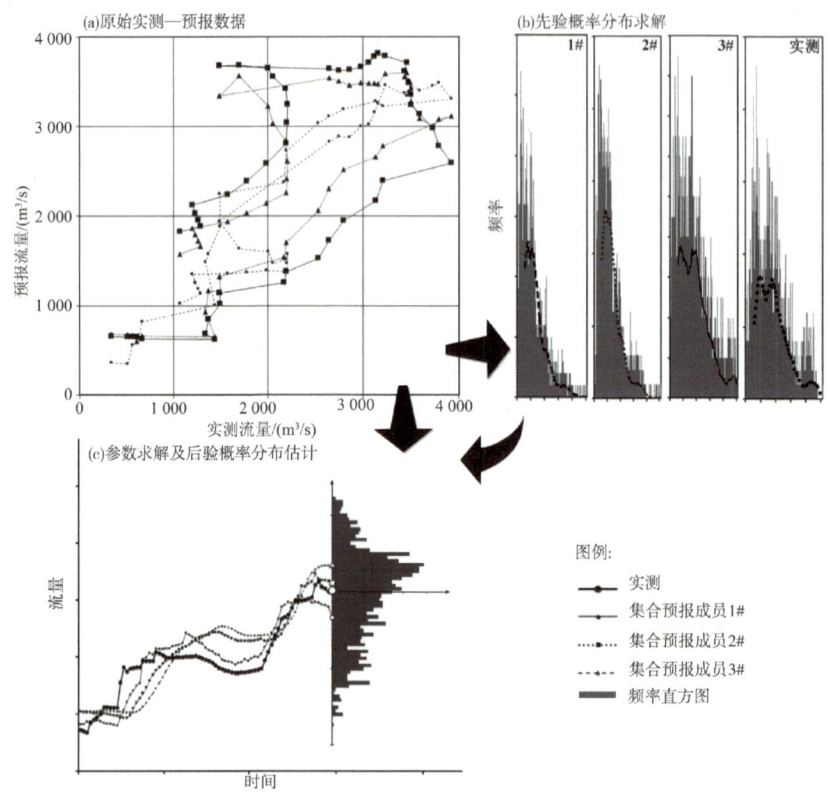

图 2.35　BMA 集合预报计算流程示意图

2.6.3.2　试验流域与数据介绍

1. 试验流域概况

本研究选择淮河鲁台子—吴家渡区间作为试验流域,以吴家渡站流量过程为分析对象,研究基于 BMA 多模型集合预报方法的应用效果。试验流域位置及流域概化图如图 2.36 所示。

2. 历史洪水信息介绍

图 2.37 展示了淮河吴家渡站 2003—2016 年的流量过程,根据水文资料代表性的要求,从现有资料中筛选出包含大、中小洪水的 19 场洪水,其中 2008、2009、2010、2012、2013、2014 年各 2 场;2006 年 0 场;其余年份各 1 场。

3. 评价指标介绍

采用的确定性预报结果的评价指标除 NSE(纳西效率系数)、RPE(洪峰相

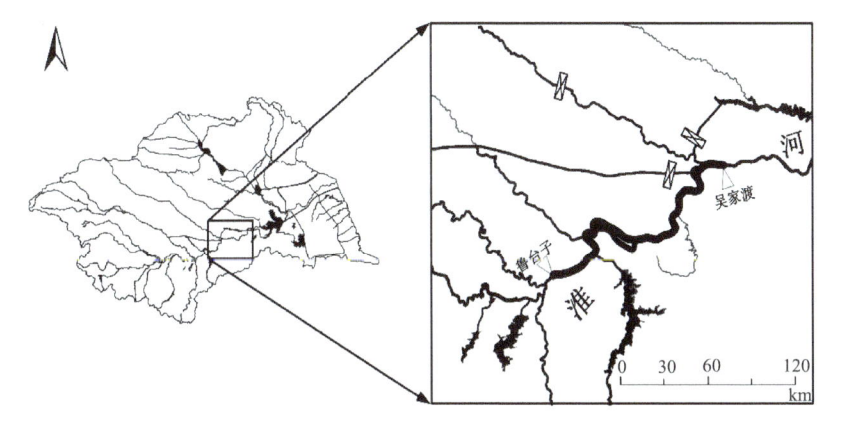

图 2.36　试验流域概化图

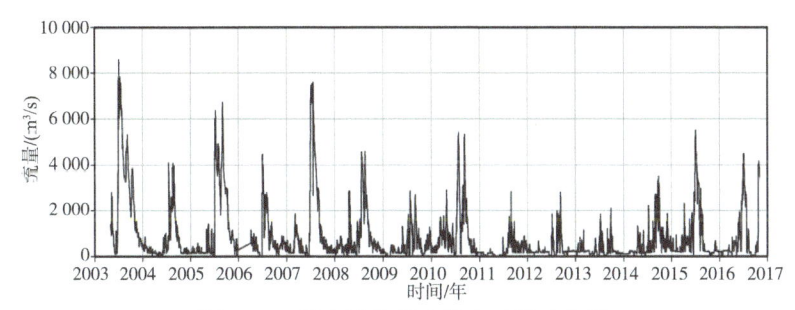

图 2.37　吴家渡站历史洪水过程示意图

对误差）外，还包括相关系数指标，讨论单一模型精度与 BMA 权重值之间的关系。相关系数是由 Karl Pearson 提出的，是用于描述两变量之间线性相关程度的指标，又称作 PPCC（Pearson product-moment correlation coefficient）。有如下规定：$0<|PPCC|\leqslant 0.3$，表示弱相关；$0.3<|PPCC|\leqslant 0.5$，表示实相关。

2.6.3.3　模拟结果分析

1. 模拟结果统计

统计以上 19 场洪水中三种单一模型及 BMA 均值预报结果，采用箱线图（图 2.38）的形式展示。图中箱体中间横线表示中位数，小方框代表均值，上下两端横线表示系列的最大、最小值，箱体上下边界代表四分位数。

从图中 NSE 指标的变化可以看出 BPNN 方法的上下

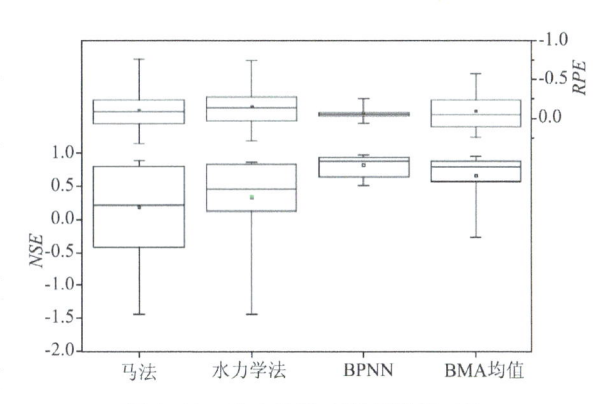

图 2.38　确定性洪水预报结果对比

四分位数、中位数、均值与最大、最小值均高于马法及水力学方法，表明该方法对洪水过程模拟的精度比另外两种方法要更高。从图中 RPE 指标的对比结果可知，三种方法的 RPE 均值、中位数相差不大，表明三种方法对于洪峰流量的计算精度大体相当；而 BPNN 的上、下四分位数及最大、最小值指标均明显低于另外两者，表明在本试验中 BPNN 对洪峰流量的模拟精度较为稳定，相对马法与水力学方法所提供的洪峰计算结果更可靠。需要注意的是，由于本研究未考虑实际的行蓄洪区及闸门调度，因此所模拟的结果可能出现系统误差，导致三个模型的 RPE 指标的均值都大于 0。

将 BMA 均值与三个单一模型计算结果进行统计比较，可知：BMA 运算结果 NSE 值的各项分布特征指标均介于 BPNN 与马法、水力学方法的相应指标之间，表明 BMA 预报与实际洪水过程重合度较高，对洪水过程模拟的性能低于 BPNN 方法，但高于马法、水力学方法；对 RPE 统计值的分布特征进行比较，发现除四分位数之外，BMA 的 RPE 统计指标中的均值、中位数与最大、最小值介于 BPNN 与另外两种方法的相应指标之间，表明 BMA 对洪峰流量的模拟能力不高于其集合预报成员中的较高者，但是也不低于其中较低者。

以上对确定性模拟结果的分析，进一步印证了以往相关研究中所强调的，基于 BMA 的多模型集合预报能够避免最终模拟结果较差的可能性，与此同时模拟精度一般介于其集合预报成员中精度较高、较低者之间。然而，在实际洪水预报中，尤其当没有足够资料率定所采用的模型，或不确定哪一个模型适用于当前场次洪水预报时，采用 BMA 模型对多个备选的预报结果进行综合，是相对稳妥的解决方案。

2. 模拟结果分析

根据三个单一模型的 NSE、RPE 值以及各方法在每场洪水中的 BMA 权重值，尝试绘制三个模型的 NSE 或 RPE 指标与权重的相关图，并计算得到相关系数值。所得结果统计如图 2.39。

图中，点据分布较为散乱，表明三个模型的 NSE、RPE 指标均不与权重值呈显著相关关系。其中，马法的 RPE 指标与相应权重的相关系数为 0.323，略高于"实相关"关系的阈值；除此之外的五种情形下，模型预报精度指标（NSE、RPE）与权重的相关系数均在 0 到 0.3 之间，仅呈现弱相关关系。由此可见，单场洪水中各单一模型的模拟精度与其在 BMA 中的权重值不存在显著线性相关，即模型在某一单场洪水中表现的好坏程度，与其在 BMA 模型中的最优的概率值（即权重值）大小并不同步，不能够根据本场洪水资料所得的 BMA 似然参数评判该模型在本场洪水中的表现。

鉴于权重值表征模型相对最优的概率，研究分别以 NSE、RPE 作为评价模型单场洪水模拟精度的指标，通过统计 19 场洪水中各模型相对最优的频率与权重值，以进一步研究两者之间是否存在联系。例如，在某场洪水中，当以 NSE 指标评判各模型模拟精度时，出现马法比其余两种方法更好的情况，则记马法相

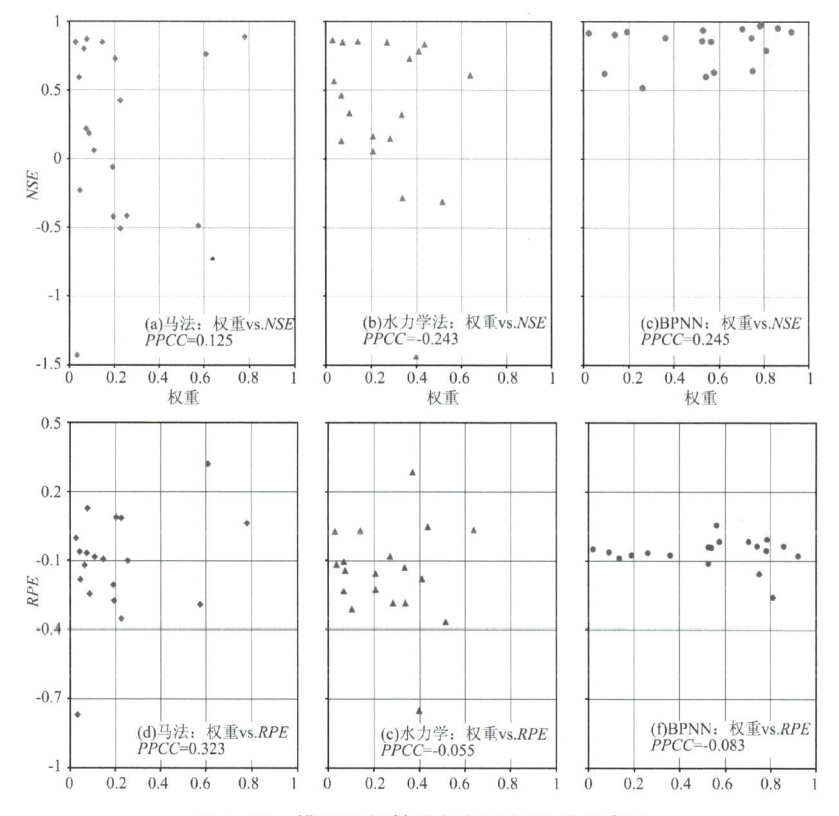

图 2.39　模型预报精度与权重相关性示意图

对最优次数加 1;依此类推,统计 19 场洪水中,马法为最优的次数的总数与洪水场次数目(19)的比值,得到基于 NSE 指标的马法为最优的频率值,记作 $P_{NSE,马法}$。该指标反映马法在多场次洪水预报中,预报结果相对其余两模型更优的频率,根据统计理论可知,当采样数目足够大时,频率值近似于模型为最优的概率值,即 BMA 中权重值 W。图 2.40 中,各模型权重值 W 绘制于主坐标轴(箱型图),P_{NSE}、P_{RPE} 位于次坐标轴(折线图)。

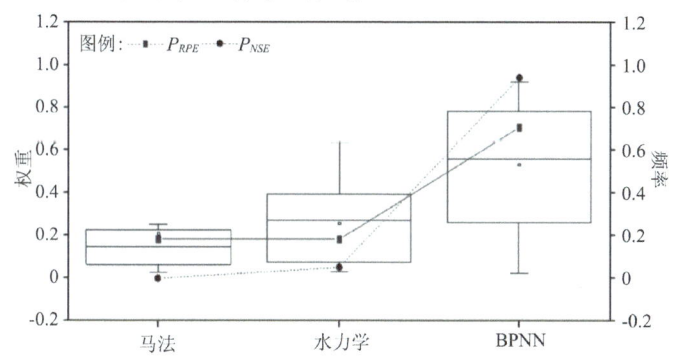

图 2.40　试验中模型为最优的频率与模型权重值对比结果

从图 2.40 中可以发现，三个模型的 P_{RPE} 值与 BMA 模型中各模型权重值 W 的均值（或中位数）相差不大，且三个模型的 P_{RPE} 指标相对大小与权重值的变化趋势一致。例如，$P_{RPE,马法}$、$P_{RPE,水力学}$、$P_{RPE,BPNN}$ 分别为 0.158、0.158、0.684，对应的 $W_{均值}$ 统计值分别为 0.208、0.258、0.534。类似的情况同样发生在以 NSE 指标统计模型最优频率的模拟试验中。图 2.41 进一步地对 P_{RPE}、P_{NSE} 与 $W_{均值}$、$W_{中位数}$ 的相关关系做了对照。三模型的 P_{RPE} 指标值视作一个系列，可以计算该系列与其他指标值系列之间的相关系数，并做统计分析。图中，对角线上表示统计项目，左下方、右上方分别为各项目的两两相关关系示意图与相关系数值。

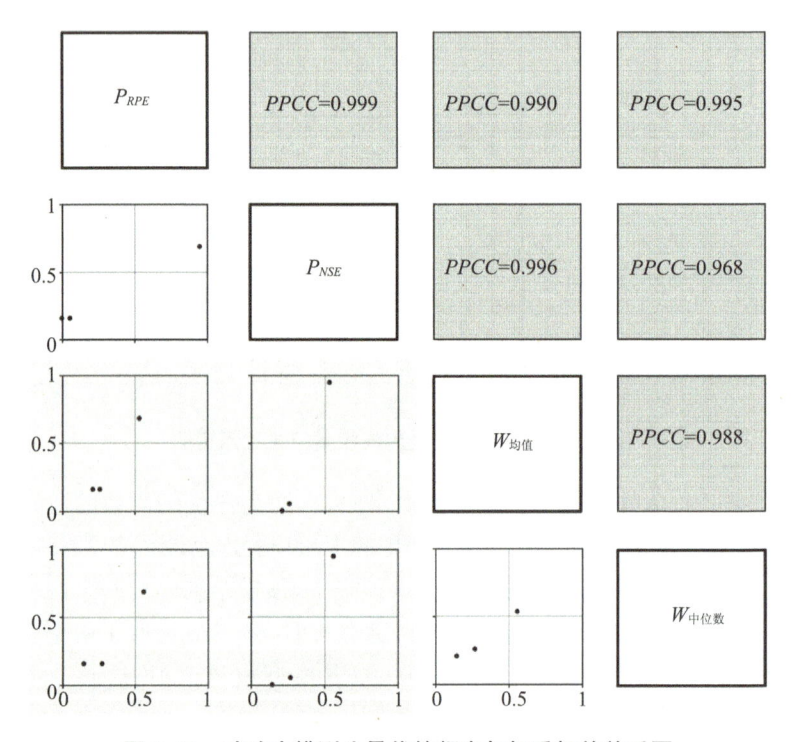

图 2.41　试验中模型为最优的频率与权重相关关系图

从图 2.41 中可以看到，四个指标之间的两两相关关系非常显著，即使相关性相对较低的 P_{NSE} 与 $W_{中位数}$，其相关系数也达到 0.968。根据以上统计资料与分析结果可以大致得出以下结论，模型在单场洪水中表现的好坏程度与其在 BMA 模型中相对最优概率关联不大；模型在多场洪水中总体表现的好坏程度与其相对最优概率较为相近。图 2.41 中，$W_{均值}$、$W_{中位数}$ 与 P_{NSE}、P_{RPE} 之间的相关关系进一步证明了单一模型的平均预报精度水平与其权重之间的统计相关性。

结合上述两图的分析结果可知，BMA 模型中的权重反映的是在大量洪水预报中，模型最优的概率，与单场洪水预报中模型的模拟精度不存在必然联系；只有当统计模型精度也是大量洪水预报中的平均水平时,两者才基本一致。这也进一步佐证了洪水预报中的经验,模型在单场洪水中的表现并不能代表其平均水平,不能够因模型在少数几场洪水中表现较好或较差就过分依赖或武断地舍弃该模型,以避免因模型不适用而为洪水预报工作带来困扰;在较多场次洪水预报中表现较优的模型,其统计指标较为稳定,在实时洪水预报中可以有更大的机会成为较优模型,适合于洪水预报应用。

根据以上统计结果,当实测资料序列不够长时,可采用一定的策略自动生成大量的水文数据,当作先验信息用于 BMA 的参数训练,所得到的权重等参数的估算结果对于指导洪水预报有一定的参考价值。对于自动化程度要求较高或数据信息量较大的洪水预报业务,考虑采用 BMA 模型进行多模型信息融合,可以有效避免人工干预操作,且高效利用现有数据,并可提供较高精度、可靠的洪水预报结果。

3. 数据讨论与总结

本研究从集合预报结果精度、BMA 方法适用性评价两方面展开讨论,目的在于提高对 BMA 的预报能力与参数特性的正确认识,提高 BMA 所提供预报信息的有效利用价值,以协助提升现有洪水预报水平。选择淮河鲁台子—吴家渡区间作为试验流域,通过比较吴家渡站流量过程预报精度,进一步验证了集合预报结果精度较高、表现稳定的特点;通过统计分析模型模拟精度与 BMA 模型中权重值之间的关系,利用统计结果初步证明了模型平均性能与 BMA 模型的参数之间同步情况良好,增强了概率预报方法与传统洪水预报技术之间的相互关联。

根据本研究工作,可以得出如下结论用于指导洪水预报。在进行洪水预报时,尤其在多个模型的预报精度区别不大或不存在成熟的预报模型的情形下,采用 BMA 集合预报能够有效地避免因模型选择带来的误差放大效应,有利于控制预报误差,提高预报结果精度与稳定性;在进行大量洪水预报后,根据统计结果,在备选模型中,各模型为最优的频率与该模型的 BMA 权重值应当相差不大,否则就要检查所采用的精度评价指标是否合理、先验信息是否完善、模型自身结构上是否存在导致表现异常的因素等;在无资料地区的水文模型比较研究中,采用插补、同化等技术手段扩充不完备的先验信息,进而应用 BMA 模型提供模型相对最优的指标,是辅助进行模型适用性评价、增强评价可靠性程度的可行手段。

2.6.4　随机参数驱动的水文集合预报

2.6.4.1　基本原理与方法

水文模型参数的选取通常依靠经验判断或者依赖历史库中的不完备数据集进行自动优选,所选参数并不一定能够准确反映流域降雨径流特点,更不足以反映不同洪水涨落阶段及洪水特征的变化。基于水文模型的参数存在显著不确定性的客观事实,以随机参数驱动水文模型,并结合数值模型实现概率预报。受参数不确定性影响,洪水预报模型往往难以达到足够的精度,在实际洪水预报中基于传统的洪水预报模型得到预报结果,其不确定性程度较高,难以据此做出适合的防汛调度决策,在实际应用中往往通过校正或概率预报的方式来降低洪水预报不确定性。

由于参数率定过程中的主观经验判断或率定数据的限制,且流域水文物理过程的发展变化,优选得到的参数值往往并不能反映流域的现状降雨径流特征。传统参数率定方法所得到参数值只能够反映依据水文预报员基于历史水文数据的判断,水文模型参数带来的洪水预报不确定性依然难以准确度量,洪水预报结果的不确定性程度较高。尤其在实时洪水预报中,最优模型参数不能够精确预知,导致洪水预报结果不确定性程度较大,且缺乏较为可靠的手段去量化评估预报结果的不确定性程度。

本研究基于水文模型参数存在显著不确定性的客观事实,挑选出敏感性最强的水文模型参数开展随机参数驱动的洪水预报研究。在获取水文模型参数概率分布特征的基础上,以随机生成的模型参数驱动水文模型模拟进行水文预报,并在贝叶斯框架下对原始预报结果进行综合,以得到洪水预报结果以及参数不确定性程度的客观描述。

由于降雨中心位置、下垫面等因素变化,各场洪水之间呈现出不同的产汇流特性,模型参数值的选取需要相应变化;模型参数在多场洪水中服从统一的概率分布,可以通过对每场洪水最优参数值做频率分析得到。随机参数驱动的概率预报便是以多组随机生成的模型参数分别驱动水文模型,在贝叶斯理论框架下综合考虑多组预报结果所提供的有限先验信息,并估计预报变量的后验概率分布特征。根据以上思路,我们以新安江模型为例,考虑其水文参数的不确定性,采用如下步骤构建基于参数不确定性的概率预报算法(PROP)。

1. 参数敏感性分析

基于"流域分单元、蒸散发分层次、产流分水源、汇流分阶段"的思想,赵人俊教授初步提出新安江模型的产汇流计算基本原理框架,并于 1980 年在国际水文预报学术讨论会上向国际水文界推广这一研究成果。新安江模型是典型的概念性水文模型,模型参数较多。根据新安江模型在我国湿润、半湿润流域的应用情况与参数规律分析,河网蓄水消退系数 CS 往往被归类为敏感参数,不同年限的洪水资料率定得到的 CS 参数往往存在较大差异,且不同的 CS 参数取值对洪水预报结果影响较大。

河网蓄水消退系数 CS 常被归类为敏感参数,目前针对其水文特性及统计规律的研究较多,成果也较为丰富。根据李致家在沙埠流域对 CS 参数规律的研究成果可知,CS 是时段长度和线性水库的蓄泄系数的函数,反映流域汇流特性及线性水库的时间尺度变化。陆旻皎尝试通过蓄泄系数参数规律来间接推求 CS 值,其模拟试验在皖南山区面积为 100~3 000 km² 的 13 个流域进行,结果表明由地理因子公式推求得到 CS 的方法具备一定程度的可操作性,同时验证了计算步长、时段内入流分布可能带来的参数不确定性。

2. 算法流程介绍

基于参数不确定性的概率预报算法(PROP)流程如下(参见图 2.42):

(1) 获取参数的先验概率分布。根据经验,选择以新安江模型的参数 CS 为例,考察该参数在历史各场洪水中的数值变化特征。为获得单场洪水的最优 CS 参数的先验概率分布,本研究根据经验确定不敏感模型参数,采用 SCE - UA 分层次优化新安江模型敏感参数。新安江模型日模型参数(k、sm、kg)为第一层次,次模参数(l、CS)为第二层次。在以全部场次的洪水分别率定得到日模型参数及次模参数后,锁定除 CS 外以上参数值,独立率定每场洪水的 CS 参数值。然后,对 CS 参数依从小到大的顺序排序计算其累积概率分布,分析其所服从的概率分布函数,并基于该分布函数随机生成一组 CS 参数,用于单场洪水模拟预报。

在累积足够的 CS 参数样本之后,需要选择适合的分布类型描述参数 CS 的概率分布特征。考察各常见分布类型在描述 CS 的概率分布中的适用性。选出合适的分布类型之后,计算分布函数的参数,用以描述 CS 的先验概率分布。

(2) 随机生成参数簇。根据 CS 的先验概率分布特征,随机生成维度为 N 的参数簇。

(3) 构建预报信息库。基于以上 N 个参数,分别驱动新安江模型模拟所有场次的历史洪水,计算得到各场洪水的次模模拟结果。在实时洪水预报中,步骤(2)中得到的参数簇可以在洪水预报之前生成,以降低运算量,保证实时性;步骤(3)中所提到的"历史洪水"应当变成"当前场次以前的历史洪水"。

采用随机生成的 CS 参数分别驱动水文模型独立进行水文预报模拟,假设随机生成 M 个随机 CS 值,对应每一场洪水都得到 M 种不同的预报结果。

(4) 训练 BMA 模型。根据成员数为 N 的历史洪水预报结果的集合,训练 BMA 模型参数。

(5) 生成预报变量后验概率分布。设定后验分布的采样数目为 L,然后将当前的 N 个预报结果代入训练好的 BMA 模型中,基于蒙特卡罗采样方法生成成员数为 L 的预报变量的解集。当 L 值足够大时,该解集与预报变量的后验概率分布相似,可以认为该解集的分布情况反映了预报变量的后验概率分布特征,解集的均值可以视作预报变量的期望值。

在 PROP 算法中,模型参数的最优值无需提前预知,因此该算法能够避免洪水预报中不合理的参数对预报结果的负面影响；该算法仅依靠比较成熟、单一的新安江模型即可实现集合预报，无需引进其他模型，算法的实现简便。

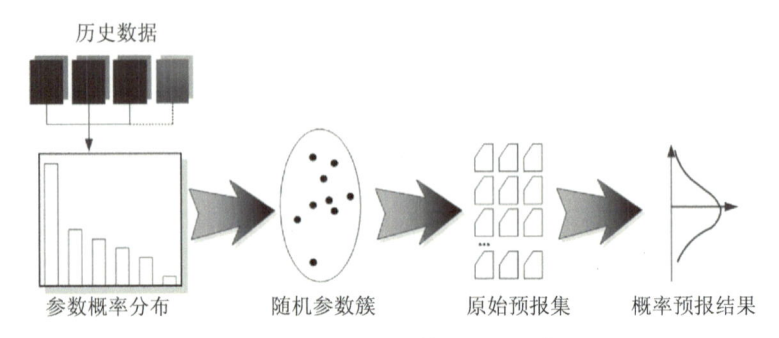

图 2.42　PROP 预报算法流程示意图

2.6.4.2　试验流域参数规律分析

从实时洪水数据库中提取 2003—2017 年期间逐时降雨、流量资料，其中包括雨量代表站 15 站；水文站 7 站，分别为用于合成王家坝总流量的王家坝站、钐岗、地理城、王家坝进水闸站，以及流域上游息县、潢川、班台水文站。

根据王家坝区间流域 21 场洪水的参数优化结果，将最优 CS 参数值代入 SPSS 软件进行频率分析，得到最优 CS 参数的频率分析结果如图 2.43 所示。图中横坐标表示最优 CS 参数的实际累积概率分布，对应的纵坐标为利用 Beta 分布函数估计得到的最优 CS 的累积概率值。图中各点距离 45°线越近，说明最优 CS 累积概率值的统计值与估计值越接近，在采用相应概率分布函数描述最优 CS 概率分布特征时误差越小。

从图上分析可知，CS 的实际累积频率与估计值相差不大，可以认为最优参数 CS 基本服从 Beta 分布，可以用 Beta 分布近似描述最优 CS 参数的概率分布，这一结论与赵信峰等人在河南省东湾流域的研究成果基本一致。基于最优 CS 参数所服从的 Beta 分布函数，随机生成 $M=50$ 个不同的 CS 参数，以驱动水文模型进行水文预报模拟计算，进而可以分析随机参数驱动的洪水预报概率预报与确定性水文预报的性能。

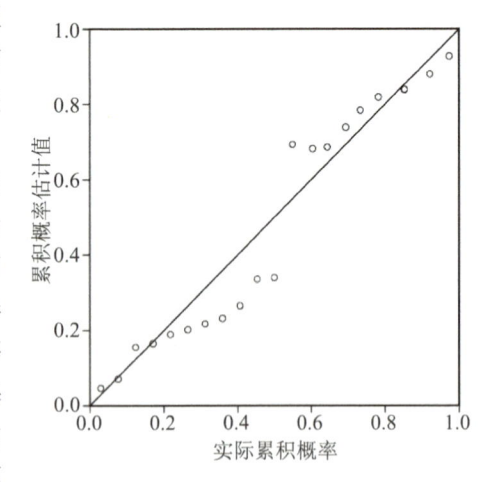

图 2.43　最优参数概率分布特征研究

2.6.4.3 预报计算结果分析

1. 确定性预报结果

将各场洪水原始预报与 PROP 均值预报结果绘制在同一张图上。如图 2.44 所示，灰色区带表示 50 个集合预报成员的确定性预报结果的 NSE 指标范围，黑色点划线表示 PROP 均值预报 NSE 指标值。

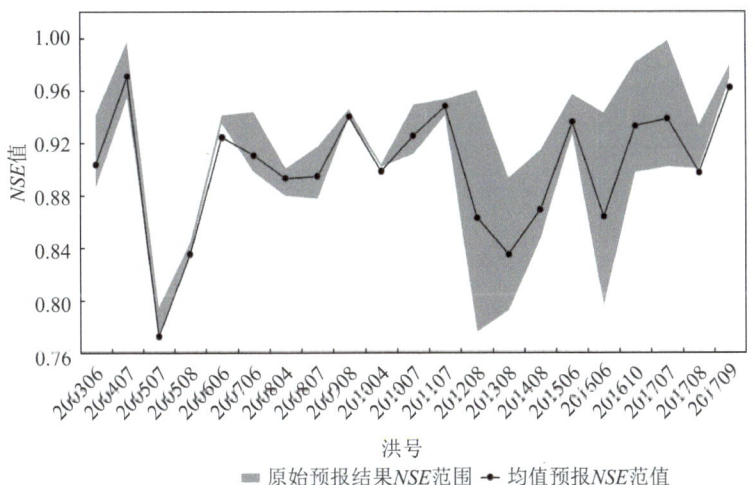

图 2.44　确定性洪水预报结果对比示意图

由图 2.44 可以看出，各集合预报成员以及 PROP 均值预报结果的 NSE 指标均在 0.76 以上，达到乙级精度。均值预报结果与原始预报结果虽然存在差异，但是两种模拟结果的变化趋势基本一致，预报流量数值大小基本一致。这说明，水文模型以及参数的选择较为适当，适用于对所选王家坝区间流域的洪水预报。

2. 概率预报结果

为描述方便，将所选 21 场洪水的概率预报结果，首尾相连绘制于同一张图上（见图 2.45），各场洪水之间时间上并不连续。图中灰色带状线条表示 PROP 方法 90% 置信度概率预报结果，黑色线表示实测流量过程。

从图 2.45 中明显可以发现，实测流量过程、概率预报结果的涨落趋势基本一致，且实测流量过程基本被 90% 置信度的概率预报结果包括在内。以上结果说明，PROP 方法生成的概率预报结果具有较高的可靠度，能够显著降低漏报、错报的可能性。然而也可以发现，在遇到 200306、200507、200706、201606 号等较大量级洪水时，概率预报结果的置信上限值达到了较高量级，90% 置信度概率预报结果的条带宽度过大，在面临大洪水时，PROP 的概率预报结果精度依然有待提高。以下以 201707 号洪水为例，对比 PROP 的 90% 置信度概率预报结果、PROP 均值预报与实测流量过程，说明 PROP 方法的预报性能，以验证考虑参数不确定性进行洪水预报的可行性。

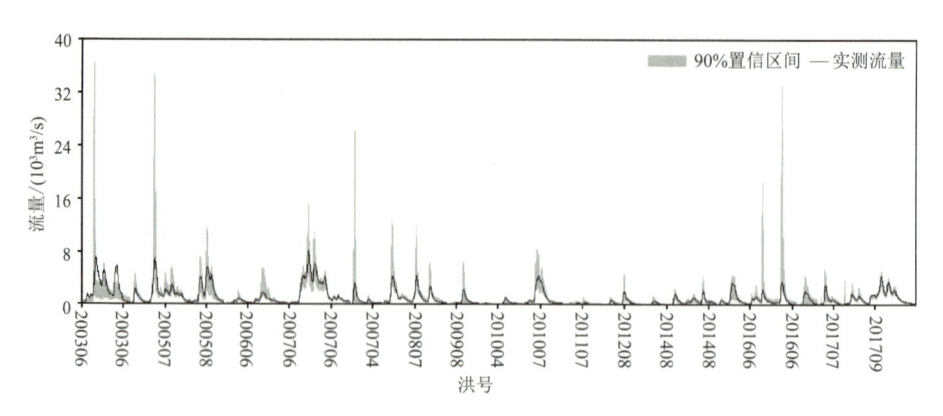

图 2.45 PROP 概率预报流量过程示意图

如图 2.46 所示,实测洪水过程基本都落在 PROP 的 90% 置信区间内,尤其洪峰附近部位的洪水过程全部包络在置信上、下限之间。利用覆盖率指标统计 PROP 概率预报结果可靠性,落在置信区间内的实测点占总实测点数的比例为 570/672＝0.85,覆盖率水平相对较高。同时也需要看到,洪峰部位的 90% 置信区间为[1 120.78,5 512.85],置信区间较宽,在依赖于该概率预报结果进行洪水预报调度决策时,调度决策较为保险、偏保守。

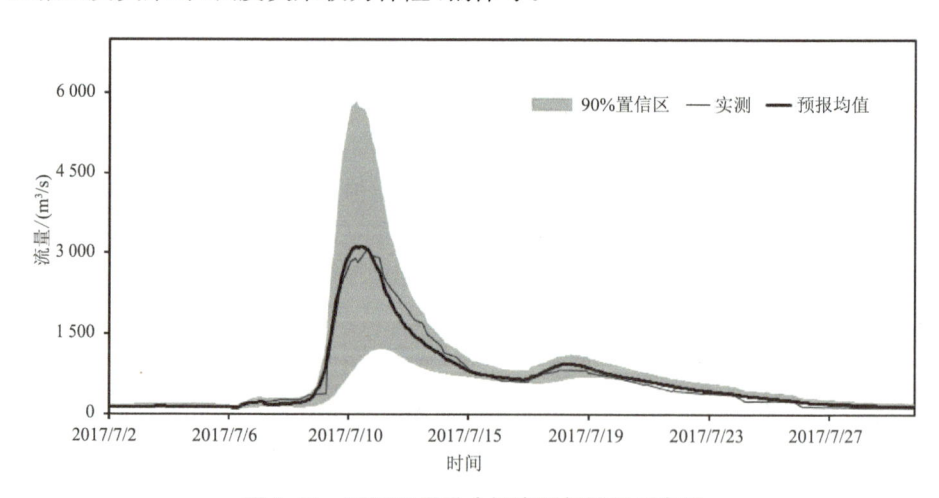

图 2.46 201707 号洪水概率预报结果示意图

2.6.4.4 讨论与小结

基于水文模型的参数存在显著的不确定性的客观事实,本研究以随机生成的参数驱动水文模型,并结合数值模型构建 PROP 算法实现集合预报。通过东湾流域 36 场洪水以及王家坝区间流域 21 场洪水模拟试验,揭示了水文模型参数不确定性对洪水预报结果的显著影响,并验证了 PROP 所提供的确定性及概率预报结果的精确性、可靠性,证明 PROP 能够降低水文模型参数所带来的洪水预报不确定性。

在实际洪水预报中,参数的优选往往依靠经验判断或者依赖历史库中的不完备数据集数据进行自动优化,然而由于洪水特征无法准确预知,甚至在一场洪水的不同阶段中所求参数的值也存在较大差异,因此所选参数并不一定适合于当前洪水的预报。PROP 算法为考虑参数不确定性条件下实现准确的洪水预报,提出一个可靠的解决方案。该算法强化了对参数概率分布特征的描述,弱化了对求解最优参数值的要求,降低了参数不确定性导致较差预报结果的可能性;依赖现有较为成熟的 BMA 模型,为洪水预报工作提供更为丰富、可靠的预报信息,对于完善并提高现有的洪水预报技术具有参考价值。

综上分析可知,随机参数驱动的洪水预报能够给出对洪水过程的概率描述,所产生的确定性、不确定性预报结果均较为可靠,采用随机参数驱动水文模型的思想对于定量考虑参数不确定性对洪水预报影响具有参考价值。然而,通过研究也发现,随机参数驱动的洪水预报方法,其概率预报结果存在置信区间较宽的问题,会导致洪水预报调度决策偏保守;确定性预报结果的预报精度也并不总是优于原始预报结果,这也导致该方法目前在水文预报实践中的实用价值降低。另外也需要看到,本研究所采用的参数仅仅针对单一的参数 CS,实际洪水预报中往往有多个参数存在明显不确定性,如何准确描述多参数的联合概率分布,以及如何在洪水预报中同时考虑多参数不确定性的影响,将是一个有价值的研究方向。

2.7 耦合多源不确定性的洪水概率预报

2.7.1 多来源不确定性分类

水文学及水资源学科是防洪非工程措施的重要技术领域之一,在源远流长的学科发展历史中,人们在分水源机制、坡面产汇流机理方面,已经形成了一定程度的经验与知识储备。然而,洪水预报的精准程度受降雨输入、土壤水文初始条件、参数概化能力、模型结构等来源不确定性的影响显著,导致传统水文预报技术不能够准确反映流域产汇流物理机制,洪水预报结果往往明显偏离实际,给实时洪水预报以及防洪减灾工作成效带来极大的限制。

自 19 世纪 40 年代起,水文水资源学科领域便已经发展出对误差或水文不确定性的专门研究,如空间插值方法、多模型组合、洪水概率预报方法等。以上科学方法的产生与发展对于误差辨识、误差控制、不确定性理论的发展都具有十分重要的推动作用。

水文不确定性的客观存在是由人们不能够完全精细掌握水文物理过程的客观事实决定的,降雨观测与预报误差、预报模型选择、参数优化等各方面的不确定性往往伴随着一次洪水预报的整个过程周期,因而现有的将各种来源的不确定性割裂开来、分别考虑的做法具有很大的理论与应用局限性。本成果提出了一种新的集合预报算法结构，可以综合考虑降雨输入、模型结构、参数三种来源的不确定性，弥补了现有技术手段无法同时兼顾考虑各种来源水文不确定性的缺陷。

针对不确定性来源的不同，分别对降雨、模型结构及参数不确定性采用适合的方案进行定量描述，并在 MCMC 框架下进行有机耦合。

2.7.1.1 降雨输入

TIGGE 等降雨预报产品在实时洪水预报应用中的输入误差较为显著，且不同的产品、不同预见期数据的输入误差差异性较大。采用 2.3 节所述的 GBM 法分析降雨预报的不确定性。采用 Weibull 分布作为非零降水的先验概率密度估计，采用截断型正态分布密度函数估计降雨预报误差随机变量相对于降雨随机变量取值的条件概率密度函数。

2.7.1.2 模型参数

利用 s 场洪水资料，分别以每一场洪水资料率定水文模型 i 的参数 x_i，得到参数 x_i 的次优解集，解集的元素数目为 s；根据该次优解集估计 x_i 所服从的概率分布。

水文模型参数的随机分布特征采用 Beta 分布函数描述，函数形式如下：

$$f(x_i) = \frac{1}{B(\alpha_i, \beta_i)} x_i^{\alpha_i-1} (1-x_i)^{\beta_i-1} \qquad (2.140)$$

式中：α_i、β_i 为水文模型 i 的参数 x_i 所服从概率分布的系数值，$B(\alpha_i, \beta_i) = \int_0^1 x_i^{\alpha_i-1} (1-x_i)^{\beta_i-1} \mathrm{d}x_i$；$i = 1 \sim I$，其中 I 为水文模型的数量，每一个水文模型的参数服从一种概率分布，共可以得到 I 套概率分布的系数值。

2.7.1.3 模型结构

传统以简单平均、加权平均为代表的组合预报方法以提高样本拟合精度为唯一目标，过分依赖于权重计算方法，且其中权重所代表的物理含义则非常模糊；而以 BPNN 为算法基础的 BPM 模型更多受限于神经网络技术自身的性能限制，比如易陷入局部最优解、收敛速度缓慢、外延性差等。另外，以上所介绍的集合预报方法均属于确定性数值方法，虽然能够给出精度较高的确定性预报结果，却并不能定量地说明水文模型结构的不确定性程度，不能给出预报变量的概率分布特征。因此，基于贝叶斯理论的 BMA 集合预报方法，往往被认为是一种提供了较为可靠的模型结构不确定性评估及概率预报的重要方法。式（2.134）中，模型的权重数值反映的是模型结构的不确定性，权重系数越大，选择该模型、同时该模型表现相对较优的概率则相对较大。

2.7.2 算法流程

2.7.2.1 算法逻辑顺序

耦合多源不确定性的概率洪水预报算法逻辑顺序如下(参见图 2.47)。

Step1：基于概率降雨预报结果随机生成面雨量、水文模型参数,据此驱动各水文模型产生 L_1 组初始预报流量过程。

Step1.1：对于一场洪水的每一个时刻 t,利用基于 TIGGE 的降雨概率预报模型生成该时刻的面雨量估计值,组成一组面雨量序列 $(p'_1,p'_2,\cdots,p'_t,\cdots)$,将其作为一场洪水降雨过程的 1 次估计值。

Step1.2：根据 Step1.1 随机生成 I 个水文模型的参数 $x_1,x_2,\cdots,x_I$。将上述估计的面雨量序列 $(p'_1,p'_2,\cdots,p'_t,\cdots)$ 及随机生成的各水文模型参数 x_1, $x_2,\cdots,x_I$ 分别代入对应的水文模型中,计算得到 1 组初始预报流量结果：

$$\begin{cases} 模型1:(Q_{1,1},Q_{1,2},\cdots,Q_{1,t},\cdots) \\ 模型2:(Q_{2,1},Q_{2,2},\cdots,Q_{2,t},\cdots) \\ \cdots \\ 模型I:(Q_{I,1},Q_{I,2},\cdots,Q_{I,t},\cdots) \end{cases} \quad (2.141)$$

该组初始预报流量结果包含全部的 I 个水文模型各自的初始预报流量过程。重复上述步骤 L_1 次,得到 L_1 组预报流量结果。

Step1.3：确定各模型参数最优解以及各模型为相对最优的先验概率。将所有场次洪水资料划分为率定期和验证期,以分别用于各水文模型的率定与验证,得到各水文模型参数在应用于所有场次的洪水预报时的综合最优参数;将已率定完毕的综合最优参数分别代入各水文模型,并利用 BMA 算法求解各模型为相对最优的概率 $\omega_1,\omega_2,\cdots,\omega_I$;

Step2：随机采样抽取最优模型及相应预报流量的大量随机组合,估计预报流量的后验概率分布实现概率预报。

Step2.1：随机抽取模型 j 为最优模型。

Step2.2：随机从模型 j 的 L_1 组初始预报流量过程中抽取一组,作为初始预报流量序列。

Step2.3：获取正态空间中预报流量结果。将前一步得到的初始预报流量序列中的每个流量值代入模型 j 所对应的预报流量概率分布函数中,获取每个流量值的累积概率值;从标准正态分布表中查询该累积概率值所对应的数值,从而将初始预报流量序列转换至正态空间,获得正态空间下预报流量序列 D_j;根据 BMA 算法,将正态空间下的预报流量经过线性转换求解得到相应的实际流量值,从而获得正态空间下实际流量过程的一次预报结果 D'_j。

Step2.4：获取原始空间下预报流量系列。在标准正态空间下,获取 D'_j 对应的累积概率值；根据模型 j 所对应的预报流量概率分布函数，求解相应累积概率下的流量值，得到原始空间下的一次预报流量结果 Q_1。

Step2.5：大量采样获得流量过程的后验概率分布。重复步骤 Step2.1～Step2.4 r 次，得到 r 个预报流量结果 $Q_1, Q_2, \cdots, Q_r$，将 r 个结果的均值 $\dfrac{1}{r}\sum_{i=1}^{r}Q_i$ 作为预报流量过程的确定性预报结果；预报流量结果覆盖范围的 5%～95% 的区间作为 90% 置信度的概率预报结果。

以上算法流程提供的一种同时考虑多源不确定性的洪水概率预报方法，通过分别定量评估降雨、参数、模型结构不确定性，再采用 Monte-Carlo 随机组合抽样获取预报流量过程的后验概率分布。其填补了现有技术手段难以实现同时考虑多源不确定性的技术空白，可以广泛应用在降雨输入误差显著、适合洪水预报的模型或模型结构无法精确预知、模型参数不确定性较高的情况下。

2.7.2.2 算法操作流程

图 2.47 展现了本方法的理论分析、技术实现和具体的算法流程。综合多源不确定性的洪水概率预报方法包括以下 5 个步骤。

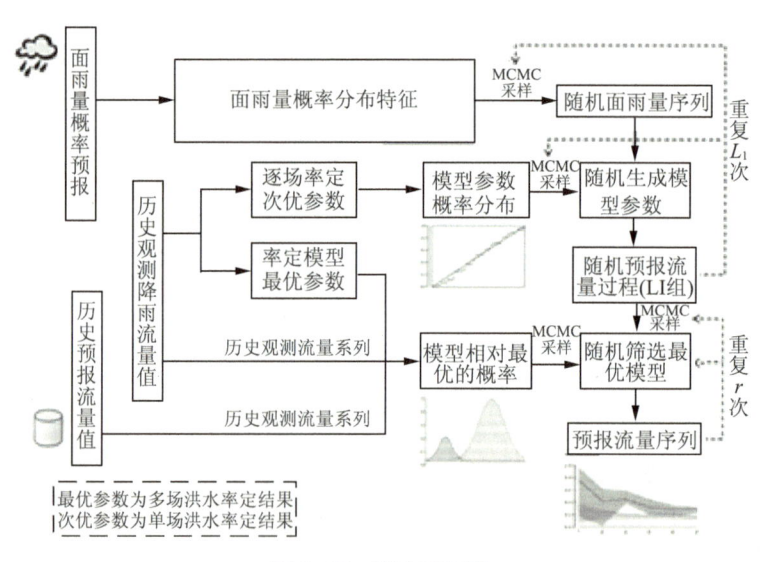

图 2.47 算法流程图

Step1：获取面雨量预报概率分布。

一般要求流域内降雨、蒸发、流量、水位数据资料条件较好，有至少 10 场典型洪水数据。

根据流域全部可靠的雨量监测站位置，使用泰森多边形法分别计算实测面雨量及 TIGGE 等气象产品预报面雨量值。其中，地面监测相应的实测面雨量作为真值，气象产品预报降雨量的面雨量数据为含随机误差的序列，它们之间的关系满足式(2.81)。则通过真值、含误差系列之间的差异,统计天气产品预报降雨的计算误差分布规律,进而获取面雨量预报概率分布。

Step2:构建各模型参数的次优解集,获取水文模型参数的概率分布。

利用 s 场洪水资料,分别以每一场洪水资料率定水文模型 i 的参数 x_i,得到参数 x_i 的次优解集,解集的元素数目为 s。针对任何一个水文模型,可以分别为每场洪水率定得到一个次优参数值(次优解),该次优参数值仅能够使水文模型在这一场洪水中表现最优。s 场洪水资料则获取 s 个次优解,这 s 个次优解构成了该水文模型的次优解集。可供选择的参数优选方法有 SCE-UA、群体复合形进化算法、群体智能算法等。当所优化的参数值能够使目标函数确定性系数指标最大时,认为参数优化完毕,当前参数值即为所求。

Step3:随机生成面雨量、水文模型参数,驱动各水文模型产生 L_1 组初始预报流量过程。

一般取 L_1 大于 50。确定各模型参数最优解以及各模型为相对最优的先验概率。将所有场次洪水资料划分为率定期和验证期,以分别用于各水文模型的率定与验证,得到各水文模型参数在应用于所有场次的洪水预报时的综合最优参数;将已率定完毕的综合最优参数分别代入各水文模型,并利用 BMA 算法求解各模型为相对最优的概率 $\omega_1, \omega_2, \cdots, \omega_I$。

Step1~Step3 分别用于获取模型输入、参数、结构三种不同来源的概率分布特征,是对三种不确定性来源的不确定性程度的先验估计。综合各模型在历史洪水中表现的相对优劣程度,估计模型为相对最优的概率,并以 BMA 算法的结构参数 ω 去表征概率值,体现了对模型结构(模型选择)不确定性的考量。

Step4:获取正态空间中预报流量结果。

将上述步骤中得到的初始预报流量序列中的每个流量值,代入模型 j 所对应的预报流量概率分布函数中,获取每个流量值的累积概率值;从标准正态分布表中查询该累积概率值所对应的数值,从而将初始预报流量序列转换至正态空间,获得正态空间下预报流量序列 D_j;根据 BMA 算法,将正态空间下的预报流量经过线性转换求解得到相应实际流量值,从而获取正态空间下实际流量过程的一次预报结果 D'_j。本步骤中,模型 j 所对应的预报流量概率分布函数、正态空间下预报流量与实际流量之间的关系均由 BMA 算法确定。

Step5:获取原始空间下预报流量系列。

在标准正态空间下,获取 D'_j 对应的累积概率值;根据模型 j 所对应的预报流量概率分布函数,求解相应累积概率下的流量值,得到原始空间下的一次预报流量结果 Q_1。

Step6:大量采样获得流量过程的后验概率分布。

重复上述步骤 r 次(一般不小于 500 次),得到 r 个预报流量结果 $Q_1, Q_2, \cdots$,

Q_r，将 r 个结果的均值 $\frac{1}{r}\sum_{i=1}^{r}Q_i$ 作为预报流量过程的确定性预报结果。预报流量结果覆盖范围的 5%～95% 的区间作为 90% 置信度的概率预报结果。具体而言，将 r 个预报结果中的同一时刻的预报流量进行排序，将流量值位于 5%～95% 之间的流量数值区间作为 90% 置信度概率预报结果。

2.7.3 典型洪水预报

选用淮河流域 2020 年 6 月 9 日—7 月 31 日暴雨形成的洪水过程进行洪水预报分析。2020 年 6 月 9 日—7 月 31 日，淮河出现 6 次强降水过程。特别是 7 月 14—19 日，淮河南部山区普降大暴雨，史灌河、滠河遭遇特大暴雨，形成淮河 2020 年第 1 号洪水（简称"淮河 1 号洪水"）；淮河干流河南潢川县踅子集至江苏盱眙河段全线超警戒水位，王家坝至鲁台子河段超保证水位，润河集至汪集河段、小柳巷河段水位创历史新高，下游入江水道金湖河段超警戒水位；淮南支流潢河、白露河、史灌河发生超保证水位洪水，淮南支流滠河发生接近保证水位洪水，淮北支流洪汝河、沙颍河、茨淮新河、怀洪新河、新濉河、老濉河发生超警戒水位洪水。综合考虑降雨、水位（流量）和洪量等因素，2020 年淮河发生了流域性较大洪水，其中正阳关以上发生区域性大洪水。考虑到本次洪水过程中，王家坝以上（淮河上游）及王家坝—小柳巷区间均较多地使用行蓄洪区及水库调度，水工程对洪水预报不确定性影响有显著的放大效应。为适当控制洪水预报不确定性，本研究选择王家坝（—蚌埠）—小柳巷区间流域作为试验流域，以免除上游大中型水库调度的影响，同时也保留了区间行蓄洪区调度的影响。

2.7.3.1 洪水过程介绍

本场次洪水过程中，淮河干流主要控制站洪水过程简述如下：

息县站：7 月 15 日 6 时水位从 32.88 m（相应流量 636 m³/s）起涨，19 日 19 时出现洪峰流量 3 710 m³/s，20 时出现洪峰水位 39.31 m，低于警戒水位 2.19 m。

淮滨站：7 月 11 日 20 时水位从 21.71 m（相应流量 179 m³/s）起涨，20 日 13 时 50 分出现洪峰流量 5 120 m³/s，15 时出现洪峰水位 31.71 m，超警戒水位 2.21 m，超警戒水位历时 4 d。

王家坝站：7 月 11 日 8 时 12 分水位从 21.47 m（相应流量 298 m³/s）起涨，14 日 4 时水位涨至复式峰第一次洪峰水位 26.77 m，相应流量 2 400 m³/s，水位小幅回落后，15 日 14 时 54 分从 26.28 m（相应流量 1 850 m³/s）再次起涨，17 日 22 时 48 分达到警戒水位 27.50 m，编号为"淮河 2020 年第 1 号洪水"，20 日 0 时 6 分超过保证水位 0.01 m，20 日 8 时 24 分涨至复式峰第二次洪峰水位 29.76 m，相应流量 6 370 m³/s，8 时 34 分蒙洼蓄洪区王家坝闸开闸蓄洪，之后水位逐渐回落,20 日 16 时 48 分出现最大合成流量 7 260 m³/s,21 日 18 时 6 分水位退至保证水位以下 0.03 m,23 日 13 时 18 分王家坝闸关闸结束蓄洪,29 日 19 时 24 分水位退至警戒水位以下 0.01 m,之后水位逐渐回落。王家坝站最高水位 29.76 m,列有资料记录以来第 2 位,超警戒水位 2.26 m,超保证水位 0.46 m,超警戒水位历时 12 d,超保证水位历时 42 h;最大流量 7 260 m³/s,列有资料记录以来第 9 位。

润河集站:7 月 11 日 23 时水位从 20.85 m 起涨,20 日 13 时 30 分出现洪峰水位 27.92 m,列有资料记录以来第 1 位,超警戒水位 2.62 m,超保证水位 0.22 m,超警戒水位历时 16 d,超保证水位历时 24 h;相应洪峰流量 8 690 m³/s,列有资料记录以来第 1 位。

正阳关站:7 月 11 日 12 时水位从 19.41 m 起涨,20 日 16 时 54 分出现洪峰水位 26.75 m,列有资料记录以来第 2 位,超警戒水位 2.75 m,超保证水位 0.25 m,超警戒水位历时 18 d,超保证水位历时 14 h。

鲁台子站:7 月 11 日 12 时 18 分水位从 19.15 m(相应流量 1 450 m³/s)起涨,20 日 16 时出现洪峰流量 9 120 m³/s,列有资料记录以来第 2 位;20 日 17 时 1 分出现洪峰水位 26.28 m,列有资料记录以来第 2 位,超警戒水位 2.48 m,超保证水位 0.18 m,超警戒水位历时 18 d,超保证水位历时 8 h。

淮南站:7 月 12 日 9 时 36 分水位从 17.77 m(相应流量 2 590 m³/s)起涨,20 日 10 时 48 分出现洪峰流量 7 950 m³/s,24 日 17 时 18 分出现洪峰水位 23.81 m,列有资料记录以来第 5 位,超警戒水位 1.51 m,超警戒水位历时 17 d。

蚌埠(吴家渡)站:7 月 11 日 12 时水位从 15.76 m(相应流量 2 590 m³/s)起涨,24 日 17 时 30 分出现洪峰流量 8 250 m³/s,列有资料记录以来第 4 位;24 日 19 时 54 分出现洪峰水位 21.27 m,列有资料记录以来第 6 位,超警戒水位 0.97 m,超警戒水位历时 13 d。

浮山站:7 月 11 日 14 时 30 分水位从 14.65 m 起涨,24 日 23 时 36 分出现洪峰水位 18.35 m,列有资料记录以来第 2 位,超警戒水位 1.05 m,超警戒水位历时 21 d。

小柳巷站:7 月 11 日 14 时 30 分水位从 14.65 m 起涨,24 日 22 时 42 分出现洪峰水位 18.12 m,列有资料记录以来第 1 位。

2.7.3.2 模拟结果统计

1. 原始预报结果

降雨径流模型由新安江模型的产流模块与水文、水力学河道洪水演进模型耦合而成。其中,区间产流采用新安江模型计算,区间各子流域的汇流采用单位线法计算。干流及主要支流的汇流演算,分别采用马斯京根流量与水位演算法、一维水动力学模型两种方法来进行区间河道汇流模拟,模拟运算需要考虑区间行蓄洪区调度的影响。根据河道汇流模型的不同,分别称上述两类耦合模型为水文学、水力学模型。

图 2.48 展示的是整场洪水过程中区间各行蓄洪区的口门调度情况。由于 7 月 14 日之前一直没有启用行蓄洪区,为方便展示,此处仅摘取 7 月 14 日之后的调度过程。

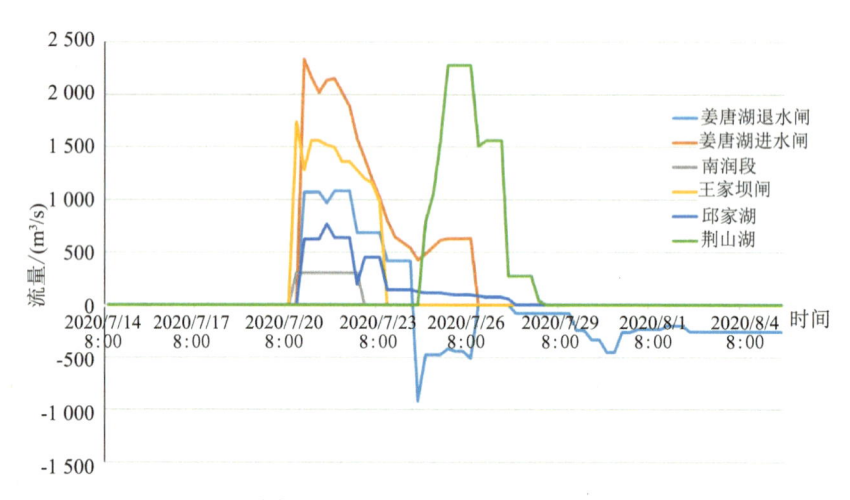

图 2.48　王家坝—小柳巷区间各行蓄洪区调度过程示意图

图 2.48 中,姜唐湖退水闸的反向流量表示向干流退水,其正向流量为向姜唐湖泄洪。

为说明水文学、水力学两模型的演算成果,将两模型在本次洪水期间的预报结果绘成图 2.49 和图 2.50。

图 2.49　吴家渡站预报流量过程示意图

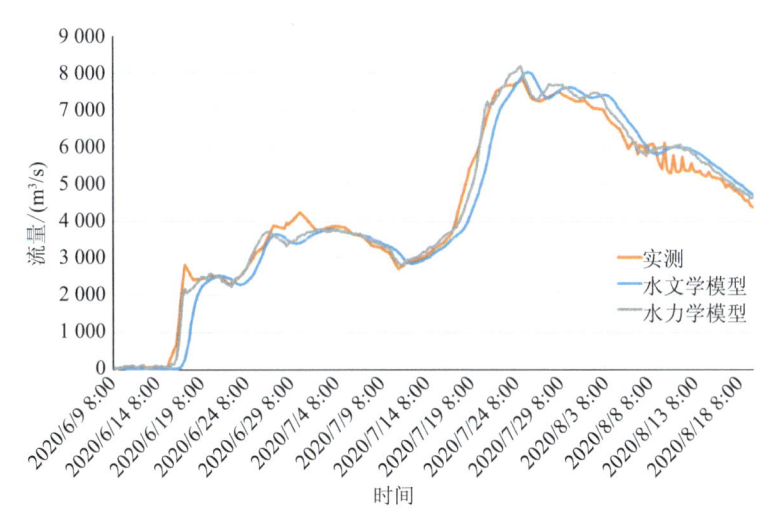

图 2.50　小柳巷站预报流量过程示意图

从两幅图中可以看出，水文学、水力学方法预报结果与实测流量过程的变化趋势基本一致，模型均具有较高的精度。其中，吴家渡站水文学、水力学方法预报结果的确定性系数指标分别为 0.90、0.87；小柳巷站水文学、水力学方法预报结果的确定性系数指标分别为 0.94、0.99，预报精度均达到甲级。

但是从上述预报结果的过程线分析也可以看出，两种模型在整个预报过程中的预报精度是在不断变化的，图 2.51 和图 2.52 对两模型的预报误差进行了分析。

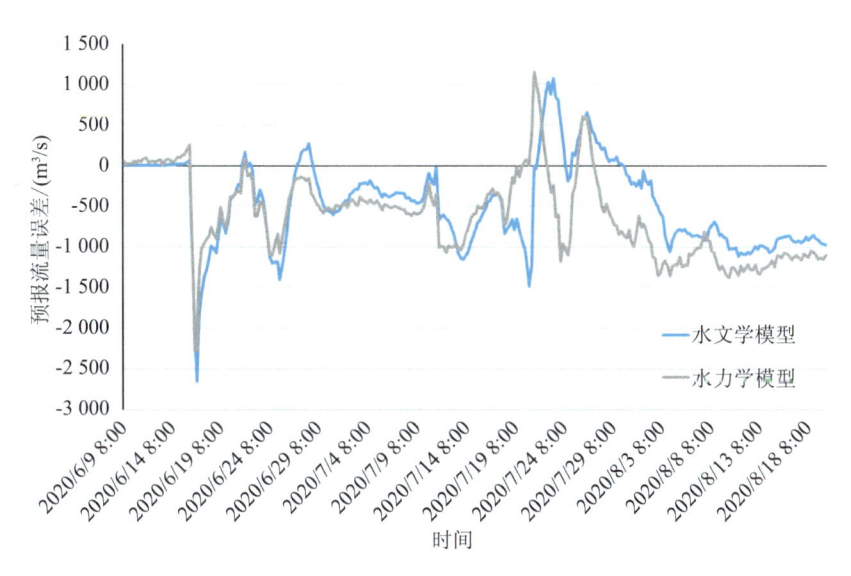

图 2.51　吴家渡站预报流量误差变化过程示意图

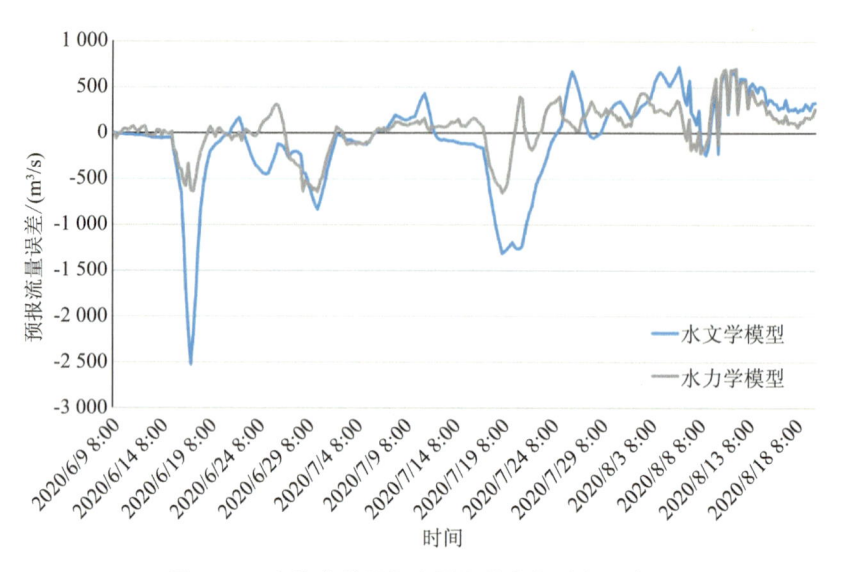

图 2.52　小柳巷站预报流量误差变化过程示意图

从两幅图中可以看出,吴家渡、小柳巷站的预报误差最大能达到 2 500 m³/s 左右,预报误差的峰值往往出现在洪水起涨之前,这跟两预报模型的洪水相应速度相对较慢有关系,两模型的参数选择对此影响较大。在洪峰附近的洪水预报误差也相对较为明显,尤其在洪峰到来之前的预报误差也处于相对较高的水平。

2. 洪水概率预报方案

洪水预报模型的预报精度相对来说能够满足实时洪水预报的要求,但是同样也可以发现洪水预报误差一直伴随洪水预报的全过程,且两模型在洪水起涨之前、洪峰附近部位的预报误差较为显著,精度还有进一步提升的空间。

本研究采用综合多源不确定性的洪水概率预报方法,上游王家坝,支流蒙城、颍上等站点的流量采用实测流量过程;区间降雨产流、坡面汇流采用新安江模型预报,其中降雨由 TIGGE 产品提供。TIGGE 降雨预报误差概率分布,沿用前述降雨预报产品的误差分析结果。预报流程如图 2.53 所示。

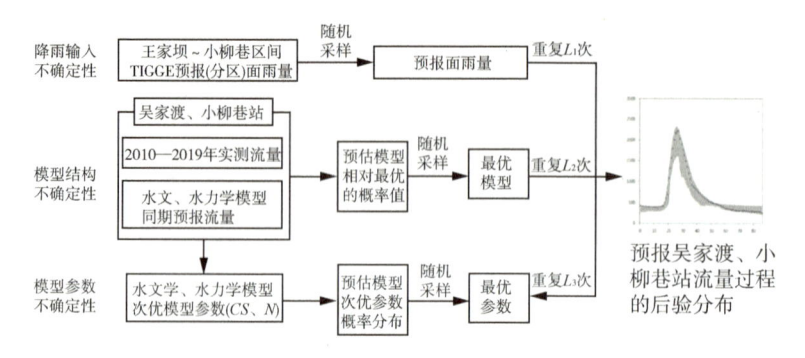

图 2.53　综合多源不确定性的洪水概率预报流程图

模型率定采用 2010—2019 年共 10 年 5—9 月期间的洪水资料；在筛选控制参数时，为兼顾研究成果一致性，选择新安江模型参数河网消退系数 CS 作为调节对象。根据经验考虑各降雨输入、模型结构、模型参数不确定性对预报结果的影响程度，图中 L_1、L_2、L_3 分别为 500、200、20，最终生成吴家渡、小柳巷站预报过程 200 万幅。其中，降雨、最优模型、模型参数采用如下策略生成：

(1) 依降雨预报误差概率分布特征，随机生成预报误差，并与原始预报降雨求和得到随机生成的一个降雨预报值。

(2) 依据水文学、水力学模型为最优的权重值 (w_1, w_2)，将 0~1 区间分成两部分 $(\leqslant w_1, \leqslant w_1+w_2)$，在这一段区间上均匀取随机数，当随机数 $\leqslant w_1$ 时最优模型为水文学模型，否则最优模型为水力学模型。

(3) 依据 CS 参数概率分布特征，随机生成新安江坡面汇流模块参数 CS 值，代入模型进行一次运算，即可得到吴家渡、小柳巷的预报流量过程的一个系列。

3. 洪水概率预报结果

本节内容从概率预报结果的精度方面，采用 CR 指标（置信区间覆盖率）对概率预报结果可靠程度方面对洪水概率预报结果进行评价。从图 2.54 和图 2.55 的概率预报结果可以看出，两种集合预报方法所得概率预报结果可靠性均较高。吴家渡站、小柳巷站的 CR 指标分别为 0.986 1、0.993 1，两站的平均 CR 值均在 95% 以上，根据两类集合预报结果做出漏报、误报、空报的概率平均不足 5%。

图 2.54　吴家渡站预报流量过程图

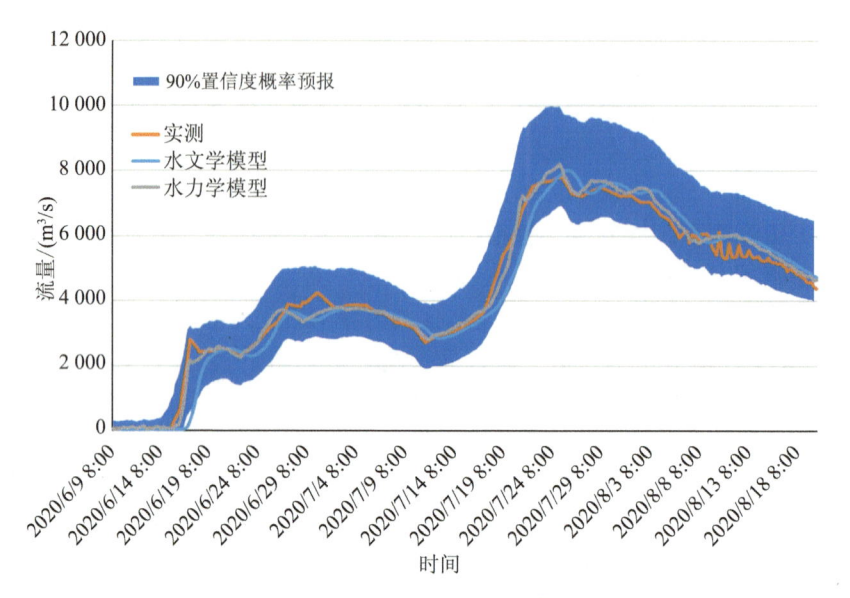

图 2.55　小柳巷站预报流量过程图

　　观察图中概率预报 90% 置信区间可以发现,实测洪水过程基本上都落在置信区间之内,尤其洪峰附近洪水过程全部包络在置信上、下限之间,根据用综合多源不确定性的洪水概率预报结果做出的防汛决策能够充分考虑洪水可能的量级,相对于确定性预报,能够明显降低防洪风险。

第3章
洪水资源利用多目标竞争与协同机制分析和决策

为提高对洪水的调节作用和洪水资源化利用效益,以临淮岗工程、响洪甸水库、梅山水库为例,对闸库运行水位及水库汛限水位控制多目标决策问题进行了研究。定义了协同贡献度函数、系统协调度函数及各目标之间协同贡献度置换率函数,建立了闸库运行水位及水库汛限水位控制多目标竞争与协同机制分析和决策模型。利用协同贡献度置换率信息进行兴利效益与防洪风险协同效应多目标竞争与协同机制分析和决策,深刻揭示兴利效益与防洪风险之间的关系,提高洪水资源化利用效率。

3.1 理论方法

根据决策空间是否是连续的,经典的多准则决策可以划分为两类:备选方案的个数是无限的,决策空间是连续的,称之为多目标决策;备选方案的个数是有限的、决策空间是离散的,称之为多属性决策[132]。求解多目标决策问题的方法有加权法、主要目标法、理想点法、SWT法及各种交互式多目标决策方法,其中SWT法充分利用了目标函数间的非劣置换率信息[133]。多目标规划问题及其求解方法在追求每个目标最优的同时更加注重解的"非劣"性,最终求得的解为"最佳协调解"或称为帕累托最优解,是研究未知方案集的规划设计问题。而在求解多属性决策问题的过程中,其多个属性值或指标值是事先确定的,主要问题是研究有限个已知方案的评价选择问题,方法有 ELECTRE 法、TOPSIS 法和层次分析法(AHP)、多属性价值理论法(MAVT)等各种权重法[132-133]。

目前对于综合利用水库洪水资源利用的关键参数——汛限水位进行控制决策或选择研究的通常做法是,将汛限水位进行离散,采用多属性决策方法进行有限方案排序和选择。现有方法没有能充分利用防洪、兴利目标函数之间的置换率信息,注重目标函数间的协同性不够。为此,我们提出了基于协同的多目标决策方法[134]。下面,我们基于协同的多目标决策方法对综合利用水库及闸库洪水资源利用的关键参数——汛限水位进行多目标协同分析。

将汛限水位控制决策的多目标问题描述为

$$\text{Opt}\,(f_1(x),\cdots,f_p(x))^{\text{T}} \tag{3.1}$$

式中：x 为决策变量即可能的汛限水位，$\boldsymbol{f}(x)=(f_1(x),\cdots,f_p(x))^{\text{T}}\in \mathbf{R}^p$ 为所考虑的 p 个目标，对于确定的汛限水位方案 x，其向量目标函数值 $\boldsymbol{f}(x)$ 由一定的调度运用方式确定；Opt 表示追求各个目标与汛限水位之间的协同及各个目标之间的协同。目标函数 $f_i(x)$ 与汛限水位 x 之间的协同贡献度函数 $s_i(x)$ 定义如下：

(1) 若 $f_i(x)$ 为发电效益等越大越好的效益型目标函数，

$$s_i(x)=\begin{cases}1, & f_i(x)>f_i^H \\ [f_i(x)-f_i^L]/[f_i^H-f_i^L], & f_i^L\leqslant f_i(x)\leqslant f_i^H \\ 0, & f_i(x)<f_i^L\end{cases} \tag{3.2}$$

式中：f_i^L 为 $f_i(x)$ 决策者的容忍限即最低可接受的目标值；f_i^H 为 $f_i(x)$ 的理想值即最大值。

(2) 若 $f_i(x)$ 为防洪风险、洪灾损失等越小越好的成本型目标函数，

$$s_i(x)=\begin{cases}0, & f_i(x)>f_i^H \\ [f_i^H-f_i(x)]/[f_i^H-f_i^L], & f_i^L\leqslant f_i(x)\leqslant f_i^H \\ 1, & f_i(x)<f_i^L\end{cases} \tag{3.3}$$

式中：f_i^H 为 $f_i(x)$ 决策者的容忍限即最高可接受的目标值；f_i^L 为 $f_i(x)$ 的理想值即最小值。

式(3.2)或式(3.3)定义的协同贡献度函数 $s_i(x)$ 满足 $0\leqslant s_i(x)\leqslant 1$，$s_i(x)$ 越大表示目标函数 $f_i(x)$ 与汛限水位 x 之间的协同贡献度越高。

利用所定义的协同贡献度函数 $s_i(x)$，汛限水位控制决策的多目标问题(3.1)转化为多目标协同决策模型：

$$\max\,(s_1(x),\cdots,s_p(x))^{\text{T}} \tag{3.4}$$

显然，多目标决策模型(3.4)的理想点为 $I=(1,1,\cdots,1)^{\text{T}}$。

汛限水位控制决策的多目标问题(3.1)的系统协调度函数定义为

$$s(x)=1-\left(\sum_{i=1}^{p}w_i\cdot(1-s_i(x))^q\right)^{\frac{1}{q}} \tag{3.5}$$

式中：$w_i\geqslant 0$，$i=1,2,\cdots,p$，$\sum_{i=1}^{p}w_i=1$，$1\leqslant q\leqslant +\infty$；系统协调度函数 $s(x)$ 满足 $0\leqslant s(x)\leqslant 1$，$s(x)$ 越接近 1，系统协调度越高。

目标函数 $f_i(x)$ 与 $f_j(x)$ 之间的协同贡献度置换率函数定义为

$$r_{i,j}(x)=\lim_{\Delta x\to 0}\frac{s_i(x+\Delta x)-s_i(x)}{s_j(x+\Delta x)-s_j(x)} \tag{3.6}$$

进行协同贡献度置换率函数分析有助于汛限水位多目标分析和控制决策。

3.2 临淮岗洪水控制工程兴利蓄水多目标分析与决策

3.2.1 临淮岗工程概况

淮河临淮岗工程为淮河中游大洪水控制工程,它与上游的山区水库,中游的行蓄洪区、淮北大堤以及茨淮新河、怀洪新河等共同构成淮河中游综合防洪体系。临淮岗控制工程的主要任务是配合现有水库、行蓄洪区和河道堤防,关闸调蓄洪峰,控制洪水,使淮河中游防洪标准提高到 100 年一遇,确报淮北大堤和沿淮重要工况城市安全。

淮河流域经济发展快,水资源需求呈增长趋势,缺水形势严重。根据淮河流域水资源综合规划成果,到 2030 年,临淮岗直接可供水区及淮河中游淮北与沿淮地区间接供水区水资源需求为 8 亿～35 亿 m^3,缺水 2 亿～6 亿 m^3,干旱形势严重。为了更好地发挥临淮岗工程的综合效益,开展临淮岗工程兴利蓄水位研究,对于提高淮河洪水资源利用水平与淮河流域水资源承载力有着重要的意义。

3.2.2 蓄水方案评价指标

临淮岗工程集水面积 42 160 km^2,死水位为 17.60 m;100 年一遇设计洪水位为闸上 28.41 m、相应最大泄洪流量为 7 000 m^3/s,滞蓄库容 85.6 亿 m^3。

抬高临淮岗工程的蓄水位,在确保临淮岗工程设计的防洪调蓄功能发挥的同时,主要有以下几个有利方面:

(1) 可以提高洪水资源的有效利用率,有利于缓解区域水资源供需矛盾。

(2) 临淮岗洪水控制工程地处安徽的淮河干流源头,通过抬高临淮岗工程的蓄水位,可以扩大水面湿地,增加蓄水库容,有利于改善安徽淮河干流源头的生态环境。

(3) 有利于改善淮河中游生态基流调控。

(4) 有利于增加淮河干流环境容量。

(5) 有利于改善淮河干流航运条件。

(6) 有利于发展水面养殖。

(7) 有利于开展滨水旅游项目等。

但临淮岗工程的蓄水位抬高,也可能带来一些不利影响,主要有以下方面:

(1) 对防洪的影响。对防洪的影响,主要受汛限水位高低的控制,对于汛限水位方案 17.60 m(没有临淮岗工程的天然河道状态)和 20.50 m 两个方案,通过对 1991、1982 年型 10 年一遇洪水调洪演算知,两种汛限水位方案均不影响河段最高水位。临淮岗工程质量高,滞洪库容大,蓄水位在工程设计水位以下 4～

5.5 m,占用工程防洪库容 4 亿～5 亿 m³,约为工程设计滞蓄库容的 5%～6%,若遇洪水,可提前快速预泄,对防洪不构成影响或影响很小,对工程本身安全几乎没有影响。

(2) 对排涝的影响。临淮岗工程蓄水后将影响上游部分地区的自排机会,影响到濛洼、临王段、城西湖、邱家湖、南润段、谷河洼、陈大圩等洼地范围内的排涝,特别是部分涵闸失去自排的机会,相应增加泵站的抽排时间。

(3) 对防洪堤坝及主体工程的影响。蓄水使部分堤段常年处于设防水位之上,堤防常年处于设防水位之上的长度增加,邱家湖退水闸、曹台子退水闸、南润段退水闸、城西湖进洪闸检修条件受到影响。蓄水对临淮岗工程本身也有一定的影响。

(4) 土地浸没损失。临淮岗工程蓄水后,明显抬高上游河道水位,进而有可能造成两岸地下水位的抬高,产生一定的土地浸没损失。

(5) 滩地淹没损失。临淮岗工程蓄水后,将淹没库区河道滩地,造成滩地淹没损失。

下面在淮河水利委员会(以下简称淮委)有关成果的基础上进行临淮岗工程兴利蓄水多目标分析。兴利蓄水的供水区为淮河干流淮滨至蚌埠闸上区段及沿淮两岸影响区域。

从地形条件和工程现状等方面考虑,初步拟定临淮岗工程兴利蓄水位可能的变化范围为 20.50～24.00 m,离散方案为 20.50、21.00、21.50、22.00、22.50、23.00、23.50、24.00 m 等 8 个方案,汛限水位为 20.50 m。其中,20.50、21.00、22.00、23.00 m 等 4 个方案是淮委的原有成果,其余为新增。

考虑的临淮岗工程兴利蓄水方案评价指标有:

(1) 蓄水兴利增供水量及效益。经测算,单方水城市供水效益为 3 元,农业供水效益为 0.24 元。按农业供水是城市工业与生活供水的 3 倍计算,平均为 0.93 元/m³。临淮岗枢纽蓄水兴利多年平均增供水量及效益计算见表 3.1。

表 3.1 临淮岗工程蓄水兴利增供水量及效益

方案号	水位/m	蓄水量/亿 m³	增供水量/亿 m³	增加效益/万元
天然状态	17.60	0.61	0	
1	20.50	1.55	0.94	8 742.00
2	21.00	1.84	1.23	11 439.00
3	21.50	2.24	1.63	15 159.00
4	22.00	2.64	2.03	18 879.00
5	22.50	3.17	2.56	23 808.00
6	23.00	3.70	3.09	28 737.00

续表

方案号	水位/m	蓄水量/亿 m³	增供水量/亿 m³	增加效益/万元
7	23.50	4.35	3.74	34 782.00
8	24.00	5.03	4.42	41 106.00

（2）增加的滩地淹没面积及损失。临淮岗工程蓄水增加的滩地淹没面积及损失计算结果见表3.2。其中，滩地淹没损失按800元/亩补偿计算。

表3.2 临淮岗工程蓄水增加的滩地淹没面积及损失

方案号	水位/m	增加滩地淹没面积/km²	增加滩地淹没损失/万元
1	20.50	5.10	612.00
2	21.00	29.80	3 576.00
3	21.50	52.40	6 288.00
4	22.00	75.00	9 000.00
5	22.50	92.55	11 106.00
6	23.00	110.10	13 212.00
7	23.50	125.00	15 000.00
8	24.00	138.03	16 563.60

（3）增加的排涝费用。临淮岗工程蓄水影响的排涝面积及损失估算结果见表3.3。

表3.3 临淮岗枢纽蓄水影响的排涝面积及损失估算

方案号	水位/m	影响的排涝面积/km²	增加排涝没损失/万元
1	20.50	324.00	56.00
2	21.00	361.00	63.00
3	21.50	393.00	68.50
4	22.00	424.00	74.00
5	22.50	469.00	82.00
6	23.00	513.00	90.00
7	23.50	557.00	98.00
8	24.00	601.00	106.78

3.2.3 多目标决策

采用3.1中的理论计算每个目标的协同贡献度函数，并取 $w_1 = w_2 = w_3 =$

1/3 计算系统的协调度,结果见表 3.4 倒数第 2 列;若取 $w_1=0.5, w_2=w_3=0.25$ 计算系统的协调度,结果见表 3.4 倒数第 1 列。

表 3.4　基于协同的临淮岗工程蓄水多目标分析

方案号	水位/m	增供水量协同贡献度	滩地淹没损失协同贡献度	排涝费用协同贡献度	系统协调度 1 ($w_1=w_2=w_3=1/3$)	系统协调度 2 ($w_1=0.5,w_2=w_3=0.25$)
1	20.50	0	1	1	0.367 5	0.292 9
2	21.00	0.083 3	0.814 2	0.862 2	0.406 5	0.341 6
3	21.50	0.198 3	0.644 2	0.753 8	0.440 3	0.393 2
4	22.00	0.313 2	0.474 2	0.645 5	0.443 8	0.420 0
5	22.50	0.465 5	0.342 1	0.488 0	0.431 9	0.437 3
6	23.00	0.617 8	0.210 1	0.330 4	0.383 5	0.415 9
7	23.50	0.804 6	0.098	0.172 9	0.318 4	0.372 7
8	24.00	1	0	0	0.225 4	0.292 9

由表 3.4 知:

(1) 若取 $w_1=w_2=w_3=1/3$,则系统协调度的最大值为 0.443 8,对应的临淮岗工程兴利蓄水位为 22.00 m。

(2) 若取 $w_1=0.5, w_2=w_3=0.25$,则系统协调度的最大值为 0.437 3,对应的临淮岗工程兴利蓄水位为 22.50 m。

(3) 建议临淮岗工程兴利蓄水位采用 22.00 m 方案。这一方案已经历了 2010 年 9 月 5 日至 2011 年 1 月的试验性蓄水(21.99 m)。

(4) 临淮岗工程兴利蓄水位采用 22.00 m 方案,由表 3.1 知,相对于 20.50 m 蓄水方案,增加幅度为 (2.03−0.94)/1.55=70%。

(5) 临淮岗工程兴利蓄水方案的确定影响的因素众多,还需要进一步深入研究。

3.3　响洪甸水库汛限水位控制多目标分析与决策

3.3.1　流域概况

响洪甸水库位于大别山区淮河流域淠河西源的安徽省金寨县境内,流域面积 1 400 km²。上游主要支流有燕子河、宋家河、姜河,其中燕子河经张冲流入水库,宋河和姜河在青山汇合后流入库内。响洪甸水库是一座以防洪、灌溉为主,结合发电,并发展水产、航运等综合利用的多年调节水库。响洪甸水库 1956 年

4月动工兴建，1958年7月竣工。

响洪甸水库是多年调节水库，总库容26.32亿m³，死水位为100.00 m，对应蓄水2.34亿m³；正常蓄水位为128.00 m，蓄水14.13亿m³，兴利库容11.79亿m³。响洪甸水库以千年一遇洪水为设计洪水，万年一遇洪水为校核洪水，设计洪水位139.10 m，相应库容22.28亿m³，校核洪水位143.60 m，总库容26.32亿m³。设计千年一遇洪峰流量14 520 m³/s，万年一遇洪峰流量20 440 m³/s。

水库枢纽工程由大坝、泄洪隧洞、电站等建筑物组成。大坝是等半径同中心混凝土重力拱坝，坝顶高程143.40 m，最大坝高87.50 m，坝顶长度361 m，防浪墙顶高程144.50 m；泄洪洞位于大坝右岸山体内，洞径7.0 m，底高程93.00 m，最大泄量618 m³/s；电站设在右岸35 m处，装机4台共4万kW，发电流量100 m³/s。响洪甸水库是淮河流域库容最大的水库，也是唯一没有溢洪道的大型水库。水库发电机组设计流量为120 m³/s。泄洪洞最大设计泄洪流量为620 m³/s。

响洪甸水库运用方式：汛限水位在6月15日—9月15日为125.00 m。库水位125.00 m以上时有5亿m³库容担负下游防洪、削峰任务；库水位超过125.00 m时，视淮干水情用泄洪隧洞泄洪；库水位超过132.60 m时，全开隧洞，最大泄量为618 m³/s。

以响洪甸水库为例，进行水库汛限水位多目标协同效应分析，计算步骤如下：

（1）所考虑的目标为供水效益、发电效益和防洪风险。

（2）将汛限水位的可能方案离散化，对于每个离散化汛限水位控制方案，计算供水效益、发电效益和防洪风险目标函数。

（3）分别进行供水效益目标协同贡献度分析、发电效益目标协同贡献度分析和防洪风险目标协同贡献度分析。

（4）利用协同贡献度置换率函数、系统协调度函数进行多目标分析和决策，求得安全、经济的汛限水位变动控制域，为汛限水位动态控制提供科学依据。

3.3.2 发电效益计算

采用上述动态规划方法对1952—2013年逐月平均入库流量进行发电效益计算，其中响洪甸水库汛期水位从死水位100 m到汛限水位125.00 m连续变化，变化幅度为0.10 m，非汛期水位从死水位100.00 m到正常高水位128.00 m连续变化，变化幅度为0.10 m。水库的发电效益计算结果如表3.5所示，并由此绘制汛限水位-发电效益关系曲线，见图3.1。

表 3.5 响洪甸水库发电效益计算结果

汛限水位方案/m	多年平均发电量/(亿 kW·h)	增发电量/(百万 kW·h)
125.00	1.583	
125.10	1.585	0.183 9
125.20	1.587	0.196 1
125.30	1.589	0.209 3
125.40	1.591	0.185 0
125.50	1.593	0.191 6
125.60	1.594	0.185 5
125.70	1.596	0.186 0
125.80	1.598	0.180 3
125.90	1.600	0.186 8
126.00	1.602	0.188 6
126.10	1.604	0.169 5
126.20	1.605	0.188 2
126.30	1.607	0.182 0
126.40	1.609	0.170 5
126.50	1.611	0.182 1
126.60	1.612	0.164 4
126.70	1.614	0.177 1
126.80	1.616	0.161 2
126.90	1.617	0.158 7
127.00	1.619	0.166 2
127.10	1.621	0.152 7
127.20	1.622	0.165 7
127.30	1.624	0.157 5
127.40	1.625	0.169 1
127.50	1.627	0.157 2
127.60	1.628	0.144 6
127.70	1.630	0.144 6
127.80	1.631	0.155 3
127.90	1.633	0.147 8
128.00	1.634	0.144 7

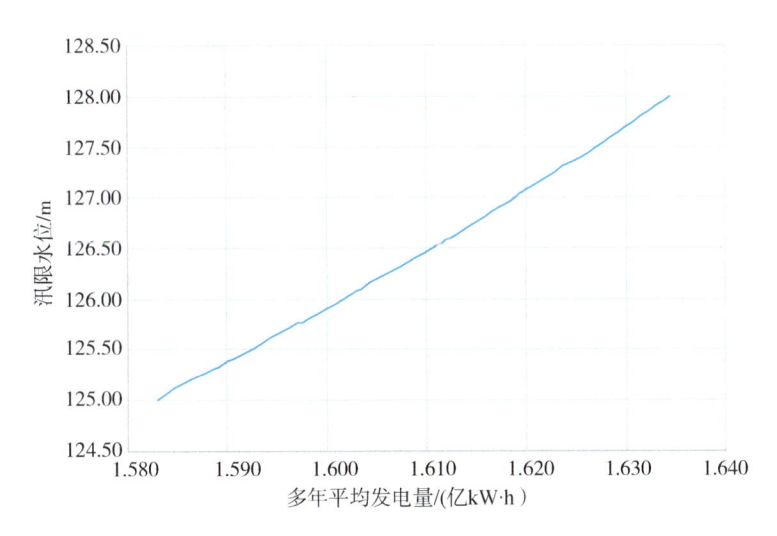

图 3.1　汛限水位-发电效益关系曲线

由表 3.5 和图 3.1 可知,在来水情况相同时,随着汛限水位的提高,响洪甸水库的发电效益逐渐增大。当汛限水位提升到 128.00 m 时,多年平均发电量为 1.634 亿 kW·h,较原汛限水位增加了 5.1 百万 kW·h,约占原汛限水位多年平均发电量的 3.22%,水库的发电效益得到了一定的提升,洪水资源得到了有效利用。

3.3.3　供水效益计算

响洪甸水库主要供水范围为六安市霍山县、金安区、裕安区,淮南市寿县,合肥市区、肥西县、长丰县以及淠源渠和淠河灌区,经调查分析统计,梅山水库供水范围内现状年(2015 年)不同保证率年份需水过程如表 3.6。

表 3.6　响洪甸水库需水过程　　　　单位:百万 m³

月份	80%保证率需水量	50%保证率需水量	20%保证率需水量
5	205.60	140.34	84.20
6	264.37	180.46	108.28
7	139.06	94.92	56.95
8	188.22	128.48	77.09
9	190.24	129.86	77.92
10	71.90	49.08	29.45
11	40.79	27.84	16.70
12	70.29	47.98	28.79

续　表

月份	80%保证率需水量	50%保证率需水量	20%保证率需水量
1	86.85	59.28	35.57
2	43.51	29.70	17.82
3	78.96	53.90	32.34
4	58.86	40.18	24.11

我国水库管理一般采用汛期静态控制方案。在水库设计阶段就根据该地的自然历史资料设计汛限水位以及其他特征水位，并以此作为水库常年的运行规则。换句话说就是，在常规运行中也是按照设计标准管理，即考虑较小概率的降雨事件。这样也就意味着在常规运行中执行静态控制方案将会始终控制水库水位在较低的值以下，势必浪费了绝大多数的汛期水量，但是汛期过后，又可能面临无水可用的尴尬局面。因此在确保安全的前提下，在特定时段内利用防洪库容蓄水兴利可有效缓解水资源紧张局势。

本研究对1952—2013年逐月平均入库流量采用列表法进行长系列兴利调节计算。将调节周期划分为12个时段，每个时段长为1个月，然后逐时段进行水量平衡计算。从5月初汛限水位开始调节计算得9月末库蓄水量，以此作为指标来评价汛限水位的调整带来的水库供水效益，结果如表3.7、图3.2所示。

表3.7　响洪甸水库供水效益计算结果

汛限水位/m	多年平均汛末蓄水量/亿 m³	增蓄水量/亿 m³
125.00	6.12	0.00
125.10	6.18	0.06
125.20	6.30	0.12
125.30	6.48	0.18
125.40	6.72	0.24
125.50	7.02	0.30
125.60	7.39	0.37
125.70	7.82	0.43
125.80	8.31	0.49
125.90	8.86	0.55
126.00	9.47	0.61
126.10	10.14	0.67
126.20	10.87	0.73

续 表

汛限水位/m	多年平均汛末蓄水量/亿 m³	增蓄水量/亿 m³
126.30	11.66	0.79
126.40	12.52	0.86
126.50	13.44	0.92
126.60	14.42	0.98
126.70	15.46	1.04
126.80	16.56	1.10
126.90	17.73	1.17
127.00	18.96	1.23
127.10	20.25	1.29
127.20	21.60	1.35
127.30	23.02	1.42
127.40	24.50	1.48
127.50	26.04	1.54
127.60	27.65	1.61
127.70	29.32	1.67
127.80	31.05	1.73
127.90	32.85	1.80
128.00	34.71	1.86

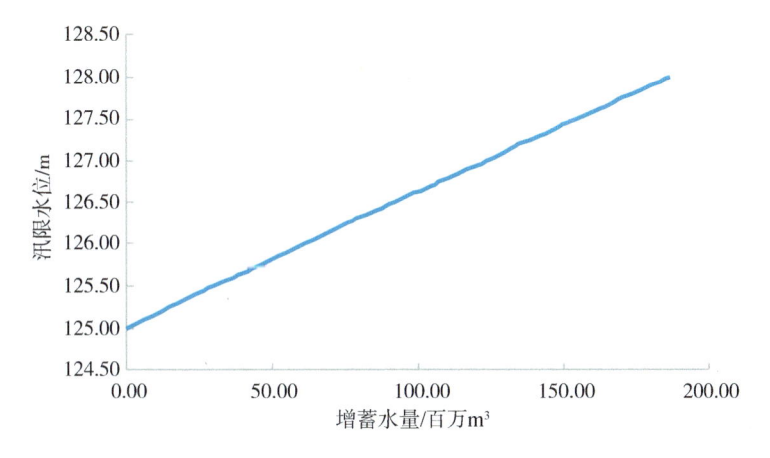

图 3.2 响洪甸水库汛限水位-供水效益关系曲线

由表 3.7 和图 3.2 可知，在来水情况相同时，若抬高汛限水位，水库的供水效益逐渐增大。汛限水位提高，部分防洪库容转化为兴利库容，可拦蓄更多洪水资源，提高了洪水资源利用率，提升了其效益。

3.3.4 防洪风险计算

水库的汛期限制水位动态控制有可能带来两种风险：一是提高汛期限制水位，使其高于水库原设计的汛期限制水位值，水库有效的防洪库容减小，在遭遇设计（校核）频率时，经过调节使调洪高水位高于水库的设计（校核）水位，使坝体安全受到威胁，从而带来垮坝的风险；二是因为预报失误，为了腾空库容采取预泄而降低汛期限制水位，使其低于水库原设计的汛期限制水位值，水库有效的防洪库容加大，经过调节使汛后的调节水位达不到水库的设计正常高水位，使次年汛前供水不能得到保证，带来不能正常供水的风险。本节所指的风险是指由于水库洪水动态水位控制导致起调水位抬升所引起的相对于设计条件的水库防洪风险的变化，不包括水库防洪的原有设计风险。从响洪甸水库的实际情况出发，考虑到响洪甸水库担负为淮干蓄洪 5 亿 m³ 的防洪任务，本文选取水库的蓄水位 $Z_s = 132.63$ m 为极限风险的控制指标，以汛限水位方案 Z_{fi} 为起调水位，选取不同频率的设计洪水进行调洪演算，当某一频率的设计洪水对应的调洪高水位 Z_m 恰好等于极限风险的控制指标 Z_s 时，则该频率即为该汛限水位方案 Z_{fi} 所对应的极限风险率 $P_f = P(Z_m \geqslant Z_s)$，计算结果如表 3.8、图 3.3 所示。

表 3.8 响洪甸水库防洪风险计算结果

汛限水位方案/m	风险率	汛限水位方案/m	风险率
125.00	0.000 86	126.60	0.001 99
125.10	0.000 91	126.70	0.002 10
125.20	0.000 96	126.80	0.002 21
125.30	0.001 01	126.90	0.002 32
125.40	0.001 06	127.00	0.002 46
125.50	0.001 12	127.10	0.002 58
125.60	0.001 19	127.20	0.002 73
125.70	0.001 25	127.30	0.002 87
125.80	0.001 30	127.40	0.003 02
125.90	0.001 38	127.50	0.003 19
126.00	0.001 44	127.60	0.003 36
126.10	0.001 53	127.70	0.003 55

续 表

汛限水位方案/m	风险率	汛限水位方案/m	风险率
126.20	0.001 61	127.80	0.003 74
126.30	0.001 70	127.90	0.003 96
126.40	0.001 79	128.00	0.004 13
126.50	0.001 89		

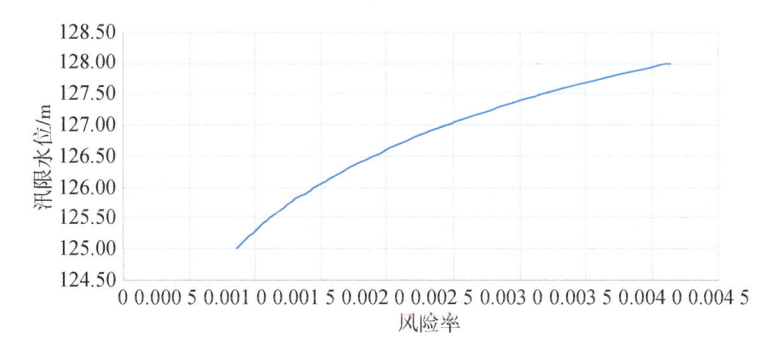

图 3.3　响洪甸水库汛限水位-防洪风险关系曲线

由图 3.3 可以看出,将汛限水位逐渐抬高,相应的极限风险率上升,从 125.00 m 抬高到 128.00 m 时,极限风险率是原汛限水位极限风险率的 2 倍多,但本研究特征水位选取的是蓄洪水位,对于水库而言,与设计洪水位相比仍有较大余地。

3.3.5　多目标决策

根据 3.1 节介绍的原理,分别计算发电、供水效益及防洪风险的协同贡献度,结果如表 3.9 所示。

表 3.9　响洪甸水库不同汛限水位各目标协同贡献度计算

汛限水位方案/m	发电贡献度	供水贡献度	防洪贡献度
125.00	0	0	1
125.10	0.035 7	0.032 8	0.985 4
125.20	0.073 8	0.065 5	0.970 7
125.30	0.114 4	0.098 3	0.955 1
125.40	0.150 3	0.131 0	0.938 6
125.50	0.187 5	0.163 8	0.921 2
125.60	0.223 5	0.196 6	0.900 9

续　表

汛限水位方案/m	发电贡献度	供水贡献度	防洪贡献度
125.70	0.259 6	0.229 3	0.882 4
125.80	0.294 6	0.262 1	0.865 0
125.90	0.330 8	0.294 8	0.841 2
126.00	0.367 4	0.327 6	0.821 8
126.10	0.400 3	0.360 8	0.795 3
126.20	0.436 9	0.394 1	0.771 1
126.30	0.472 2	0.427 3	0.744 1
126.40	0.505 3	0.460 6	0.717 2
126.50	0.540 6	0.493 8	0.684 3
126.60	0.572 5	0.527 1	0.654 1
126.70	0.606 9	0.560 3	0.622 4
126.80	0.638 2	0.593 5	0.588 9
126.90	0.669 0	0.626 8	0.553 6
127.00	0.701 3	0.660 0	0.512 8
127.10	0.730 9	0.694 0	0.473 5
127.20	0.763 1	0.728 0	0.428 1
127.30	0.793 6	0.762 0	0.387 1
127.40	0.826 5	0.796 0	0.341 0
127.50	0.857 0	0.830 0	0.287 9
127.60	0.885 0	0.864 0	0.236 4
127.70	0.913 1	0.898 0	0.177 3
127.80	0.943 2	0.932 0	0.119 9
127.90	0.971 9	0.966 0	0.053 9
128.00	1	1	0

由表 3.9 可以看出,随着汛限水位的提高,发电效益和供水效益的协同贡献度增大,防洪风险的协同贡献度减小。

本研究采用欧氏距离最小公式,令 q 为 2,对三个指标进行等权处理,权重均取$\frac{1}{3}$。计算所得的系统协调度如表3.10、图3.4所示。

表3.10 响洪甸水库不同汛限水位系统协调度

汛限水位/m	系统协调度	汛限水位/m	系统协调度
125.00	0.1835	126.60	0.5813
125.10	0.2114	126.70	0.5957
125.20	0.2402	126.80	0.6063
125.30	0.2698	126.90	0.6135
125.40	0.2974	127.00	0.6161
125.50	0.3253	127.10	0.6156
125.60	0.3524	127.20	0.6096
125.70	0.3792	127.30	0.6021
125.80	0.4055	127.40	0.5893
125.90	0.4313	127.50	0.5693
126.00	0.4572	127.60	0.5473
126.10	0.4804	127.70	0.5187
126.20	0.5045	127.80	0.4893
126.30	0.5267	127.90	0.4532
126.40	0.5470	128.00	0.4226
126.50	0.5653		

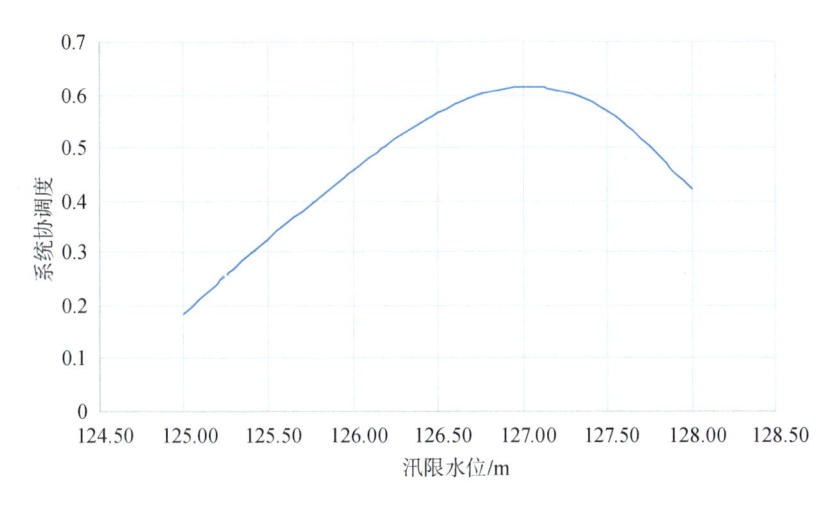

图3.4 响洪甸水库不同汛限水位系统协调度图

由表 3.10、图 3.4 可知，汛限水位逐渐抬高到 127.00 m 时，系统协调度增大，此后随着汛限水位抬高，系统协调度逐渐减小。结合协同贡献度和两两目标间的协同贡献度置换率，当汛限水位达到 126.70 m 时，水库再牺牲防洪风险已无实际意义，由系统协调度也可看出，当其抬高到 126.70 m 之后，系统协调度随水位抬高的变化已不明显。综上，建议响洪甸水库洪水资源安全、经济利用的汛限水位动态控制域上限值为 126.70 m，采用这一方案多年平均增蓄水量 1.04 亿 m³，提高幅度为 1.04/6.12＝17%。

3.4 梅山水库分期汛限水位控制多目标分析与决策

3.4.1 流域概况

梅山水库是具有供水、防洪、发电等综合利用功能的大(1)型水库，调节性能为多年调节，是继佛子岭水库建成后六安地区兴建的第二座连拱坝大型水库，其在"一五"期间由我国自行设计与施工，之后作为淠史杭灌区的主要水源之一，发挥了巨大的经济效益和防洪效益。

梅山水库 1954 年 3 月 26 日动工，1956 年 1 月大坝主体落成，1958 年蓄水发电，总库容为 22.63 亿 m，其中蓄洪库容为 10.65 亿 m，兴利库容为 9.57 亿 m，设计洪水位 137.66 m，设计标准五百年一遇，校核洪水位 139.93 m，校核标准五千年一遇，兴利水位 128.00 m，防洪限制水位 125.27 m，大坝控制的流域面积为 1 970 km²，下游河道安全泄量 1 200 m/s。

梅山水库为 15 垛连拱坝，坝顶高程 140.17 m，防浪墙顶高程 141.27 m，主坝最大坝高为 88.24 m，坝顶长度为 443.5 m，坝顶宽度为 1.8 m。泄洪设施为开敞式正常溢洪道，共设 7 孔，底板高程 129.87 m，设计最大溢洪流量 6 140 m/s，其中九号拱泄洪洞中心高程 67.27 m，设计流量 165 m³/s；溢洪隧洞设计流量 630 m³/s。

梅山水库电站初建时，以防洪和灌溉供水作为主要目标，对于发电仅仅是顺势而为，装机容量 4×1 万 kW，每年的平均发电量大约是 1 亿 kW·h。而后随着社会经济的飞速发展，电力需求越来越大，梅山水库水电站成了皖西电网的重要电源点，对安徽电网的发展以及确保电网安全方面有着无可替代的作用，发电目标也成了梅山水库不可忽略的一个重要目标。为此，水库管理处对电站进行了扩容工程，目前梅山水库水电站的总装机容量达到了 4×1.25 万 kW，其发电机组的发电钢管提高出力后最大发电流量为 170 m³/s。

梅山水库给安徽省的经济发展做出了巨大的贡献。作为下游淠史杭灌区的主要水源之一，梅山水库的设计灌溉面积达到了 383 万亩，而且水库现在的水产养殖面积已经将近 6 000 万亩，而由水库兴建而形成的人工湖，也为库区的航运提供了非常便利的条件。

梅山水库的现行控制运用方法：

(1) 汛期运行限制水位 125.27 m,预留了 5 亿 m³ 库容给淮河干流蓄洪错峰用。

(2) 当水库水位超过汛限水位 125.27 m 时,结合淮河的干流水情,用隧洞泄洪,但在 130.07 m 以下视情况尽量控制泄量不大于 1 200 m³/s,超此水位,逐步加大泄量。

(3) 当库水位超过 133.00 m 时,全开泄洪设施,包括 9 号泄水底孔 165 m³/s,隧洞 630 m³/s,溢洪道 6 140 m³/s,尽量确保大坝安全。

3.4.2 分期设计洪水计算

3.4.2.1 汛期分期

由于梅山水库受亚热带季风气候影响,夏季高温多雨,冬季温和少雨,雨热同期。在成因分析的基础上,基于梅山水库流域雨量站 1953—2014 年逐日降水量数据进行汛期分期降水统计分析,将全汛期分为以下三个阶段:5 月 1 日至 6 月 14 日为前汛期;6 月 15 日至 8 月 31 日为主汛期;9 月 1 日至 9 月 30 日为后汛期。

3.4.2.2 分期设计暴雨

基于梅山水库流域雨量站 1953—2014 年逐日降水量数据,选用每一年各分期系列中最大 1、3、7 d 的暴雨量,采用 P-Ⅲ型曲线进行分布拟合,采用适线法进行参数估计,求得各分期设计雨量成果如表 3.11、表 3.12、表 3.13 所示。

表 3.11　前汛期不同重现期设计雨量成果表

参数	最大 1 d 雨量	最大 3 d 雨量	最大 7 d 雨量
均值	57.23	78.65	96.77
C_v	0.46	0.61	0.60
C_s/C_v	3.50	3.50	3.50
5	74.86	106.82	131.22
10	91.90	140.99	172.32
20	108.39	175.56	213.80
25	113.62	186.75	227.20
30	117.87	195.92	238.17
50	129.68	221.66	268.97
100	145.52	256.73	310.89
500	181.71	338.60	408.62
1 000	197.12	373.99	450.83
10 000	247.79	491.94	591.39

表 3.12　主汛期不同重现期设计雨量成果表

参数	最大 1 d 雨量	最大 3 d 雨量	最大 7 d 雨量
均值	92.05	150.43	192.82
C_v	0.59	0.63	0.68
C_s/C_v	3.50	3.50	3.50
5	124.52	204.83	263.75
10	162.45	272.69	359.07
20	200.57	341.74	457.37
25	212.87	364.14	489.45
30	222.93	382.50	515.79
50	251.14	434.13	590.11
100	289.49	504.59	691.96
500	378.74	669.44	931.55
1 000	417.24	740.82	1 035.68
10 000	545.31	979.01	1 384.28

表 3.13　后汛期不同重现期设计雨量成果表

参数	最大 1 d 雨量	最大 3 d 雨量	最大 7 d 雨量
均值	40.08	58.07	68.94
C_v	1.07	1.15	1.07
C_s/C_v	3.50	3.50	3.50
5	51.85	72.86	89.17
10	85.13	124.57	146.40
20	123.66	186.09	212.67
30	147.85	225.18	254.27
50	179.61	276.81	308.89
100	224.45	350.16	386.01
500	333.88	530.35	574.20
1 000	382.59	610.89	657.98
10 000	548.75	886.43	943.74

3.4.2.3 分期典型暴雨过程

经暴雨资料分析,选择 1970 年 5 月 24 日至 30 日历时 7 d 的暴雨过程作为前汛期典型暴雨,最大 1 d 雨量达 111 mm,暴雨量比较集中。选取 1986 年 7 月 14 日至 20 日的暴雨作为主汛期典型暴雨过程,其中最大 1 d 雨量达到289 mm,最大 3 d 雨量达 505 mm,最大 7 d 雨量达 692 mm,根据历史洪水调查成果,其产生的最大洪峰流量为 9 850 m³/s。选取 2005 年 9 月 1 日至 7 日的降雨过程作为后汛期典型暴雨过程,最大 1 d 雨量达到 232 mm,最大 3 d 雨量达到 440.30 mm,各时段雨量均排在系列首位。为了增强代表性,前汛期增加"19740517"作为典型暴雨过程,主汛期增加"19690714"作为典型暴雨过程,后汛期增加"19700916"为典型暴雨过程。各分区典型暴雨过程线如图 3.5～图 3.10 所示。

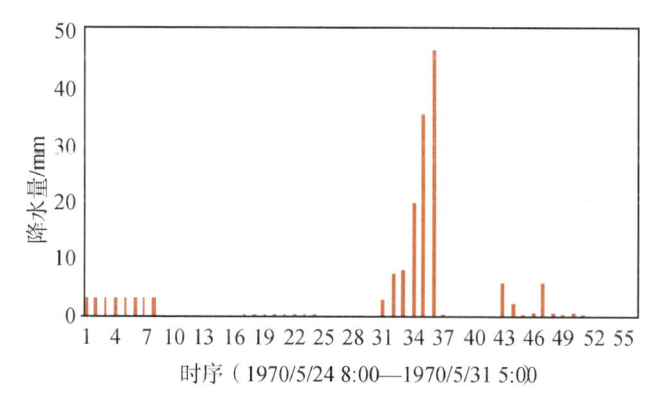

图 3.5 前汛期典型暴雨过程(19700528)

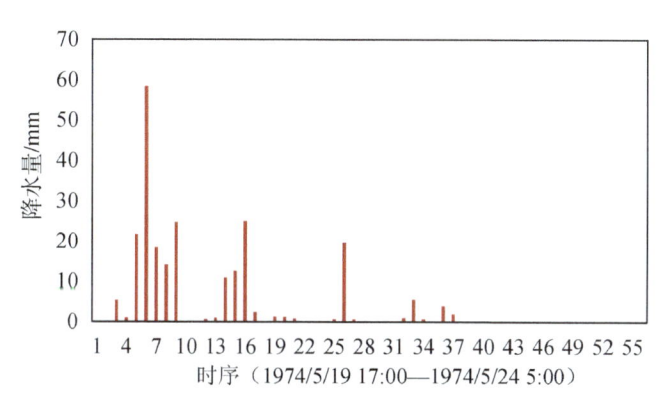

图 3.6 前汛期典型暴雨过程(19740517)

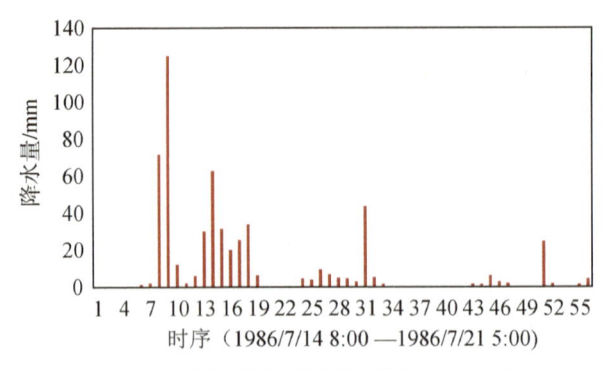

图 3.7 主汛期典型暴雨过程（19860715）

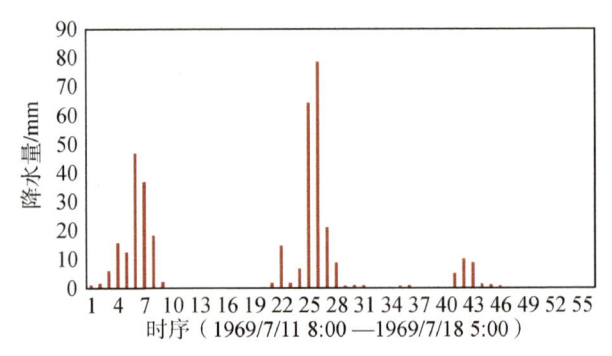

图 3.8 主汛期典型暴雨过程（19690714）

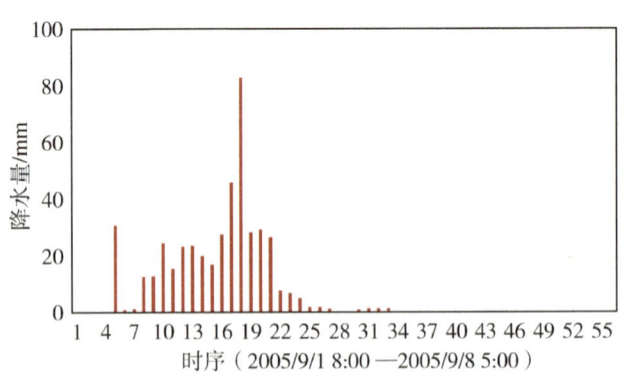

图 3.9 后汛期典型暴雨过程（20050903）

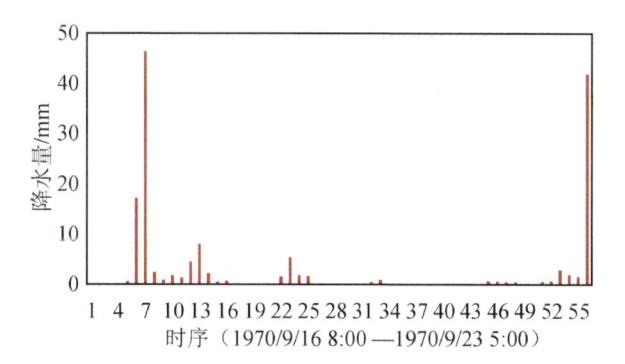

图 3.10　后汛期典型暴雨过程(19700916)

3.4.2.4　分期设计洪水过程

由各分区各时段设计暴雨及典型暴雨过程进行设计暴雨时程分配计算得各分期设计暴雨过程。采用 $P-Pa-R+$ 单位线法对设计暴雨进行产汇流计算得各分区设计洪水过程,见图 3.11～图 3.16。

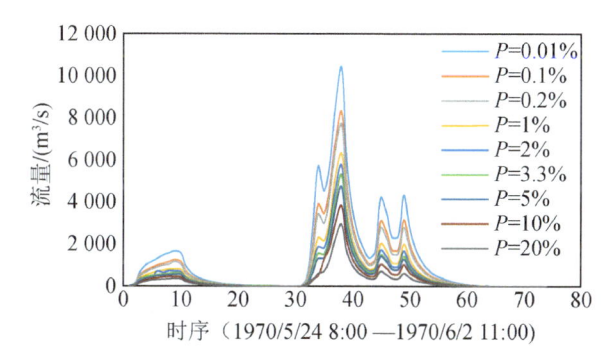

图 3.11　前汛期设计洪水过程(1970 年典型)

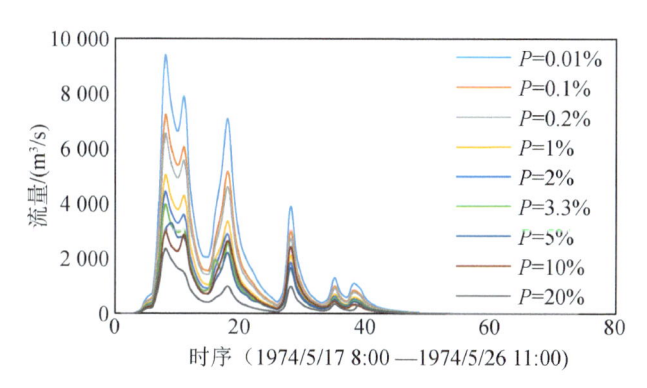

图 3.12　前汛期设计洪水过程(1974 年典型)

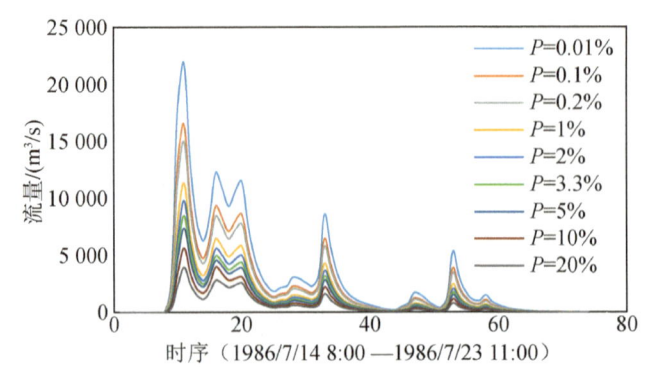

图 3.13　主汛期设计洪水过程(1986 年典型)

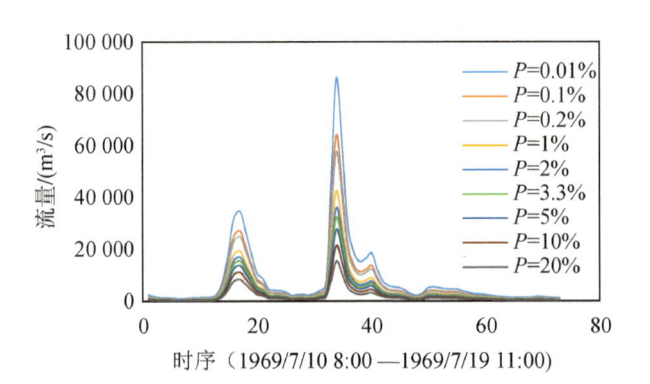

图 3.14　主汛期设计洪水过程(1969 年典型)

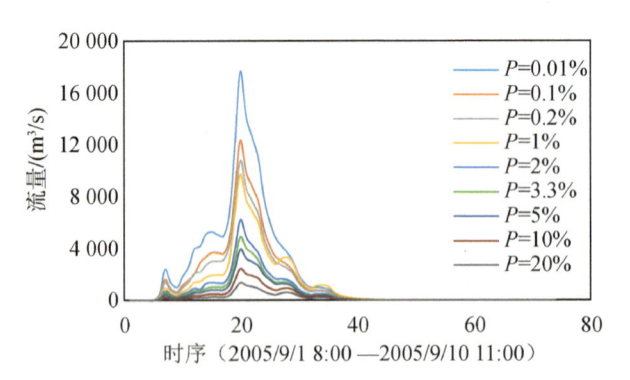

图 3.15　后汛期设计洪水过程(2005 年典型)

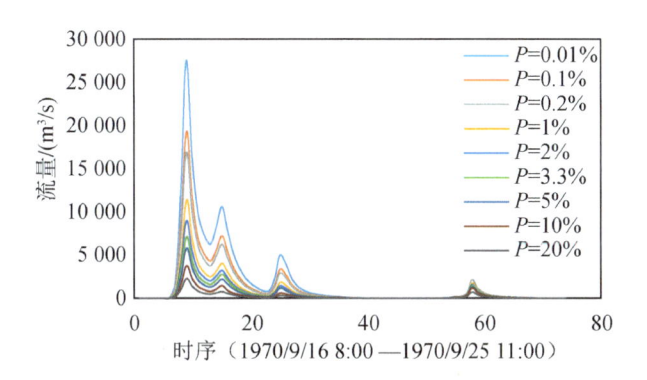

图 3.16　后汛期设计洪水过程（1970 年典型）

3.4.3　需水与来水分析

3.4.3.1　需水分析

梅山水库作为供水水源，主要供水对象由以下三部分构成：通过红石咀枢纽为史河及梅山灌区供水；直接经梅山水库自来水厂供给金寨县城、沿途集镇及叶集试验区等地；史河下游河道的生态用水。

梅山水库通过红石咀灌溉枢纽工程灌溉了下游淠史杭灌区，灌溉的耕地面积现状年（2015 年）统计为 383 万亩，涉及河南及安徽省内多个县城。经 1965—2015 年长系列调节计算统计，梅山水库保证率为 80%、50%、20% 的降水典型年对应的灌溉需水量分别为 121 093 万 m^3、77 454 万 m^3、37 103 万 m^3。梅山水库灌区以种植水稻为主，因此用水主要集中在 4—9 月，其中用水高峰出现在 5 月中下旬到 6 月上中旬和 7 月中旬到 8 月上中旬。

城市用水量主要包括生活用水、工业用水、其他用水等三种类型。现状年梅山水库供水范围内的金寨县城梅山镇常住人口为 51 432 人，叶集区人口为 32 652 人、乡镇人口约 10 万人；根据生活用水定额计算得生活用水量为 1 144 万 m^3。市政、旅游、服务业用水估算为 800 万 m^3。现状年叶集区 GDP 为 115 000 万元，梅山镇 GDP 为 274 000 万元，按万元 GDP 用水量 9.50 m^3 估算工业用水量为 3 696 万 m^3。现状年梅山水库城镇供水量合计为 5 640 万 m^3/a。

史河河道的生态功能需求主要为梅山水库坝下以下河段的河道生态基流和水环境容量，经分析计算得史河下河段生态环境流量为 5.47 m^3/s。

综上分析，统计梅山水库供水范围内现状年（2015 年）不同保证率年份需水过程见表 3.14。

表 3.14　梅山水库不同保证率下需水过程　　　　单位：万 m³

月份	80%保证率需水量	50%保证率需水量	20%保证率需水量
5	32 217	21 308	11 220
6	38 209	25 117	13 012
7	20 108	13 562	7 509
8	16 475	11 238	6 396
9	7 936	5 754	3 736
10	5 577	4 268	3 057
11	1 881	1 881	1 881
12	1 944	1 944	1 944
1	1 944	1 944	1 944
2	1 755	1 755	1 755
3	1 944	1 944	1 944
4	13 990	9 626	5 591

3.4.3.2　来水分析

根据梅山水库 1965—2015 年入库径流资料分析得设计年径流参数为 $EX=121\,792$ 万 m³，$Cv=0.42$，$Cs=0.84$；保证率为 80%、50%、20% 的设计值分别为 82 850 万 m³、121 792 万 m³、171 433 万 m³。分别选择水文年 2012—2013 年、1995—1996 年、2006—2006 年径流过程作为保证率为 80%、50%、20% 的典型过程，由设计年径流值进行缩放得设计来水过程如表 3.15 所示。

表 3.15　梅山水库设计来水过程　　　　单位：万 m³

月份	80%保证率来水量	50%保证率来水量	20%保证率来水量
5	6 065	8 632	13 207
6	3 095	20 431	10 112
7	12 384	14 272	28 142
8	26 844	19 590	29 329
9	8 666	16 547	56 414
10	5 512	7 124	2 064

续 表

月份	80%保证率来水量	50%保证率来水量	20%保证率来水量
11	3 492	5 071	5 082
12	2 693	5 466	748
1	1 469	2 770	4 076
2	1 665	3 537	7 094
3	7 612	10 116	3 147
4	3 353	8 237	12 020

3.4.4 主汛期汛限水位多目标分析与决策

3.4.4.1 防洪风险计算

本项研究采用的防洪风险的含义是指水库极限风险率：水库考虑下游防洪标准，假设遭遇一场洪水，其调洪过程中出现的最高调洪水位小于或低于大坝安全的临界水位，则所遭遇洪水的相应频率即为极限风险率。

从梅山水库的实际情况出发，本文选取水库的设计洪水位 $Z_s = 137.66$ m 为极限风险的控制指标，以汛限水位方案 Z_{fi} 为起调水位，选取不同频率的设计洪水进行调洪演算，当某一频率的设计洪水对应的调洪高水位 Z_m 恰好等于极限风险的控制指标 Z_s 时，则该频率即为该汛限水位方案 Z_{fi} 所对应的极限风险率 $P_f = P(Z_m \geqslant Z_s)$。调洪演算过程中考虑了为淮干错峰而预留的 5 亿 m³ 库容，敞泄控制水位为拟定的汛限水位对应的库容叠加 5 亿 m³ 库容后对应的水位，在敞泄控制水位以下，按不超过下游安全泄量 1 200 m³/s 泄洪。

由主汛期设计洪水进行调洪演算，统计计算离散的汛限水位方案对应的防洪风险见表 3.16。

表 3.16 汛限水位方案防洪风险（主汛期）

汛限水位/m	极限风险率		防洪风险
	1969 年典型	1986 年典型	
125.27	0.001 481	0.000 168	0.001 481
125.30	0.001 500	0.000 169	0.001 500
125.40	0.001 510	0.000 181	0.001 510
125.50	0.001 520	0.000 193	0.001 520

续 表

汛限水位/m	极限风险率		防洪风险
	1969 年典型	1986 年典型	
125.60	0.001 686	0.000 207	0.001 686
125.70	0.001 893	0.000 224	0.001 893
125.80	0.001 950	0.000 246	0.001 950
125.90	0.002 011	0.000 272	0.002 011
126.00	0.002 047	0.000 303	0.002 047
126.10	0.002 085	0.000 342	0.002 085
126.20	0.002 162	0.000 399	0.002 162
126.30	0.002 246	0.000 474	0.002 246
126.40	0.002 439	0.000 593	0.002 439
126.50	0.002 668	0.000 775	0.002 668
126.60	0.002 779	0.001 023	0.002 779
126.70	0.002 899	0.001 060	0.002 899
126.80	0.003 042	0.000 321	0.003 042
126.90	0.003 200	0.000 342	0.003 200
127.00	0.003 368	0.000 369	0.003 368
127.10	0.003 556	0.000 399	0.003 556
127.20	0.003 787	0.000 433	0.003 787
127.30	0.004 051	0.000 474	0.004 051
127.40	0.004 227	0.000 527	0.004 227
127.50	0.004 419	0.000 593	0.004 419
127.60	0.004 938	0.000 672	0.004 938
127.70	0.005 595	0.000 775	0.005 595
127.80	0.006 188	0.000 882	0.006 188
127.90	0.006 923	0.001 023	0.006 923
128.00	0.007 778	0.001 060	0.007 778

3.4.4.2 供水效益计算

基于设计来水过程和需水过程进行调节计算,从 5 月初开始至次年 4 月末。径流调节过程中的最低库水位约束为死水位,最高库水位约束在非汛期为正常蓄水位,前汛期为原汛限水位 125.27 m,主汛期、后汛期为离散的主汛期汛限水位方案。径流调节过程中,汛期按需水过程供水,统计汛末蓄水量。径流调节计算结果如表 3.17 所示。

表 3.17 汛限水位方案供水效益分析(主汛期)

汛限水位 /m	汛末蓄水量/百万 m³			多年平均汛末蓄水量/百万 m³
	枯水年	平水年	丰水年	
125.27	217.43	694.27	796.36	569.35
125.30	219.12	695.96	798.05	571.05
125.40	224.78	701.62	803.71	576.70
125.50	230.43	707.27	809.36	582.36
125.60	236.09	712.93	815.02	588.01
125.70	241.74	718.58	820.67	593.67
125.80	247.40	724.24	826.33	599.32
125.90	253.05	729.89	831.98	604.98
126.00	258.71	735.55	837.64	610.63
126.10	264.66	741.50	843.59	616.59
126.20	270.62	747.46	849.55	622.54
126.30	276.57	753.41	855.50	628.50
126.40	282.53	759.37	861.46	634.45
126.50	288.48	765.32	867.41	640.41
126.60	294.44	771.28	873.37	646.36
126.70	300.39	777.23	879.32	652.31
126.80	306.35	783.19	885.28	658.27
126.90	312.30	789.14	891.23	664.22
127.00	318.25	795.09	897.18	670.18
127.10	324.21	801.05	903.14	676.13
127.20	330.16	807.00	909.09	682.09

续 表

汛限水位/m	汛末蓄水量/百万 m³			多年平均汛末蓄水量/百万 m³
	枯水年	平水年	丰水年	
127.30	336.12	812.96	915.05	688.04
127.40	342.07	818.91	921.00	694.00
127.50	348.03	824.87	926.96	699.95
127.60	353.98	830.82	932.91	705.90
127.70	359.94	836.78	938.87	711.86
127.80	365.89	842.73	944.82	717.81
127.90	371.84	848.69	950.77	723.77
128.00	377.80	854.64	956.73	729.72

3.4.4.3 多目标协同决策

采用 3.1 节所述的多目标协同决策方法进行主汛期汛限水位多目标决策分析。防洪与供水目标协同贡献度、协调贡献度置换率、系统协调度计算结果如表 3.18、图 3.17、图 3.18 所示。

表 3.18 协同贡献度及系统协调度（主汛期）

汛限水位/m	防洪风险协同贡献度	供水效益协同贡献度	防洪/供水协同贡献度置换率	系统协调度
125.27	1.000 000	0.000 000	−0.285 229	0.292 893
125.30	0.996 983	0.010 579	−0.285 229	0.300 370
125.40	0.995 395	0.045 840	−0.045 036	0.325 299
125.50	0.993 807	0.081 102	−0.045 036	0.350 226
125.60	0.967 445	0.116 364	−0.747 599	0.374 751
125.70	0.934 572	0.151 626	−0.932 248	0.398 328
125.80	0.925 520	0.186 888	−0.256 706	0.422 636
125.90	0.915 833	0.222 150	−0.274 720	0.446 766
126.00	0.910 116	0.257 412	−0.162 130	0.471 078
126.10	0.904 081	0.294 541	−0.162 529	0.496 575
126.20	0.891 853	0.331 671	−0.329 336	0.521 273
126.30	0.878 514	0.368 800	−0.359 275	0.545 482

续　表

汛限水位/m	防洪风险协同贡献度	供水效益协同贡献度	防洪/供水协同贡献度置换率	系统协调度
126.40	0.847 864	0.405 929	−0.825 478	0.566 373
126.50	0.811 498	0.443 059	−0.979 453	0.584 238
126.60	0.793 870	0.480 188	−0.174 757	0.604 593
126.70	0.774 813	0.517 318	−0.513 251	0.623 376
126.80	0.752 104	0.554 447	−0.611 624	0.639 466
126.90	0.727 013	0.591 576	−0.675 780	0.652 630
127.00	0.700 333	0.628 706	−0.718 551	0.662 613
127.10	0.670 478	0.665 835	−0.804 093	0.668 149
127.20	0.633 794	0.702 965	−0.988 007	0.666 581
127.30	0.591 869	0.740 094	−1.129 151	0.657 858
127.40	0.563 919	0.777 224	−0.752 768	0.653 737
127.50	0.533 429	0.814 353	−0.821 201	0.644 927
127.60	0.451 008	0.851 482	−2.219 809	0.597 850
127.70	0.346 673	0.888 612	−2.810 047	0.531 362
127.80	0.252 501	0.925 741	−2.536 313	0.468 837
127.90	0.135 779	0.962 871	−3.143 660	0.388 340
128.00	0.000 000	1.000 000	−3.656 910	0.292 893

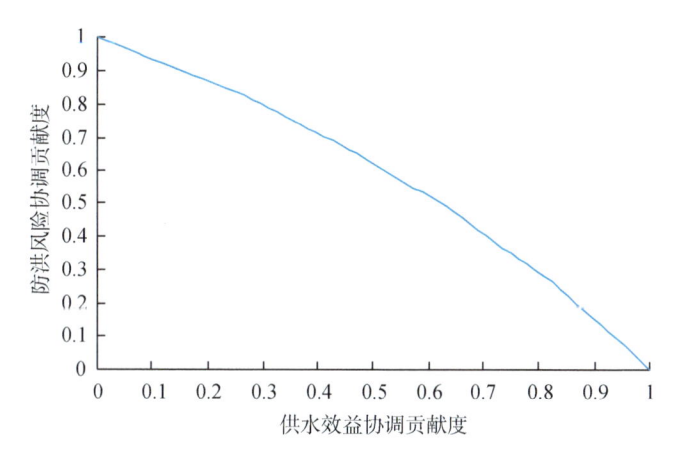

图 3.17　防洪与供水目标协同分析(主汛期)

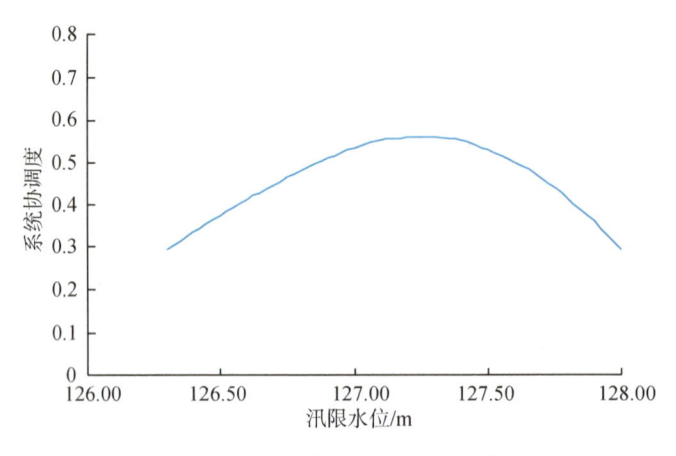

图 3.18　系统协调度分析（主汛期）

由表 3.18、图 3.17、图 3.18 可知,当主汛期汛限水位抬升至 126.20 m 时,系统协调度超过 0.5;当水位抬升至 127.10 m 时,系统协调度达到最大,为 0.668 149;汛限水位从 126.20 m 抬升至 126.30 m 的过程中,防洪风险与供水效益协调贡献度置换率从 $-0.329\ 336$ 变为 $-0.359\ 275$;汛限水位从 126.30 m 抬升到 126.40 m 时,防洪风险与供水效益协调贡献度置换率由 $-0.359\ 275$ 变为 $-0.825\ 478$,急剧变化。综合考虑水库供水效益与防洪风险之间的协调贡献度置换关系和系统协调度变化曲线,将主汛期的汛限水位的控制上限定位 126.30 m。

3.4.5　前汛期汛限水位多目标分析与决策

3.4.5.1　防洪风险计算

由前汛期设计洪水进行调洪演算,统计计算离散的汛限水位方案对应的防洪风险见表 3.19。

表 3.19　汛限水位方案防洪风险（前汛期）

汛限水位/m	极限风险率		防洪风险
	1970 年典型	1974 年典型	
125.27	0.000 101	—	0.000 101
125.30	0.000 101	—	0.000 101
125.40	0.000 101	—	0.000 101
125.50	0.000 102	—	0.000 102
125.60	0.000 102	—	0.000 102
125.70	0.000 103	—	0.000 103

续 表

汛限水位/m	极限风险率		防洪风险
	1970年典型	1974年典型	
125.80	0.000 104	—	0.000 104
125.90	0.000 104	—	0.000 104
126.00	0.000 105	—	0.000 105
126.10	0.000 105	—	0.000 105
126.20	0.000 106	—	0.000 106
126.30	0.000 107	—	0.000 107
126.40	0.000 107	—	0.000 107
126.50	0.000 108	—	0.000 108
126.60	0.000 109	—	0.000 109
126.70	0.000 110	—	0.000 110
126.80	0.000 110	—	0.000 110
126.90	0.000 111	—	0.000 111
127.00	0.000 112	—	0.000 112
127.10	0.000 113	—	0.000 113
127.20	0.000 114	0.000 100	0.000 114
127.30	0.000 115	0.000 101	0.000 115
127.40	0.000 116	0.000 102	0.000 116
127.50	0.000 117	0.000 103	0.000 117
127.60	0.000 118	0.000 104	0.000 118
127.70	0.000 119	0.000 105	0.000 119
127.80	0.000 12	0.000 106	0.000 120
127.90	0.000 121	0.000 107	0.000 121
128.00	0.000 123	0.000 108	0.000 123

3.4.5.2 供水效益计算

基于设计来水过程和需水过程进行调节计算，从5月初开始至次年4月末。径流调节过程中的最低库水位约束为死水位，最高库水位约束在非汛期为正常蓄水位，前汛期为离散的前汛期汛限水位方案，主汛期、后汛期为主汛期汛限水位最佳协调解即126.30 m。径流调节过程中，汛期按需水过程供水，统计汛末蓄水量。径流调节计算结果如表3.20所示。

表3.20 汛限水位方案供水效益分析(前汛期)

汛限水位/m	汛末蓄水量/百万 m³			多年平均汛末蓄水量/百万 m³
	枯水年	平水年	丰水年	
126.30	276.58	753.42	855.51	628.50
126.40	282.53	759.37	861.46	634.45
126.50	288.48	765.32	867.41	640.41
126.60	294.44	771.28	873.37	646.36
126.70	300.39	777.23	879.32	652.31
126.80	306.35	783.19	885.28	658.27
126.90	312.30	789.14	891.23	664.22
127.00	318.25	795.09	897.18	670.18
127.10	324.21	801.05	903.14	676.13
127.20	330.16	807.00	909.09	682.09
127.30	336.12	812.96	915.05	688.04
127.40	342.07	818.91	921.00	694.00
127.50	348.03	824.87	926.96	699.95
127.60	353.98	830.82	932.91	705.90
127.70	359.94	836.78	938.87	711.86
127.80	365.89	842.73	944.82	717.81
127.90	371.84	848.69	950.77	723.77
128.00	377.80	854.64	956.73	729.72

3.4.5.3 多目标协同决策

采用3.1节所述的多目标协同决策方法进行前汛期汛限水位多目标决策分析。防洪与供水目标协同贡献度、协调贡献度置换率、系统协调度计算结果如表3.21、图3.19、图3.20所示。

由表3.21、图3.19、图3.20可知，随着前汛期汛限水位的提高，防洪风险随着供水效益的增大而接近线性增加，协调贡献度置换率变化均匀；当汛限水位为127.20 m时，系统协调度达到最大为0.540 944。综合考虑水库供水效益与防洪风险之间的协调关系，将前汛期的汛限水位的控制上限定为127.20 m。

表 3.21　协同贡献度及系统协调度(前汛期)

汛限水位/m	防洪风险协同贡献度	供水效益协同贡献度	防洪/供水协同贡献度置换率	系统协调度
126.30	1.000 000	0.000 000	−0.787 728	0.292 893
126.40	0.953 691	0.058 788	−0.787 728	0.333 658
126.50	0.908 125	0.117 614	−0.774 598	0.372 686
126.60	0.862 971	0.176 440	−0.767 581	0.409 649
126.70	0.814 553	0.235 265	−0.823 078	0.443 579
126.80	0.766 801	0.294 091	−0.811 750	0.474 315
126.90	0.715 264	0.352 917	−0.876 100	0.500 104
127.00	0.661 939	0.411 743	−0.906 496	0.520 244
127.10	0.606 731	0.470 568	−0.938 502	0.533 653
127.20	0.552 791	0.529 394	−0.916 930	0.540 944
127.30	0.493 790	0.588 220	−1.002 980	0.538 583
127.40	0.432 598	0.647 046	−1.040 228	0.527 495
127.50	0.373 223	0.705 871	−1.009 334	0.510 428
127.60	0.307 610	0.764 697	−1.115 394	0.482 906
127.70	0.216 735	0.823 523	−1.544 811	0.432 264
127.80	0.145 404	0.882 349	−1.212 587	0.390 009
127.90	0.076 874	0.941 174	−1.164 960	0.345 927
128.00	0.000 000	1.000 000	−1.306 808	0.292 893

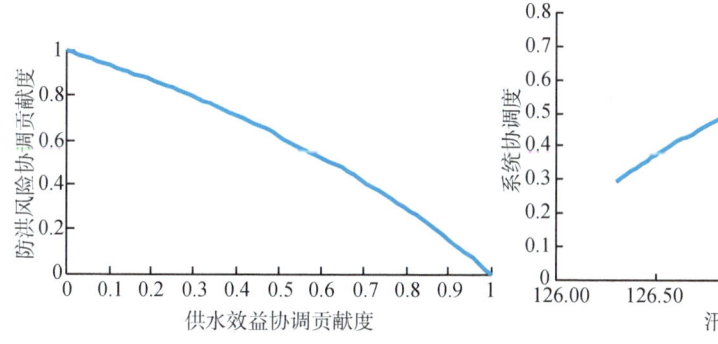

图 3.19　防洪与供水目标协同分析(前汛期)

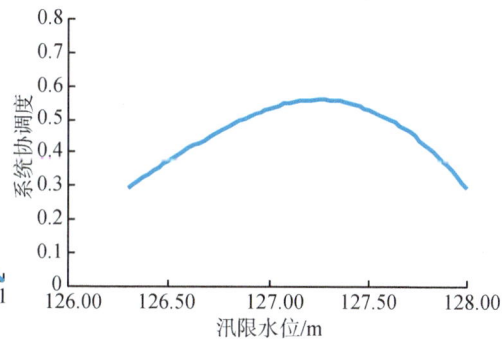

图 3.20　系统协调度分析(前汛期)

3.4.6 后汛期汛限水位多目标分析与决策

3.4.6.1 防洪风险计算

由后汛期设计洪水进行调洪演算，统计计算离散的汛限水位方案对应的防洪风险见表3.22。

表3.22 汛限水位方案防洪风险值（后汛期）

汛限水位/m	极限风险率 2005年典型	极限风险率 1970年典型	防洪风险
125.27	0.000 104	—	0.000 104
125.30	0.000 104	—	0.000 104
125.40	0.000 106	—	0.000 106
125.50	0.000 107	—	0.000 107
125.60	0.000 109	—	0.000 109
125.70	0.000 110	—	0.000 110
125.80	0.000 112	—	0.000 112
125.90	0.000 113	—	0.000 113
126.00	0.000 115	—	0.000 115
126.10	0.000 116	—	0.000 116
126.20	0.000 118	—	0.000 118
126.30	0.000 120	—	0.000 120
126.40	0.000 122	—	0.000 122
126.50	0.000 124	—	0.000 124
126.60	0.000 126	—	0.000 126
126.70	0.000 128	—	0.000 128
126.80	0.000 130	—	0.000 130
126.90	0.000 132	0.000 100	0.000 132
127.00	0.000 135	0.000 102	0.000 135
127.10	0.000 138	0.000 103	0.000 138
127.20	0.000 141	0.000 105	0.000 141
127.30	0.000 143	0.000 107	0.000 143
127.40	0.000 147	0.000 109	0.000 147

续 表

汛限水位/m	极限风险率		防洪风险
	2005 年典型	1970 年典型	
127.50	0.000 150	0.000 111	0.000 150
127.60	0.000 154	0.000 113	0.000 154
127.70	0.000 157	0.000 115	0.000 157
127.80	0.000 161	0.000 117	0.000 161
127.90	0.000 166	0.000 120	0.000 166
128.00	0.000 170	0.000 123	0.000 170

3.4.6.2 供水效益计算

基于设计来水过程和需水过程进行调节计算，从 5 月初开始至次年 4 月末。径流调节过程中的最低库水位约束为死水位，最高库水位约束在非汛期为正常蓄水位，前汛期为 127.20 m，主汛期为 126.30 m，后汛期为离散的后汛期汛限水位方案。径流调节过程中，汛期按需水过程供水，统计汛末蓄水量。径流调节计算结果如表 3.23 所示。

表 3.23 汛限水位方案供水效益分析（后汛期）

汛限水位/m	汛末蓄水量/百万 m³			多年平均汛末蓄水量/百万 m³
	枯水年	平水年	丰水年	
126.30	324.21	801.05	855.51	660.25
126.40	324.21	801.05	861.46	662.24
126.50	324.21	801.05	867.41	664.22
126.60	324.21	801.05	873.37	666.21
126.70	324.21	801.05	879.32	668.19
126.80	324.21	801.05	885.28	670.18
126.90	324.21	801.05	891.23	672.16
127.00	324.21	801.05	897.18	674.15
127.10	324.21	801.05	903.14	676.13
127.20	324.21	801.05	909.09	678.12
127.30	324.21	801.05	915.05	680.10
127.40	324.21	801.05	921.00	682.09
127.50	324.21	801.05	926.96	684.07

续 表

汛限水位/m	汛末蓄水量/百万 m³			多年平均汛末蓄水量/百万 m³
	枯水年	平水年	丰水年	
127.60	324.21	801.05	932.91	686.06
127.70	324.21	801.05	938.87	688.04
127.80	324.21	801.05	944.82	690.03
127.90	324.21	801.05	950.77	692.01
128.00	324.21	801.05	956.73	694.00

3.4.6.3 多目标协同决策

采用 3.1 节所述的多目标协同决策方法进行后汛期汛限水位多目标决策分析。防洪与供水目标协同贡献度、协调贡献度置换率、系统协调度计算结果如表 3.24、图 3.21、图 3.22 所示。

由表 3.24、图 3.21、图 3.22 可知,随着前汛期汛限水位的提高,防洪风险随着供水效益的增大而接近线性增加,协调贡献度置换率变化均匀;当汛限水位为 127.30 m 时,系统协调度达到最大为 0.560 720。综合考虑水库供水效益与防洪风险之间的协调关系,将后汛期的汛限水位的控制上限定位 127.30 m。

表 3.24 协同贡献度及系统协调度(后汛期)

汛限水位/m	防洪风险协同贡献度	供水效益协同贡献度	防洪/供水协同贡献度置换率	系统协调度
126.30	1	0.000 000	−0.597 436	0.292 893
126.40	0.964 798	0.058 922	−0.597 436	0.334 092
126.50	0.926 068	0.117 739	−0.658 484	0.373 961
126.60	0.887 648	0.176 557	−0.653 208	0.412 343
126.70	0.847 738	0.235 374	−0.678 532	0.448 712
126.80	0.803 705	0.294 192	−0.748 647	0.481 976
126.90	0.752 735	0.353 009	−0.866 569	0.510 236
127.00	0.704 294	0.411 826	−0.823 586	0.534 495
127.10	0.653 341	0.470 644	−0.866 291	0.552 568
127.20	0.591 585	0.529 461	−1.049 967	0.559 427
127.30	0.534 791	0.588 278	−0.965 592	0.560 720
127.40	0.474 806	0.647 096	−1.019 855	0.552 580
127.50	0.402 662	0.705 913	−1.226 588	0.529 203

续　表

汛限水位/m	防洪风险协同贡献度	供水效益协同贡献度	防洪/供水协同贡献度置换率	系统协调度
127.60	0.335 207	0.764 731	−1.146 850	0.501 351
127.70	0.263 615	0.823 548	−1.217 194	0.464 557
127.80	0.178 108	0.882 365	−1.453 762	0.412 912
127.90	0.096 753	0.941 183	−1.383 189	0.359 955
128.00	0	1.000 000	−1.644 967	0.292 893

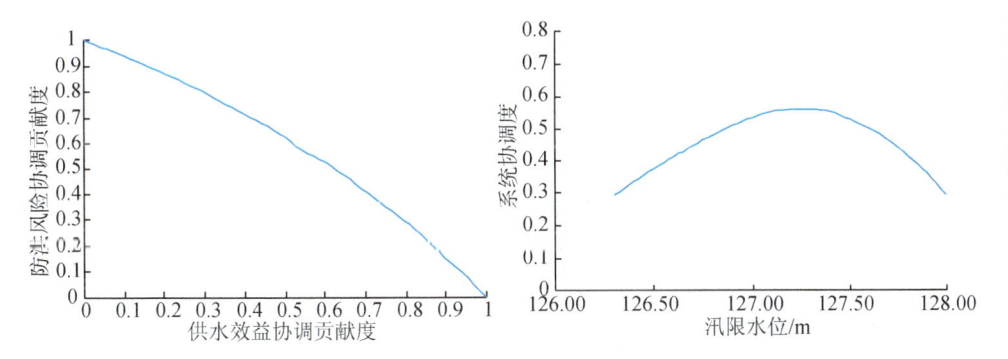

图 3.21　防洪与供水目标协同分析（后汛期）　　图 3.22　系统协调度分析（后汛期）

3.4.7　结论

为了安全、高效利用洪水资源，采用基于协同的洪水资源利用多目标决策方法，对梅山水库分期汛限水位进行了多目标决策分析。主要结论总结如下：

（1）将全汛期分为以下三个阶段：5月1日至6月14日为前汛期；6月15日至8月31日为主汛期；9月1日至9月30日为后汛期。采用由设计暴雨推求设计洪水途径，对梅山水库入库分期设计洪水进行了分析计算，推求了各分期不同重现期的入库设计洪水过程。

（2）对主汛期汛限水位进行了多目标决策分析，包括汛限水位离散化与防洪风险计算、供水效益计算；防洪风险目标协同贡献度分析，供水效益目标协同贡献度分析，防洪风险协调贡献度与供水效益协调贡献度置换率分析与系统协调度分析。梅山水库主汛期汛限水位多目标协同分析和决策结论为：主汛期汛限水位动态控制域上限为 126.30 m。

（3）在对主汛期汛限水位进行了多目标决策分析的基础上，对梅山水库前汛期汛限水位进行了多目标决策分析，结论为：梅山水库前汛期汛限水位动态控制域上限为 127.20 m。

（4）在对主汛期汛限水位和前汛期汛限水位进行多目标决策分析的基础

上,对后汛期汛限水位进行了多目标决策分析,结论为:梅山水库后汛期汛限水位动态控制域上限为127.30 m。

(5) 综上所述,建议梅山水库洪水资源安全、经济利用的汛限水位动态控制域上限值为:前汛期(5月1日至6月14日)127.20 m,主汛期(6月15日至8月31日)126.30 m,后汛期(9月1日至9月30日)127.30 m。由表3.17、表3.23知,采用这一分期汛限水位控制方案,汛末增加蓄水量多年平均为680.10－569.35＝110.75(百万 m³),即1.107 5亿 m³,增加幅度为110.75/596.35＝19%。

第4章
基于降雨预报的水库洪水资源利用实时调控方式

  水库兼具防洪和兴利两大任务,但由于库容限制,防洪安全和兴利效益之间存在着无法避免的冲突[135]。如何协调两者矛盾,挖掘洪水资源利用潜力,发挥水库综合效益,成为水库汛期调度中的一个研究热点。汛限水位是协调水库防洪与兴利矛盾的主要参数[136-138]。在水库规划设计中,为预防发生设计、校核洪水等小概率事件,水库汛期蓄水不得超过汛限水位。然而,随着水文气象预报水平的逐步提高,采用预报预泄法进行汛限水位动态控制,适当地抬高汛限水位可增加兴利效益,但气象预报和水文预报具有不确定性,导致抬高汛限水位存在一定的风险。汛限水位动态控制的关键问题就在于结合预报信息,在不降低防洪标准的基础上增蓄水量,实质上是一个风险决策问题[139-140]。很多专家学者针对这个问题开展了研究。一些学者利用最大熵原理对无雨期历时的分布规律进行研究,得出了无雨期历时遵守负指数分布的结论;考虑无雨预报预见期、洪水预报预见期以及洪量预报误差作为汛限水位动态控制过程中的主要风险因子[141-143],采用蒙特卡罗模拟方法分析其对水库防洪的附加风险。周惠成等研究了利用短期降雨预报信息进行水库汛限水位动态控制的调度方式,并分析了降雨预报误差对汛限水位动态控制的风险[144];Ding等将汛限水位动态控制预蓄过程概化为防洪与兴利双目标的协调控制问题,在分析预报不确定性及其可能带来的防洪风险基础上,建立水库汛期防洪与兴利双目标两阶段协调控制优化对冲模型,提出双目标最优协调控制条件[145]。目前关于预报预泄法实现汛限水位动态控制风险分析还存在薄弱环节:一是无雨期预报误差的不确定性主要基于自然无雨期历时的统计规律,未考虑到实时气象预报信息,实际上,随着气象预报水平的提高,无雨期预报信息已经可以为汛限水位动态控制所利用;二是缺乏兴利预泄和防洪预泄二元不确定性的联合风险分析。

  随着信息科学技术与数值天气预报技术的发展,耦合降水预报驱动洪水预报模型为延长水文预报预见期提供了可行途径。相较于由流域汇流时长决定的洪水预报预见期,降水预报方法及数值天气模式成果理论上已可将定量降雨预报有效预见期提升至7 d,本课题提出的基于TIGGE的SVR集合预报校正及基于GBM的降雨概率预报方法为洪水预报预警及调度决策提供了丰富信息。

考虑利用定量降雨预报延长预见期是提升洪水资源利用效率和安全性的可行途径,关键在于如何定量评估降水预报误差影响下的调度全过程风险,并根据风险评估结果确定安全可靠的利用方案。针对上述问题,本章主要以单一水库为研究对象,研究基于降雨预报的水库洪水资源利用实时调控方式,主要内容包括:

(1) 基于降雨预报的水库汛限水位动态控制。
(2) 基于连续无雨统计规律的洪水资源利用方式。
(3) 基于连续无雨预报的洪水资源利用方式。
(4) 基于风险对冲理论的洪水资源利用实时调控规则。

4.1 基于降雨预报的水库汛限水位动态控制

4.1.1 基本原理

在水库实时调度中,根据水文气象预报信息以及实时水、雨等信息对汛限水位动态控制,对防洪库容或水库汛期运行水位值在合理范围内实施动态控制,可以使洪水资源得到充分利用,提高水资源的利用率。基于降雨预报的水库汛期水位动态控制决策的基本原理概述如下。

水库汛期运行水位动态控制的下限是规划设计的汛限水位 Z_f,上限为基于协同的水库汛限水位控制多目标决策求出的汛限水位控制上限或分期汛限水位控制上限 Z_f^+,即水库汛期运行水位动态控制域为 $[Z_f, Z_f^+]$。在退水阶段,当库水位回落到汛期运行水位动态控制域 $[Z_f, Z_f^+]$ 范围之内时,可采用预蓄预泄法对水库汛期运行水位实施动态控制。水库退水阶段,综合考虑降雨预报信息与洪水预报信息,在确保防洪安全的前提下,当预报无雨时,在有效预见期内尽可能多地蓄水、放慢回落到汛限水位的速度,但是要留有一点余地,保证在下一场洪水起涨前水库水位可以回落到原汛限水位,进而提高洪水资源和水能资源的利用率;当预报有大暴雨时,在有效预见期内,尽可能地腾空防洪库容、加快回落到汛限水位的速度。

设在退水阶段 t_0 时刻,库水位 $Z(t_0) \in [Z_f, Z_f^+]$,在有效预见期 $[t_0, t_y]$ 内,基于 TIGGE 的 SVR 降水预报并考虑降水预报和洪水预报的不确定性入库洪水预报为 $QI(t)$,分 3 种情况:

(1) 若预报未来 3 d 为暴雨或大暴雨,则在暴雨或大暴雨到来前 t_1 时刻控制库水位于汛期运行水位动态控制域 $[Z_f, Z_f^+]$ 的下限即原汛限水位 Z_f。

进行调洪演算试算,推求水库泄洪能力允许的、下游安全的下泄流量过程 $QO(t)$,使得 $Z(t_1) = Z_f$,计算公式如下:

$$W_{yx} = \int_{t_0}^{t_1} (QO(t) - QI(t)) \mathrm{d}t, QO(t) < Q_{an}, t \in [t_0, t_1] \quad (4.1)$$

$$Z(t_1) = f(V(t_0) + W_{yx}) = Z_f \qquad (4.2)$$

式中：W_{yx} 为水库在 t_1 时刻允许预蓄的水量；t_1 为有效预见期内暴雨或大暴雨到来前的某时刻；$QO(t)$ 为水库在 $[t_0, t_1]$ 内的下泄流量过程；$QI(t)$ 为水库在 $[t_0, t_1]$ 内的考虑预报误差的入流过程；Qan 为保证下游防洪安全的水库泄量；$V(t_0)$ 表示库水位 $Z(t_0)$ 对应的库容；Z_f 为原汛限水位；$f(V)$ 为库容与水位的关系即库容曲线。

(2) 若预报未来 3 d 为大雨或中雨，则在预见期 $[t_0, t_y]$ 内控制库水位于汛期运行水位动态控制域 $[Z_f, Z_f^+]$ 的中间。

(3) 若预报未来 3 d 为小雨，则在预见期 $[t_0, t_y]$ 内控制库水位于汛期运行水位动态控制域 $[Z_f, Z_f^+]$ 的上限附近。

由落地雨驱动水文模型进行洪水预报，其预见期为主雨停止时刻至洪峰出现时刻的时距，是由流域产汇流特性决定的，其预见期一般比较短，不能满足水库洪水资源利用调度的要求；水库洪水资源利用调度的关键是提高洪水预报精度、延长洪水预见期。为此，应利用 TIGGE 等数值气象预报产品进行降水预报，例如利用基于 TIGGE 的 SVR 降水预报方法。由于水文模型和输入资料的不确定性客观存在，水文预报不可避免存在着不确定性。因此，为了实现水库洪水资源高效安全利用，还必须考虑降水预报和洪水预报的不确定性。降雨预报的不确定性可以利用 GBM 方法确定，洪水预报模型和参数的不确定性可以采用洪水概率预报方法；要同时考虑降雨预报的不确定性和洪水预报模型与参数的不确定性，可采用耦合多源不确定性的洪水概率预报模型方法。这里我们提出一种简单实用的方法：

(1) 先采用 GBM 模型进行降水概率预报，以概率置信区间的上限降水过程驱动流域洪水预报模型。

设场次洪水过程等间隔时间序列为 t_i，$i = 0, 1, \cdots, m_e, m_e+1, \cdots, m_z$，其中，$[t_0, t_{m_e}]$ 为实测期，$(t_{m_e}, t_{m_z}]$ 为预见期。

实测期的降雨序列为：$X_{t_i} = x_{t_i}^0$，$i = 1, 2, \cdots, m_e$。

预见期降水预报为 $Y_{t_i} = y_{t_i}$，$i = m_e+1, \cdots, m_z$。

经 GBM 方法可得后验概率密度 $f_X(x \mid Y = y_{t_i})$，并根据后验概率密度估计 $x_{t_i}^{0.95}$，$i = m_e+1, \cdots, m_z$，其中：

$$P\{X_{t_i} > x_{t_i}^{0.95}\} = 0.05, i = m_e+1, \cdots, m_z \qquad (4.3)$$

为方便起见，实测期设 $x_{t_i}^{0.95} = x_{t_i}^0$，$i = 1, \cdots, m_e$。

用降雨时间序列 $x_{t_i} = x_{t_i}^{0.95}$，$i = 1, \cdots, m_z$ 驱动水文模型得 90% 降雨置信区间上限对应的洪水过程：

$$Q_H^p(t_i) = Q_H^p(t_i, x_{t_i}^p), i = 1, \cdots, m_z, p = 0.95 \qquad (4.4)$$

(2)然后再叠加水文模型不确定性,得到概率洪水预报过程。

对于求得的90%降雨置信区间上限对应的洪水过程式(4.2),可以采用基于误差的洪水概率预报方法(参见2.4节)求 $Q_H^p(t_i),i=1,2,\cdots,m_z$ 对应的洪水概率预报90%置信区间上限 $Q^p(t_i),i=1,2,\cdots,m_z$。也可以采用以下偏安全的更加简单的方法。

若已知某流域洪水预报方案的合格率为 α,则可近似认为该流域的洪水预报方案所产生的预报误差控制在规范所规定的许可预报误差 ξ_p 范围之内的概率为 α。假定洪水的预报相对误差 ξ_H 服从正态分布,即 $\xi_H \sim N(0,\sigma^2)$,由此得

$$\sigma = \xi_p / \Phi^{-1}\left(\frac{1+\alpha}{2}\right) \tag{4.5}$$

式中:$\Phi^{-1}\left(\frac{1+\alpha}{2}\right)$ 表示在标准正态分布中概率 $\frac{1+\alpha}{2}$ 所对应的分位数。

求相对误差 ξ_H 的90%的置信区间,设 $a=\Phi^{-1}(0.95)=1.65$,则有

$$P\{|\xi_H|<a\sigma\} = P\{|\sigma^{-1}\xi_H|<a\} = 0.90$$

若洪水预报方案为甲级精度,则 $\alpha=0.85$,$\xi_p=0.2$,代入式(4.5)得 $\sigma=0.1389$,$a\sigma=0.2292$;于是

$$P\{|\xi_H|<0.2292\} = 0.90 \tag{4.6}$$

从洪水资源利用安全的角度出发,可假设预报方案预报的结果偏小。最终得耦合降雨预报的不确定性和水文模型不确定性的洪水过程 $Q^p(t_i)$ 为

$$Q^p(t_i) = (1-0.2292)^{-1} \cdot Q_H^p(t_i) = 1.295Q_H^p(t_i),\ i=1,\cdots,m_z \tag{4.7}$$

4.1.2 方法步骤

在退水阶段,基于降雨预报的水库汛期水位动态控制决策的方法步骤总结如下:

Step1:利用SVR方法基于TIGGE等数值气象预报产品进行预见期为3 d的降水集合预报,并分析降水预报的误差规律。

Step2:充分利用考虑降水预报误差放大的3 d降水预报驱动水文预报模型,进行预见期为3 d的洪水预报。

Step3:考虑洪水预报模型的相对误差,按式(4.7)对模型输出的3 d洪水预报结果进行放大。

Step4:针对未来3 d考虑洪水预报的误差入库洪水过程,采用预蓄预泄法

进行库水位动态控制。

Step5：若预报未来 3 d 有暴雨或大暴雨，则将库水位在暴雨或大暴雨到来前控制在 $[Z_f,Z_f^+]$ 的下限；若预报未来 3 d 有大雨或中雨，则将库水位在预见期内控制在 $[Z_f,Z_f^+]$ 的中间；若预报未来 3 d 小雨或无雨，则将库水位在预见期内控制在 $[Z_f,Z_f^+]$ 的上限附近但不能超过上限。

Step6：预报调度步骤 Step1～Step5 逐日滚动实施。

4.1.3 实例分析

下面以梅山水库 2016 年"6·30"暴雨洪水为例进行分析。

2016 年 6 月 30 日，淮河流域遭受特大暴雨，2016 年 6 月 30 日 17：00 至 7 月 2 日 2：00 梅山水库流域面平均雨量为 264 mm。本次降雨形成的入库洪水过程线和水位过程线见图 4.1、图 4.2。

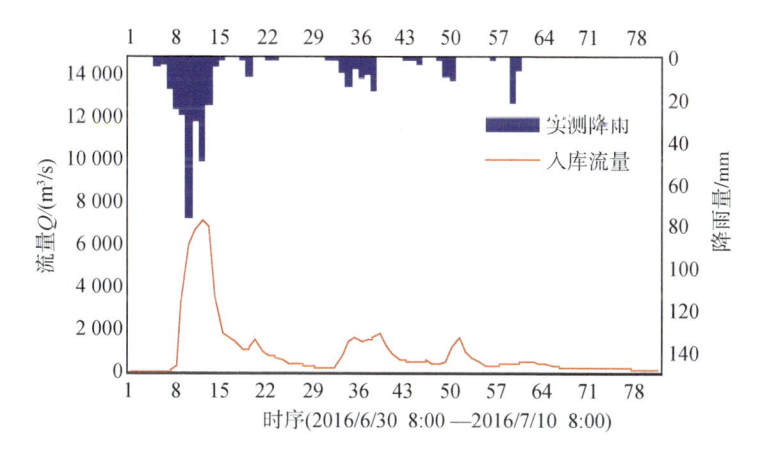

图 4.1 梅山水库流域 2016 年"6·30"暴雨洪水过程线

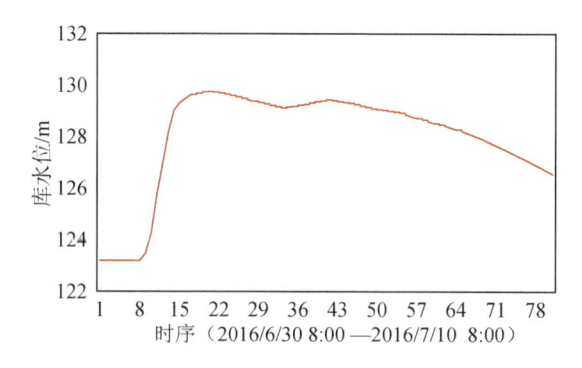

图 4.2 梅山水库 2016 年"6·30"暴雨洪水期间水位过程线

梅山水库 2016 年"6·30"暴雨形成的入库洪水过程于 7 月 1 日 17 时达到洪

峰流量 7 238 m³/s,库水位于 2016 年 7 月 2 日 17:00 达到最高水位 129.75 m。2016 年 7 月 2 日 17:00 开始水库处于退水阶段,2016 年 7 月 10 日 11:00 库水位为 126.44 m,2016 年 7 月 10 日 14:00 库水位为 126.33 m,2016 年 7 月 10 日 14:00 开始水库水位处于汛期运行水位动态控制域[125.27 m,126.40 m]范围之内,可以对水库汛期运行水位实施动态控制。

(1) 以 2016 年 7 月 10 日 8:00 为预报根据时间的基于 TIGGE 的 SVR 集合预报 3 d 降雨量及 GBM 分析的 90% 置信区间见表 4.1。

表 4.1　梅山水库流域降水预报(2016/7/10 8 时至 2016/7/13 8 时)

时段	预报降雨/mm	90%置信区间/mm
[7/10 8:00 , 7/11 8:00]	0	[0, 14.1]
[7/11 8:00 , 7/12 8:00]	0	[0, 16.0]
[7/12 8:00 , 7/13 8:00]	14	[0.5, 30.4]

由表 4.1 知,2016 年 7 月 10 日 8 时至 7 月 13 日 8 时,预报降水量为中到大雨,根据 4.1.2 节制定的汛期运行水位动态控制方式,可将汛期运行水位在预见期内控制在动态控制域[125.27 m,126.40 m]的中间,控制目标取为 7 月 13 日 8 时将库水位控制在 125.84 m。将本次预报降雨和前期实测降雨合并驱动洪水预报模型得预报的入库洪水过程,由预报的洪水过程求得[7/10 14:00,7/13 48:00]期间入库洪水量为 5 758 万 m³。将库水位从 126.33 m 降至 125.84 m 需泄库蓄水量 2 830 万 m³。于是,[7/10 14:00,7/13 8:00]期间总共需泄洪 8 588 万 m³,平均泄洪流量为 361 m³/s。

(2) 以 2016 年 7 月 13 日 8:00 为预报根据时间的基于 TIGGE 的 SVR 集合预报 3 d 降雨量见表 4.2。

表 4.2　梅山水库流域降水预报(2016/7/13 8 时至 2016/7/16 8 时)

时段	预报降雨/mm	90%置信区间/mm
[7/13 8:00 , 7/14 8:00]	0	[0, 14.1]
[7/14 8:00 , 7/15 8:00]	43	[27.0, 59.0]
[7/15 8:00 , 7/16 8:00]	27	[10.6, 43.4]

由表 4.2 知,2016 年 7 月 13 日 8 时至 7 月 16 日 8 时,预报降水量为暴雨,根据 4.1.2 节制定的汛期运行水位动态控制方式,将库水位在暴雨或大暴雨到来前控制在汛限水位动态控制域[125.27 m,126.40 m]的下限,控制目标取为 7 月 14 日 8 时将库水位控制在 125.27 m。将本次预报降雨和前期实测降雨合并驱动洪水预报模型得预报的入库洪水过程,由预报的洪水过程求得[7/13

8:00,7/14 8:00]期间入库洪水量为 1 598 万 m³。将库水位从 125.84 m 降至 125.27 m 需泄库蓄水量 3 226 万 m³。于是,[7/13 8:00,7/14 8:00]期间总共需泄洪 4 824 万 m³,平均泄洪流量为 558 m³/s。

4.2 基于连续无雨统计规律的水库洪水资源利用方式

4.2.1 基本原理与方法

基于无雨预报的水库雨洪资源利用方式的基本原理就是:基于无雨预报,利用洪水退水超原设计汛限水位蓄水,实现汛限水位动态控制。增蓄水量的确定考虑以下两个原则:

(1) 预报无雨时,水库增蓄的水量应保证无雨期内基本的兴利用水。

(2) 预报有雨、导致有较大的入库水量时,水库应在保证下游防洪安全的前提下,能在有效预见期内将增蓄水量下泄。

增蓄水量在上一场洪水退水段形成,增蓄水量的消落有兴利预泄与防洪预泄两种方式,如果增蓄后无雨期很长,则增蓄的水量可以通过兴利预泄消落,在兴利预泄来不及时,可通过防洪预泄消落,图 4.3 为兴利预泄与防洪预泄示意图。

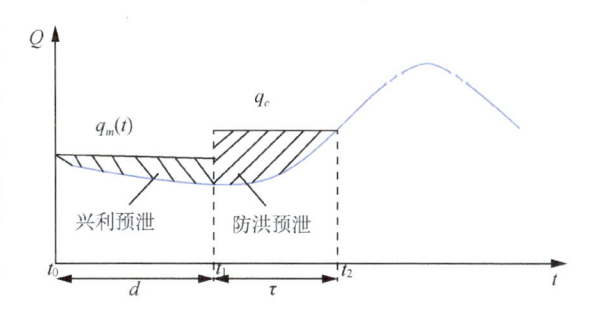

图 4.3 水库防洪调度增蓄水量组成示意图

实际应用中,兴利预泄依据降水预报,在预报无雨日内按兴利流量预泄;预报后期有降水,水库在洪水起涨后转化为防洪预泄,防洪预泄需考虑工程约束与下游安全裕度。设降水预报的预见期为 $d+1$ 天,其中面临时期连续无雨天数为 d 天,实时洪水预报的有效预见期(产汇流时间)为 $\tau \leqslant 1$ 天,增蓄水量可根据式(4.8)和式(4.9)确定。

$$\Delta W = (\sum_{t=1}^{d}[q_m(t)-q_{in}(t)]\times 24 + \sum_{t=1}^{\tau}[q_c-q_{fl}(t)]\times \Delta t)\times 3\,600 \quad (4.8)$$

$$q_c = \min(\beta \cdot q_A, g(Z_t)) \quad (4.9)$$

式中:ΔW 为计划增蓄水量;$q_m(t)$ 为气象预报期内日平均兴利用水流量(主要为发电用水和各类供水);$q_{in}(t)$ 为气象预报期内日平均入库流量;q_c 为洪水预报预见期内的时段平均溢洪流量;$q_{fl}(t)$ 为洪水预报预见期内的时段平均入库流量;Δt 为洪水预报时段长;q_A 为下游安全泄量;$g(\cdot)$ 为水库泄流能力函数;β 为折扣系数($\beta \leqslant 1$),反映预泄过程对下游防洪安全的裕度。

根据增蓄水量 ΔW,按式(4.10)得到本场洪水的洪水期末水位,即为水库汛限水位动态控制域上限值：

$$Z_{ms} = f(V_{汛} + \Delta W) \tag{4.10}$$

式中：Z_{ms} 为水库汛限水位动态控制域上限值；$f(\cdot)$ 为水库的水位库容函数；$V_{汛}$ 为原设计汛限水位 $Z_{汛}$ 相应的水库蓄水量。

基于预报预泄的水库汛限水位动态控制方法具有计算简单、概念清晰的优点，但对无雨日数和洪水预报的可靠性要求较高。对于水库下游有多级安全泄量时，应选择最小安全泄量参与计算。

下面以响洪甸水库为例阐述基于无雨统计规律的洪水资源利用方式的基本原理和方法。

4.2.2 连续无雨天数概率统计分析

设连续无雨天数即无雨期历时 d 遵守负指数分布。收集了六安市 1956—2015 年 5 月至 9 月的实际降雨资料，对降雨量 $P \leqslant 1$ mm、$P \leqslant 3$ mm、$P \leqslant 5$ mm 等 3 种无雨情形的连续天数进行概率分布规律分析。

（1）降雨量 $P \leqslant 1$ mm 的连续天数。

9 180 次实况日降雨资料中降雨量小于等于 1 mm 的共有 6 675 次，最短的无雨期历时 $d_0 = 1$ d，无雨期历时的平均值 $\bar{d} = 4.823$ d，得到无雨期历时的概率分布密度如式（4.11）、图 4.4 所示。

$$f(d) = 0.262\exp[-0.262(d-1)] \tag{4.11}$$

（2）降雨量 $P \leqslant 3$ mm 的连续天数。

9 180 次实况日降雨资料中降雨量小于等于 3 mm 的共有 7 284 次，最短的无雨期历时 $d_0 = 1$ d，无雨期历时的平均值 $\bar{d} = 6.07$ d，得到无雨期历时的概率分布密度如式（4.12）、图 4.5 所示。

$$f(d) = 0.197\exp[-0.197(d-1)] \tag{4.12}$$

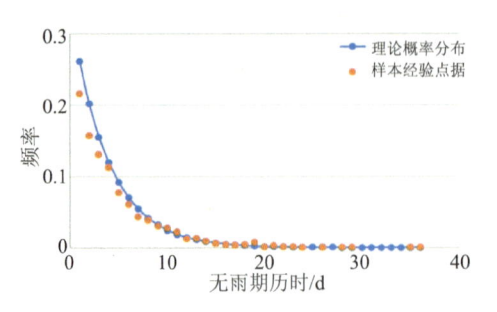

图 4.4　降水量 $P \leqslant 1$ mm 的连续天数概率分布

图 4.5　降水量 $P \leqslant 3$ mm 的连续天数概率分布

(3) 降雨量 $P\leqslant 5$ mm 的连续天数。

9 180 次实况日降雨资料中降雨量小于等于 5 mm 的共有 7 596 次，最短的无雨期历时 $d_0=1$ d，无雨期历时的平均值 $\bar{d}=6.981$ d，得到无雨期历时的概率分布密度如式（4.13）、图 4.6 所示。

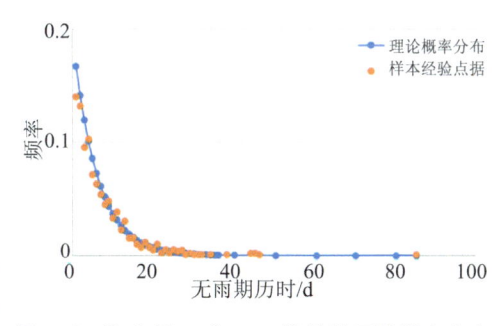

图 4.6 降水量 $P\leqslant 5$ mm 的连续天数概率分布

$$f(d)=0.167\exp[-0.167(d-1)] \quad (4.13)$$

根据分析确定的降水量 $P\leqslant 1$ mm、$P\leqslant 3$ mm、$P\leqslant 5$ mm 等 3 种无雨情形连续天数随机变量的指数分布函数，进行概率统计，结果见表 4.3。

表 4.3 无雨情形的概率　　　　　　　　　　单位：%

无雨情形	连续无雨天数/d								
	10	20	30	35	40	45	50	75	95
$P\leqslant 1$ mm	9.8	7.2	5.6	5	4.5	4.1	3.6	2.1	1.2
$P\leqslant 3$ mm	13	9.2	7.1	6.3	5.6	5.0	4.5	2.5	1.3
$P\leqslant 5$ mm	15	11	8.2	7.3	6.5	5.8	5.1	2.7	1.3

当前期降雨较多的时候，可考虑选择 $P\leqslant 1$ mm 情景下的无雨历时统计参数作为选择无雨历时的主要依据；当前期降雨较少时，可考虑选择 $P\leqslant 3$ mm 或者 $P\leqslant 5$ mm 的结果作为选择无雨历时的主要依据。综合考虑 3 种情景，响洪甸水库连续无雨历时超过 5 d 的概率大约在 50%，因此，本研究取 $d=5$ d 作为响洪甸水库汛限水位动态控制过程中的连续无雨天数是合适的。

4.2.3 洪水资源利用情景模拟计算

经分析，响洪甸水库兴利用水流量可取 200 m³/s，下游安全泄量取 2 500 m³/s，下游防洪安全的裕度系数取为 $\beta=0.5$。响洪甸水库流域实时洪水预报的有效预见期（产汇流时间）为 9 h；降水预报的预见期取 6 d。由式（4.8）和式（4.9）可知，若连续无雨天数发生变化，增蓄水量随着变化，水库汛限水位动态控制的结果就不同。设计可能的洪水资源利用情景如下：

(1) 连续无雨天数取为 1 d、2 d、3 d、4 d 和 5 d 等 5 种情形。

(2) 通过预报降雨确定入库洪水量级，洪水量级选取其中的 20 年一遇、10 年一遇、5 年一遇设计洪水进行分析；选取 19690704、19690706、19690711 这 3 场典型洪水过程，考虑洪水预报误差，对模拟结果取安全外包。

5种连续无雨($P \leqslant 5$ mm)天数情形与3个洪水量级组合得15种洪水资源利用情景。计算结果见表4.4。

表4.4 洪水资源利用情景增蓄水量 单位：百万 m³

重现期/年	连续无雨天数/d				
	1	2	3	4	5
5	45.52	57.32	68.23	78.33	87.57
10	40.84	50.25	58.41	65.42	71.27
20	40.75	50.75	58.85	65.86	71.63

由表4.4可知，对于连续无雨天数为5 d，后续来水不超过5年一遇的洪水情形，可以增蓄水量0.875 7亿 m³。

4.2.4 降雨预报失效条件下压力测试

考虑最不利情况，水库实施预蓄后，气象预报失效，下一场洪水紧接而至，水库应能将水位在洪水预报预见期内及时泄至原设计汛限水位，以保证水库防洪安全。因此，还需分析气象预报失效后不同方案的泄流时间，此泄流时间 t 可依式(4.14)确定。

$$t = \frac{\Delta W}{\min(q_A, g(Z_t)) - q_{fl}} \quad (4.14)$$

按式(4.14)计算分别得到3场洪水不同模拟方案的泄流时间，偏安全考虑，选取3场洪水不同方案增蓄水量下泄流时间的有值的最大值，得到表4.5。

表4.5 洪水资源利用情景增蓄水量应急泄流小时数 单位：h

重现期/年	连续无雨天数/d				
	1	2	3	4	5
5	13.00	16.97	20.88	24.71	28.45
10	13.00	16.99	20.93	24.77	28.54
20	13.78	18.38	22.77	26.79	30.31

由表4.5可以看出，利用短期气象预报开展预蓄运用，利用无雨预报的天数越多，预报失效水位安全消落的时间越长，意味着存在的风险越大。

水库实施预泄后，仍有可能未能在洪水预报预见期内将水库水位降至原设计汛限水位。因此，还需分析未能及时下泄的这一部分水量对应的水位变幅，此水位变幅可依式(4.15)和(4.16)确定。

$$\Delta W' = \Delta W - (\min(q_A, g(Z_t)) - q_{fl}) \cdot \tau \times 3\,600 \quad (4.15)$$

$$\Delta Z = f(V_{汛} + \Delta W') - Z_{汛} \quad (4.16)$$

式中：$\Delta W'$ 为未能在洪水预报预见期内下泄的水量；ΔZ 为水位变幅。

按式(4.15)和(4.16)计算，分别得到 3 场洪水不同模拟方案的水位变幅，偏安全考虑，选取 3 场洪水不同方案增蓄水量下水位变幅的有值的最大值，得到表 4.6。

表 4.6　洪水资源利用情景增蓄水量极端情景水位变幅　　　　单位：m

重现期/年	连续无雨天数/d				
	1	2	3	4	5
5	0.27	0.54	0.81	1.08	1.34
10	0.27	0.53	0.79	1.06	1.31
20	0.27	0.52	0.77	1.01	1.21

4.3　基于连续无雨预报的水库洪水资源利用方式

目前关于预报预泄法实现汛限水位动态控制风险分析时存在薄弱环节：一是连续无雨期预报误差的不确定性主要基于自然无雨期历时的统计规律，未考虑到实时气象预报信息，实际上，随着气象预报水平的提高，连续无雨期预报信息已经可以为汛限水位动态控制所利用；二是缺乏兴利预泄和防洪预泄二元不确定性的联合风险分析。

本节主要工作：

(1) 构建同时考虑连续无雨期兴利预泄和洪水初期防洪预泄的水库汛限水位动态控制域的确定方法以及考虑连续无雨日和实时洪水预报误差的风险分析框架。

(2) 基于 TIGGE 提出连续无雨日预报误差的改进截断高斯分布方法。

(3) 推导考虑连续无雨日预报误差和实时洪水预报误差的水库超蓄水量的分布。

(4) 进行实例应用，分析预泄安全系数和连续无雨日及洪水预报误差对超蓄风险的影响。

4.3.1　连续无雨预报不确定性分析

近年来，集合数值天气预报水平逐渐提高，相较于传统天气预报，集合预报具有预见期更长、精度较高的优点[148-150]。本书基于 TIGGE 的降雨预报成果，统计不同连续无雨历时信息，采用适当的分布定量表征连续无雨预报的不确定性。

采集 TIGGE 的降雨预报成果，定义连续无雨期预报误差 Δd 为实际连续无雨天数与预报连续无雨天数的差值，即：

$$\Delta d = d - \hat{d} \tag{4.17}$$

式中：d 为实际连续无雨天数；$\hat{d}$ 为预报连续无雨天数。

若 $\Delta d = 0$，则连续无雨期预报准确。当 $\Delta d < 0$，即出现负偏差 Δd^-，$\min(\Delta d^-) = -\hat{d}$。当 $\Delta d > 0$，即出现正偏差 Δd^+，现实中降雨预报预见期 T_d 有限，故本书中 $\hat{d} \leqslant T_d$，自然连续无雨天数 d 可能会远超 T_d，取最长自然连续无雨天数为 d_m，则 $\max(\Delta d^+) = d_m - \hat{d}$。令 $\min(\Delta d^-) = d_1$，$\max(\Delta d^+) = d_2$，则 $\Delta d \in [d_1, d_2]$。

理论高斯分布通过均值、均方差控制分布特性，均值控制分布曲线的位置，均方差控制分布曲线的峰值及离散度，但是对于一般的峰态分布（不服从正态分布），只通过均方差这一个参数往往难以同时协调分布密度曲线的峰值和离散度。且相较于理论正态分布，Δd 具有一定的厚尾特性，故本书提出了一种改进的截断高斯分布，以高斯函数为基础构造分布密度函数。

高斯函数的形式为

$$y(\Delta d) = Ae^{-\frac{(\Delta d - \Delta d_c)^2}{2\omega^2}} \tag{4.18}$$

相较于一般的正态分布参数，该函数具有独立的系数 A，可以更灵活地控制峰值和离散度，线性的适应性更广，对服从一般峰态分布的数据拟合精度更高。

对于分布区间为 $[d_1, d_2]$ 的随机变量 Δd，需对以上高斯函数进行截断，以满足 Δd 落在 $[d_1, d_2]$ 内的概率为 1。为实现这一要求，可用上式所示的高斯函数除以一个正规化常数 $\int_{d_1}^{d_2} y(\Delta d) \mathrm{d}(\Delta d)$。因此，对于无雨期预报误差，该改进的截断高斯分布密度函数为

$$f(\Delta d) = \frac{Ae^{-\frac{(\Delta d - \Delta d_c)^2}{2\omega^2}}}{\int_{d_1}^{d_2} [Ae^{-\frac{(\Delta d - \Delta d_c)^2}{2\omega^2}}] \mathrm{d}(\Delta d)} \tag{4.19}$$

令 $\overline{A} = \dfrac{A}{\int_{d_1}^{d_2} [Ae^{-\frac{(\Delta d - \Delta d_c)^2}{2\omega^2}}] \mathrm{d}(\Delta d)}$，该分布密度函数具有以下性质：

(1) $\int_{d_1}^{d_2} f(\Delta d) \mathrm{d}(\Delta d) = 1$。

(2) $f(\Delta d)$ 在 Δd_c 处达到最大，最大值为 $\overline{A}$。Δd 离 Δd_c 越远，$f(\Delta d)$ 的值越小。

(3) 其他参数固定，$f(\Delta d)$ 峰值越高，尾部越低，如图 4.7(a)。
(4) 其他参数固定，ω 越大，$f(\Delta d)$ 曲线越矮胖(离散度越大)，如图 4.7(b)。
(5) 其他参数固定，改变 Δd_c 时，$f(\Delta d)$ 的图形沿 x 轴平移，且峰值降低，如图 4.7(c)。

(a) 分布密度示意图(A)　　(b) 分布密度示意图(ω)　　(c) 分布密度示意图(Δd_c)

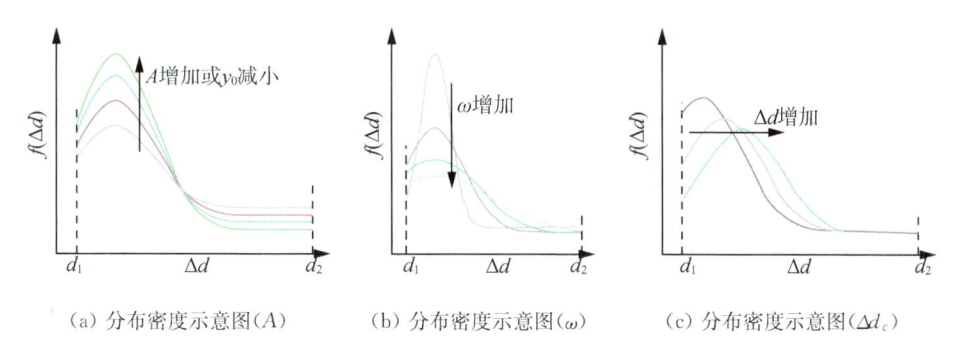

图 4.7　截断高斯分布密度示意图

基于无雨期预报误差分布，考虑不确定性的无雨天数 $\tilde{d}$ 可表示为

$$\tilde{d} = \hat{d} + \Delta d \tag{4.20}$$

4.3.2　洪水预报不确定性分析

实时洪水预报中水文气象信息、模型结构、模型参数等不确定性导致了预报误差，使预报入库洪水成为连续的随机过程，且实时洪水预报精度一般随着预见期的延长而降低。

定义 t 时段($t \leqslant \tau$)洪水预报相对误差 $\varepsilon(t)$ 为

$$\varepsilon(t) = \frac{Q_{fl}(t) - \hat{Q}_{fl}(t)}{\hat{Q}_{fl}(t)} \tag{4.21}$$

式中：$Q_{fl}(t)$ 为 t 时段实际入库流量；$\hat{Q}_{fl}(t)$ 为 t 时段预报入库流量。

在预报无系统偏差的条件下，可认为 $\varepsilon(t)$ 服从正态分布 $N(0, \sigma^2(t))$，$\sigma(t)$ 为 t 时段误差分布的标准差。一般情况下，各时段的 $\varepsilon(t)$ 是不同的，一般认为，距离作业预报时间越远，预报精度越低，相对误差的均方差越大，即 $\sigma(t)$ 随 t 的增长而增大，如图 4.8。

基于洪水预报误差的分布，可得到考虑不确定性的后续洪水初期入库流量：

$$\tilde{Q}_{fl}(t) = \hat{Q}_{fl}(t) \cdot [1 + \varepsilon(t)] \tag{4.22}$$

4.3.3　超蓄水量的不确定性分析

考虑 d、$Q_{fl}(t)$ 的不确定性，超蓄水量可表示为

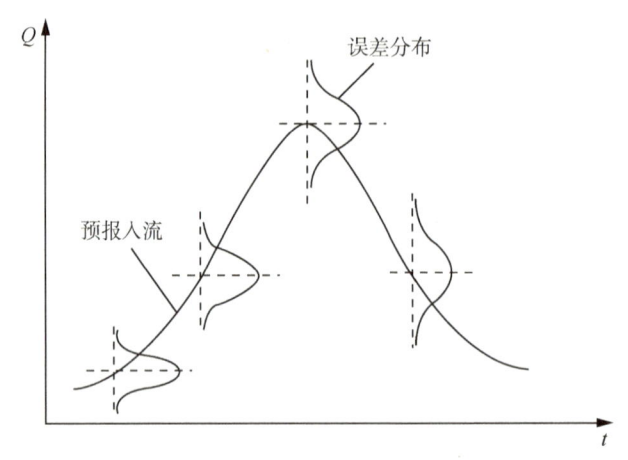

图 4.8 洪水预报误差分布示意图

$$\widetilde{W} = (q_m - \overline{Q}_{in})\tilde{d}\Delta t_1 + \sum_{t=1}^{\tau}[\alpha_0 q_s - \widetilde{Q}_{fl}(t)]\Delta t_2 \quad (4.23)$$

将式(4.20)、式(4.22)代入式(4.23)，并将超蓄水量分解为兴利预泄水量 $\widetilde{W}_1$ 和防洪预泄水量 $\widetilde{W}_2$ 两部分：

$$\widetilde{W}_1 = (q_m - \overline{Q}_{in})\Delta t_1 (\hat{d} + \Delta d) \quad (4.24)$$

$$\widetilde{W}_2 = \sum_{t=1}^{\tau}(\alpha_0 q_s - \hat{Q}_{fl}(t) \cdot [1+\varepsilon(t)])\Delta t_2 \quad (4.25)$$

则预泄 $\widetilde{W}$ 可表示为

$$\widetilde{W} = \widetilde{W}_1 + \widetilde{W}_2 \quad (4.26)$$

4.3.3.1 兴利预泄水量

由式(4.24)可知，兴利预泄水量的不确定性是无雨期预报误差 Δd 引起的，两者之间是单调增函数，已知 Δd 的分布密度，则根据随机变量函数分布理论，可推导出 $\widetilde{W}_1$ 的分布。

令 $(q_m - \overline{Q}_{in})\Delta t_1 = B$，$(q_m - \overline{Q}_{in})\Delta t_1 \hat{d} = C$，$\widetilde{W}_1$ 作为随机变量 X，则

$$X = g(\Delta d) = B\Delta d + C \quad (4.27)$$

若无雨期预报无系统偏差，即 $\Delta d_c = 0$，则 Δd 的分布密度函数为

$$f(\Delta d) = \overline{A} e^{-\frac{\Delta d^2}{2\omega^2}} \Delta d \in [d_1, d_2] \quad (4.28)$$

式(4.28)的反函数 $\Delta d = g^{-1}(x) = \dfrac{x-C}{B}$，对 x 求导 $\dfrac{\mathrm{d}g^{-1}(x)}{\mathrm{d}x} = \dfrac{1}{B}$

于是

$$f_X(x) = f_{\Delta d}[g^{-1}(x)]\frac{\mathrm{d}g^{-1}(x)}{\mathrm{d}x}$$

$$= \frac{1}{B}[\overline{A}\mathrm{e}^{-\frac{(x-C)^2}{2(B\omega)^2}} + \overline{y_0}] \tag{4.29}$$

式(4.29)即为兴利预泄水量的分布密度函数。由于 $\Delta d \in [d_1, d_2]$，所以 $X \in [Bd_1+C, Bd_2+C]$，由 $d_1 = -\hat{d}$ 可得 $Bd_1+C = 0$，令 $Bd_2+C = \overline{W}_1$，则 $X \in [0, \overline{W}_1]$。

4.3.3.2 防洪预泄水量

将式(4.25)变换为

$$\widetilde{W}_2 = \sum_{t=1}^{\tau}[\alpha_0 q_s - \hat{Q}_{fl}(t)]\Delta t_2 - \sum_{t=1}^{\tau}\hat{Q}_{fl}(t)\varepsilon(t)\Delta t_2 \tag{4.30}$$

根据式(4.30)可知 $\widetilde{W}_2$ 是 $\varepsilon(t)$ 的线性组合，假定各时段的洪水预报误差相互独立，由正态分布的线性可加性性质可知 $\widetilde{W}_2$ 也服从正态分布，将 $\widetilde{W}_2$ 作为随机变量 Y，则 $Y \sim N(\mu_2, \sigma_2^2)$。

对式(4.30)求数学期望，得到

$$\mu_2 = \sum_{t=1}^{\tau}[\alpha_0 q_s - \hat{Q}_{fl}(t)]\Delta t_2 \tag{4.31}$$

方差为

$$\sigma_2^2 = \sum_{t=1}^{\tau}[\hat{Q}_{fl}(t)\Delta t_2]^2 \sigma^2(t) \tag{4.32}$$

则防洪预泄水量的分布密度函数为

$$f_Y(y) = \frac{1}{\sqrt{2\pi}\sigma_2}\mathrm{e}^{-\frac{(y-\mu_2)^2}{2\sigma_2^2}} \tag{4.33}$$

4.3.3.3 总超蓄水量

将总超蓄水量 $\widetilde{W}$ 作为随机变量 Z，则 $Z = X + Y$，即 Z 为二元随机变量 X、Y 的函数。设无雨预报误差与洪水预报误差相互独立，则兴利预泄 X 与防洪预泄 Y 相互独立，由多元随机变量函数分布理论可推导出 $\widetilde{W}$ 的分布。为简化后续推导过程，令 $\frac{\overline{A}}{B} = A_1$，$C = \mu_1$，$B\omega = \sigma_1$，$\frac{\overline{y_0}}{B} = y_0'$，$\frac{1}{\sqrt{2\pi}\sigma_2} = A_2$，则 X、Y 的分布密度分别为

$$f_X(x) = A_1 e^{-\frac{(x-\mu_1)^2}{2\sigma_1^2}}, x \in [0, \overline{W}_1] \tag{4.34}$$

$$f_Y(y) = A_2 e^{-\frac{(y-\mu_2)^2}{2\sigma_2^2}} \tag{4.35}$$

此时，Z 的分布函数为

$$F_Z(z) = \iint_{x+y<z} f(x,y) \mathrm{d}x \mathrm{d}y = \int_0^{\overline{W}_1} \left[\int_{-\infty}^{z-x} f(x,y) \mathrm{d}y \right] \mathrm{d}x \tag{4.36}$$

式中：$f(x,y)$ 为 (X,Y) 的联合密度，若 X、Y 相互独立，则 $f(x,y) = f_X(x)f_Y(y)$。

将式(4.36)对 Z 求导得到 Z 的分布密度函数：

$$f_Z(z) = \int_0^{\overline{W}_1} \frac{d}{\mathrm{d}z} \left[\int_{-\infty}^{z-x} f(x,y) \mathrm{d}y \right] \mathrm{d}x = \int_0^{\overline{W}_1} f(x, z-x) \mathrm{d}x$$
$$= \int_0^{\overline{W}_1} f_X(x) f_Y(z-x) \mathrm{d}x \tag{4.37}$$

将式(4.34)、式(4.35)代入式(4.37)整理得到总超蓄水量的理论分布密度函数如下：

$$f_Z(z) = \sqrt{\frac{\pi}{2}} \frac{\sigma_1 \sigma_2}{\sigma_Z} A_1 A_2 \exp\left[-\frac{(z-(\mu_1+\mu_2))^2}{2\sigma_Z^2}\right] \left[-erf\left(\frac{\sigma_1^2(\mu_2-z)-\sigma_2^2\mu_1}{\sqrt{2}\sigma_1\sigma_2\sigma_Z}\right) \right.$$
$$\left. + erf\left(\frac{\overline{W}_1 \sigma_Z}{\sqrt{2}\sigma_1\sigma_2} + \frac{\sigma_1^2(\mu_2-z)-\sigma_2^2\mu_1}{\sqrt{2}\sigma_1\sigma_2\sigma_Z}\right) \right]$$
$$+ \sqrt{\frac{\pi}{2}} \sigma_2 y_0' A_2 \left[-erf\left(\frac{\mu_2-z}{\sqrt{2}\sigma_2}\right) + erf\left(\frac{\overline{W}_1+\mu_2-z}{\sqrt{2}\sigma_2}\right) \right] \tag{4.38}$$

其中，$\sigma_Z = \sqrt{\sigma_1^2 + \sigma_2^2}$，$erf(x) = \frac{2}{\sqrt{\pi}} \int_0^x e^{-t^2} \mathrm{d}t$。

4.3.4 风险评估与决策

根据预报预泄法的原理，超蓄水量应在预报期内通过兴利预泄与防洪预泄下泄出去，即在下一场洪水来临之前确保水库水位降至规定的水位值，不影响后续调洪。然而，超蓄水量的不确定性导致下一场洪水的起调水位也具有不确定性。在合理控制防洪风险的前提下确定超蓄水量对于水库洪水资源利用至关重要。

设下一场洪水的安全起调水位为 Z_{0m}，定义超蓄风险 P 为下一场洪水的起调水位高于安全起调水位的概率：

$$P = Prob(\widetilde{V}_0 > V_{0m}) \tag{4.39}$$

式中：$\widetilde{V}_0$ 为考虑不确定性的后续洪水起调水位对应的库蓄水量；V_{0m} 为 Z_{0m} 对

应的库蓄水量。

确定性超蓄水量越多,兴利效益越大,但相应的防洪风险也会越高。根据预报信息,确定超蓄水量上限 $\overline{W}_{确定}$ 为

$$\overline{W}_{确定} = (q_m - \overline{Q}_{in})\hat{d}\Delta t_1 + \sum_{t=1}^{\tau}[\alpha_0 q_s - \hat{Q}_{fl}(t)]\Delta t_2 = \mu_1 + \mu_2 \quad (4.40)$$

根据不同的无雨预报天数和安全泄量折扣系数,可确定出相应的超蓄水量 $W_{确定}$。

$$W_{确定} = (q_m - \overline{Q}_{in})\hat{d}\Delta t_1 + \sum_{t=1}^{\tau}[\alpha q_s - \hat{Q}_{fl}(t)]\Delta t_2 \quad (4.41)$$

式中:安全泄量折扣系数 α 满足 $\alpha_{\min} \leqslant \alpha \leqslant \alpha_0$。$\alpha_{\min} = \dfrac{\sum_{t=1}^{\tau}\hat{Q}_{fl}(t)}{q_s\tau}$,为保证防洪预泄水量非负所允许的最低安全泄量折扣系数。

设 V_x 为水库设计汛限水位(即预蓄的起始水位)所对应的库蓄水量,此时,$\widetilde{V}_0$ 可由下式计算:

$$\widetilde{V}_0 = V_x + W_{确定} - \widetilde{W} \quad (4.42)$$

将式(4.42)代入式(4.39)得

$$P = Prob(\widetilde{W} < W_{确定} + V_x - V_{0m}) \quad (4.43)$$

如图 4.9 所示,阴影部分即为超蓄风险率。风险率随着确定性超蓄水量的增加而增大。

若决策者可接受风险为 P_0,则 $Prob(\widetilde{W} < W_{确定} + V_x - V_{0m}) = P_0$,根据该式即可得到对应于可接受风险 P_0 的超蓄方案 $W_{确定}$,为决策者提供风险决策依据。

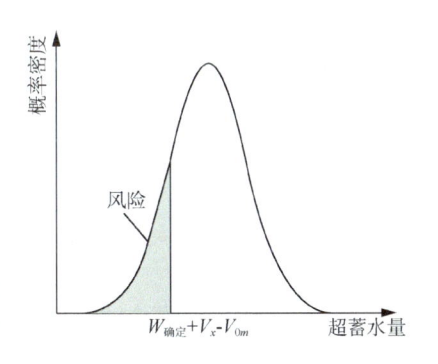

图 4.9 超蓄风险示意图

4.3.5 实例分析

响洪甸水库位于中国淮河西淠河上游,是以防洪、灌溉、发电为主要功能的大型水库,其流域水系及测站分布参见图 4.10。西淠河流域降雨时空分布极不均匀,汛期洪涝灾害频发,同时,该流域人口稠密、耕地率高,水资源利用问题突出,因此,在汛期实施洪水资源利用对于缓解水资源供需矛盾具有十分重要的意义。

4.3.5.1 连续无雨预报不确定性分析

在 TIGGE 预报模式中,欧洲中期天气预报中心(ECMWF)的表现较好。本书采

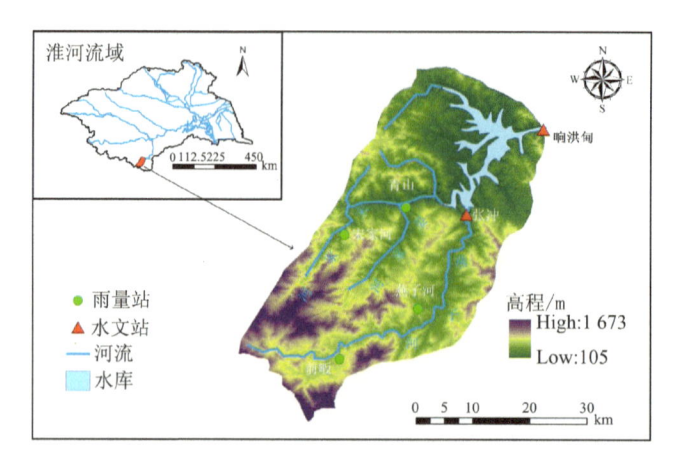

图 4.10 响洪甸水库流域水系测站分布示意图

用 2007—2015 年汛期(6—9 月)ECMWF 的预报降雨数据与实测气象站降雨数据进行无雨期预报误差统计,总样本数为 1 098。由于小量级降雨产流量很小,淮河流域日降雨量<5 mm 基本不产流,本书将日降雨量<5 mm 的情况统称为无雨。

ECMWF 的最长预报时长为 15 d,不同预报时长的预报精度不同,一般来说,预报时长越大,精度越低,不确定性越大,所以本书分别统计预报无雨天数为 1,2,…,15 d 的预报天数误差,得到如图 4.11 所示的误差频率分布直方图,从左至右依次对应预报无雨天数为 1,2,…,15 d;统计预报无雨天数频率分布直方图如图 4.12~图 4.18。

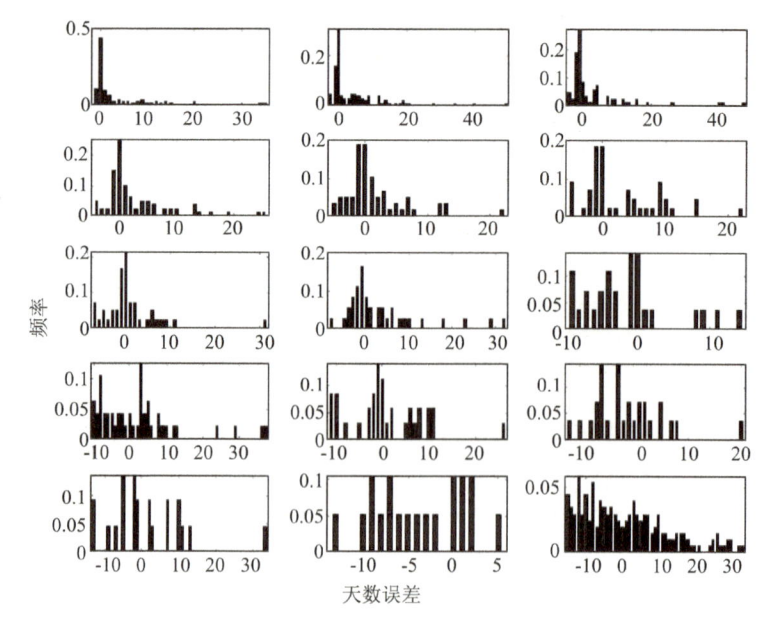

图 4.11 无雨预报误差频率分布直方图

可见预报误差随着预报无雨天数的增加而增大，预报期过长时精度较差，由于风险是在 $\Delta d < 0$ 时产生的，取 $P(\Delta d < 0) \leqslant 0.45$ 作为可利用的预报无雨天数，得到可利用最长预报无雨天数为 7 d。故取 7 d 作为可利用最长预报无雨天数。采用改进的截断高斯分布分别对预报时长 1~7 d 无雨的预报误差进行概率密度拟合。选最长自然连续无雨天数为 30 d，即无雨期预报误差 Δd 的范围 $d_2 - d_1 = 30$，左截断点（最小值）$d_1 = -\hat{d}$，右截断点（最大值）d_2 即为 $30 - \hat{d}$。拟合结果见表 4.7。

表 4.7 连续无雨预报误差拟合参数

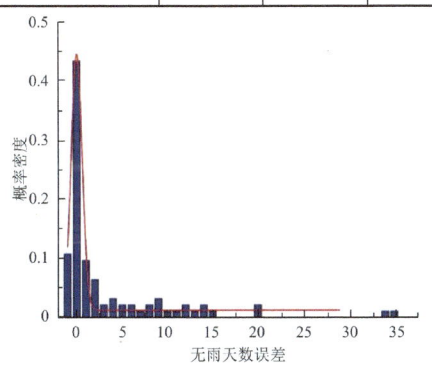

参数	预报天数/d						
	1	2	3	4	5	6	7
$\overline{A}$	0.43	0.30	0.27	0.24	0.18	0.17	0.20
x_c	0	0	0	0	0	0	0
ω	0.60	0.78	0.90	0.95	1.20	1.32	1.33
$\overline{y_0}$	0.013	0.014	0.013	0.015	0.015	0.014	0.011

图 4.12 连续无雨天数为 1 d 预报误差频率发布直方图

图 4.13 连续无雨天数为 2 d 预报误差频率分布直方图

图 4.14 连续无雨天数为 3 d 预报误差频率分布直方图

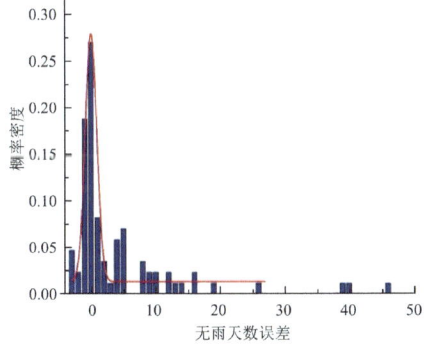

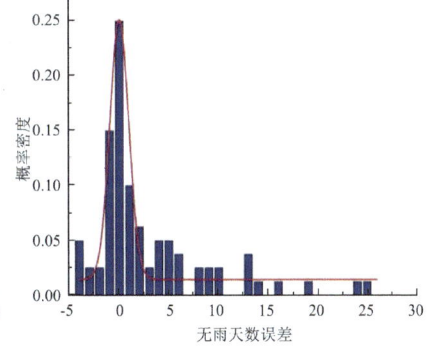

图 4.15 连续无雨天数为 4 d 预报误差频率分布直方图

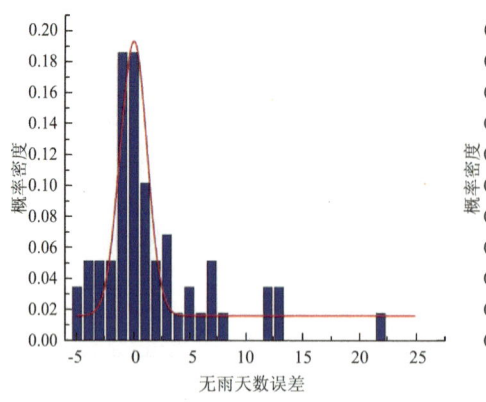

图 4.16　连续无雨天数为 5 d 预报误差频率分布直方图

图 4.17　连续无雨天数为 6 d 预报误差频率分布直方图

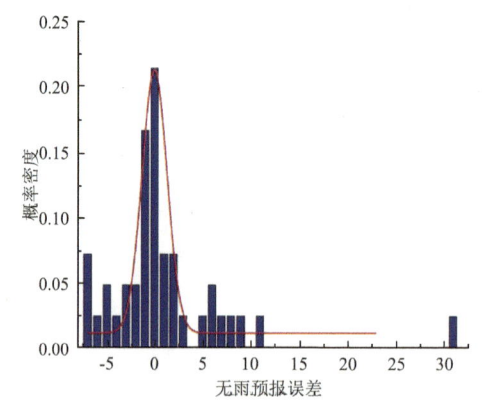

图 4.18　连续无雨天数为 7 d 预报误差频率分布直方图

从而得到一簇相应于不同无雨期预报时长的分布密度曲线，如图 4.19 所示。

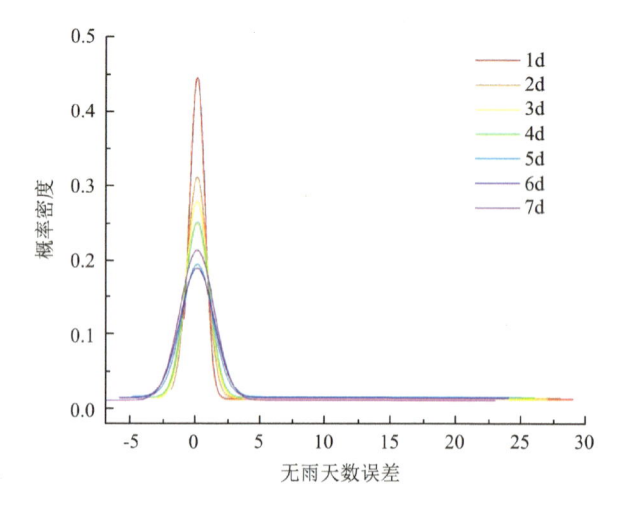

图 4.19　连续无雨期预报误差分布密度

从上图可以看出,预报时长越小,误差密度曲线就越"尖瘦",即预报可靠性越高,因此采取较小无雨预报时长的不确定性较低,洪水资源利用的风险较小。

4.3.5.2 洪水预报不确定性分析

响洪甸水库现行预报系统实行预报时长为 48 h 的滚动预报,预报精度可达乙级精度水平,有效预见期 τ 为 9 h。由于缺乏不同时刻的误差分布信息,本书假定预报相对误差随时间线性递增,并认为当前时刻预报结果 100%准确,在有效预见期 τ 的最后一个时段,预报水平为乙级精度。根据水文预报结果评定准则,乙级精度合格率要求为 70%~85%,即预报相对误差分布在许可误差 ε_0 之内的概率为 70%~85%,如图 4.20 所示。

取许可误差 ε_0 为 20%,保守计算,取 $P(|\varepsilon|\varepsilon_0)=70\%$,可得

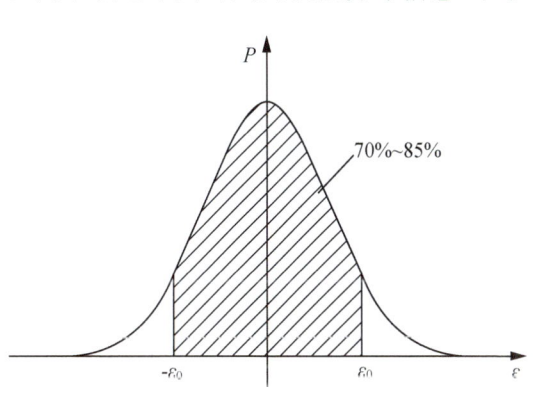

图 4.20 预报乙级精度示意图

到相对误差均方差为 0.19,即 $\sigma(\tau)=0.19$。对有效预见期之内的时段误差均方差做线性内插,即

$$\sigma(t) = \frac{\sigma(\tau)}{\tau}t, t=0,1,2,\cdots,9 \tag{4.44}$$

式中:$\sigma(t)$ 为 t 时刻预报入库流量相对误差的均方差。

4.3.5.3 超蓄水量不确定性

选择一场洪水退水过程如图 4.21。

响洪甸水库兴利用水流量为 200 m³/s,下游河道安全泄量为 2 500 m³/s,安全泄量折扣系数 α_0 取 0.5,由于下一场洪水是 d 天之后发生的,目前无法预报,以百年一遇设计洪水作为预报的后续洪水过程 $Q_{fl}(t)$。

根据兴利预泄水量 $\widetilde{W}_1$ 及防洪预泄水量 $\widetilde{W}_2$ 分布密度函数的推导过程,可计算得到式(4.29)、式(4.33)中的各参数,见表 4.8、表 4.9。

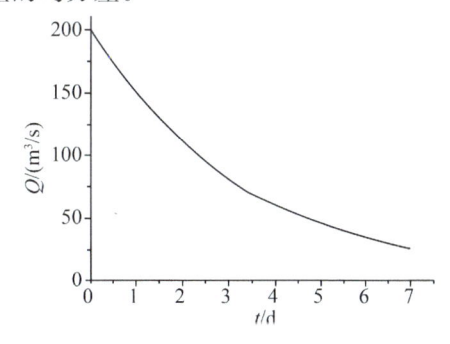

图 4.21 洪水退水流量过程线

表 4.8　兴利预泄水量的分布参数

参数	预报天数/d						
	1	2	3	4	5	6	7
A_1	0.19	0.07	0.05	0.03	0.02	0.02	0.02
μ_1	2.23	8.35	17.50	28.78	41.56	55.41	70.06
σ_1	1.34	3.26	5.25	6.84	9.98	12.19	13.31
y'_0	0.01	0.00	0.00	0.00	0.00	0.00	0.00
$\overline{W}_1$	67.01	125.28	175.01	215.89	249.39	277.05	300.26

表 4.9　防洪预泄水量的分布参数

参数	A_2	μ_2	σ_2
取值	0.44	19.47	0.90

最终对式(4.38)采用数值计算方法得到无雨天数 1~7 d 的总超蓄水量的分布密度,如图 4.22 所示。

4.3.5.4　风险评估与决策

设安全起调水位 Z_{0m} 为设计汛限水位。计算得安全泄量折扣系数最小值 $\alpha_{\min}=0.26$。已知不同预报无雨日超蓄水量的分布密度函数,变动 α 可根据式(4.41)计算不同 $W_{确定}$,再由式(4.43)得到相应的风险率,分别进行两个不确定性因子的重要性分析、风险决策分析、下游安全裕度与风险的置换关系分析。

将 $\tilde{d}$、$\tilde{Q}_{fl}(t)$ 两个风险因子做对比分析,筛选出主要影响因子。首先,在预报乙级精度的条件下,不同的预报无雨日(即不同的无雨预报精度)对应的风险结果如图 4.23 所示。由图 4.23 可知,对于某一 α 值,风险与预报无雨天数呈单增关系。在水库汛限水位动态控制过程中,决策者采用较长的无雨预报时长,虽可增加供水,但相应的也会增大超蓄的防洪风险。

其次,考虑甲、乙、丙不同的洪水预报

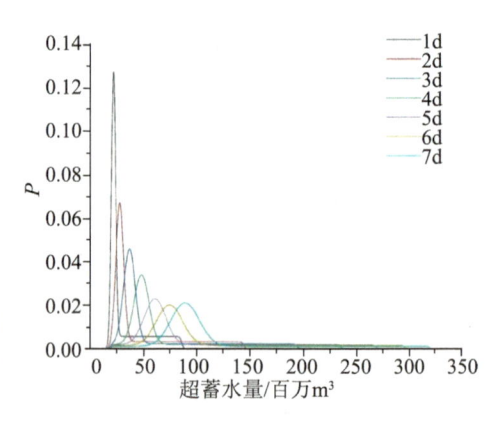

图 4.22　超蓄水量分布密度

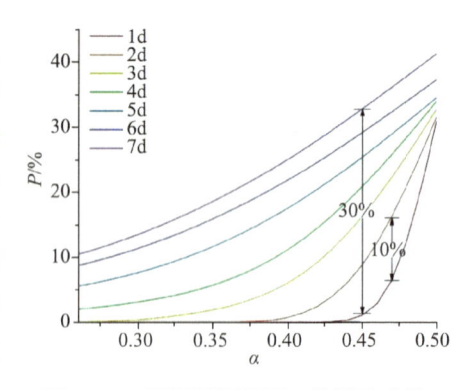

图 4.23　不同预报无雨日的风险曲线

精度等级,可得到相应于不同预报无雨日的风险结果。结果表明,当预报无雨日超过 3 d 时,不同等级的洪水预报精度的风险曲线几乎一致。图 4.24~图 4.27 分别为预报无雨日为 1~4 d 的不同洪水预报精度等级的风险曲线。

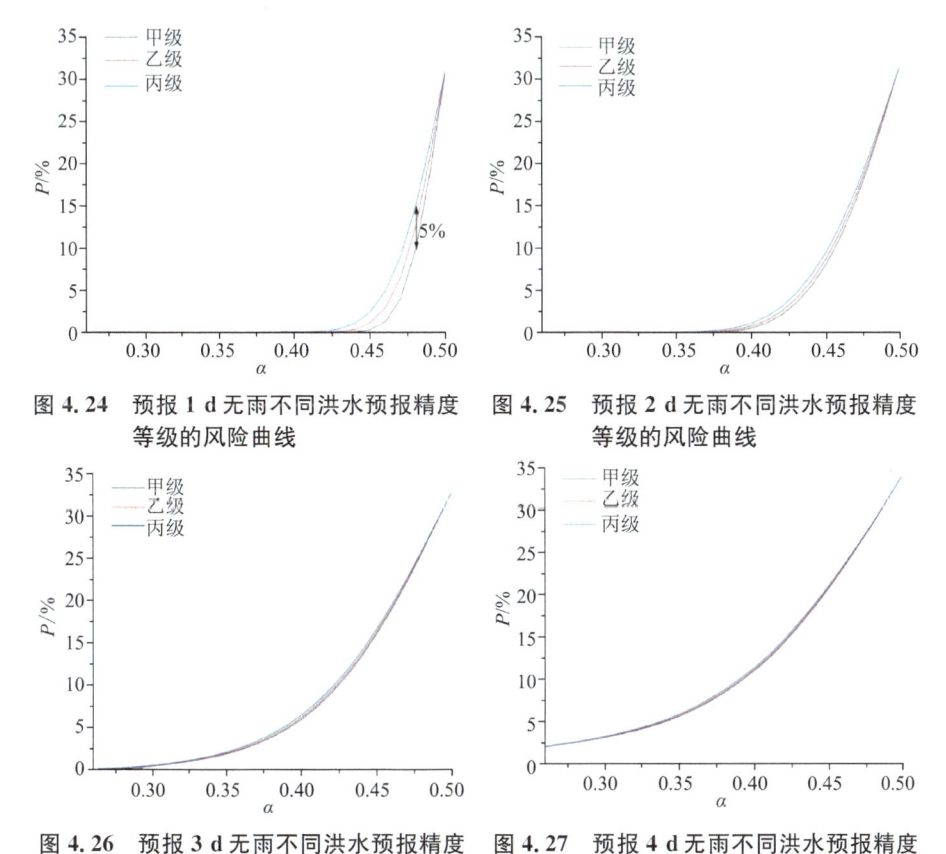

图 4.24 预报 1 d 无雨不同洪水预报精度等级的风险曲线

图 4.25 预报 2 d 无雨不同洪水预报精度等级的风险曲线

图 4.26 预报 3 d 无雨不同洪水预报精度等级的风险曲线

图 4.27 预报 4 d 无雨不同洪水预报精度等级的风险曲线

不同预报无雨日的风险值差异最大可达到 30%(1 d 与 7 d,α=0.45),相邻的预报无雨日的风险差异最大可达到 10%(1 d 与 2 d,α=0.47);然而不同洪水预报精度的风险差异最大仅 5%(α=0.48),因此,相较于洪水预报精度,无雨预报精度对超蓄风险影响显著,$\tilde{d}$ 为主要风险因子。

由图 4.23 可知,预报无雨日越大,不同洪水预报精度的风险值差异越小。当预报无雨日超过 3 d 时,可以忽略不同的洪水预报精度对风险的影响。当预报无雨日低于 3 d,尤其是 1 d 时,不同洪水预报精度的风险曲线存在明显差异,洪水预报精度对风险也具有较为显著的影响,即 $\hat{d}=1$ 时,可认为 $\widetilde{Q}_{fl}(t)$ 为次要影响因子,此时,提高洪水预报精度等级对于调控超蓄风险有着重要意义。

根据不同预报无雨日和不同的安全泄量折扣系数,计算不同的超蓄方案 $W_{确定}$ 相应的风险率,得到 P-d-α 关系图如图 4.28。

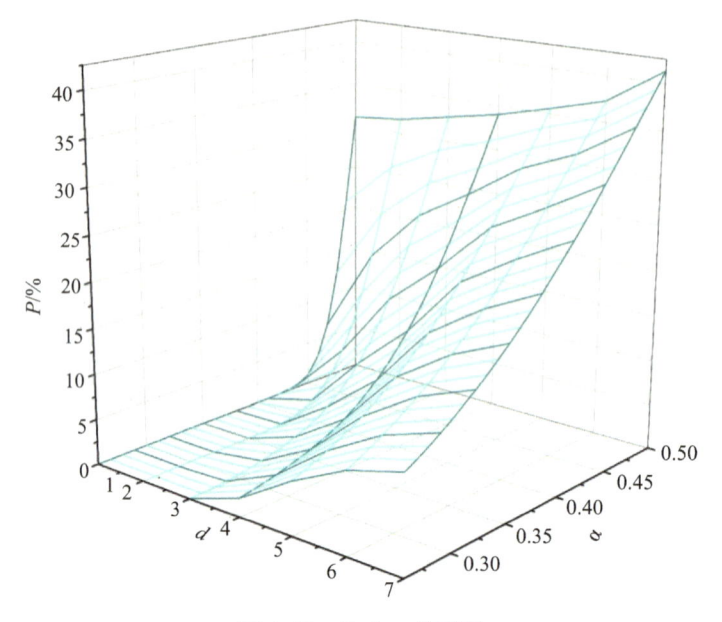

图 4.28 P-d-α 关系图

从图 4.28 可以看出,随着 d、α 的增大,风险率也逐渐增大,且增率递增。当 d、α 控制在一定范围时,超蓄风险率几乎可以降为 0。为提供决策依据,绘制三维风险图的投影等值线如图 4.29 所示。

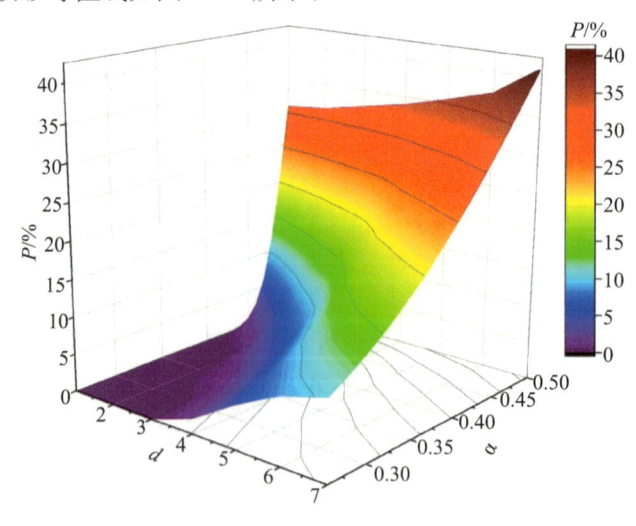

图 4.29 P-d-α 关系图及其投影等值线

图 4.29 投影到 xy 平面的风险等值线如图 4.30 所示。在风险相同时,d 与 $α$ 为互补关系。对于一个给定的可接受风险 P_0,根据该图即可确定最大可采用的无雨时长及安全泄量折扣系数。若决策者较为保守,侧重于防洪安全,即可接

受风险较低,那么在确定超蓄方案时就采用较小的 d、α;若决策者更偏向于兴利效益,即可接受风险较高,则可采用较大的 d、α。

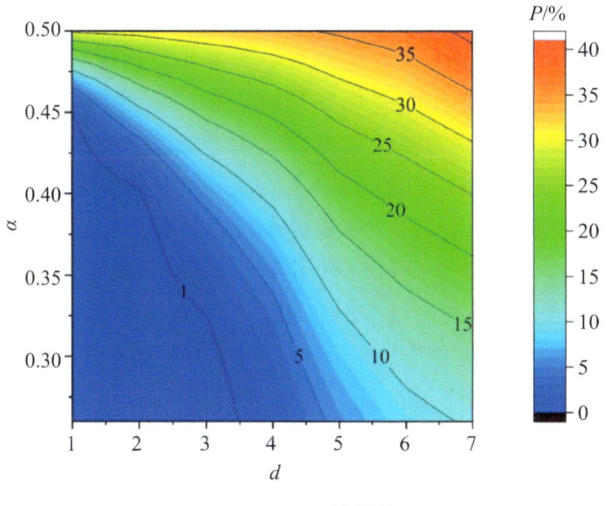

图 4.30 风险等值线图

该等值线图可以为决策者提供风险决策依据,通过风险等值线设定允许的最大安全泄量折扣系数以确定超蓄方案,可以有效降低超蓄风险,实现洪水资源的高效利用。

4.3.6 结论

洪水资源利用可提高汛末水库的兴利效益,但预报信息的不确定性也会增加防洪风险。本节对预报预泄法所确定的超蓄水量进行风险因子识别,综合考虑无雨预报和洪水预报误差,从而推导出超蓄水量的分布,进行超蓄风险分析。主要结论总结如下:

(1) 以无雨期预报误差刻画连续无雨日的不确定性,统计结果表明预报精度随着预报时长的增加而降低。

(2) 基于无雨期预报、洪水预报误差分布可推导得到超蓄水量的分布。

(3) 超蓄风险与采用的预报无雨天数成正相关关系,不同洪水预报精度等级对风险的影响仅在预报无雨日低于 3 d 时存在差异。

(4) 确定超蓄水量时,合理选择无雨天数和安全泄量折扣系数可有效控制风险。

(5) 在相同的可接受风险的前提下,为下游预留的安全裕度越多,确定的超蓄水量越少。

4.4 水库洪水资源利用风险对冲模型及规则

制定水库调度的最优下泄决策需要气象和水文预报信息的支持[151-153],但由于预报技术的局限性,预报误差仍然是调度不确定性的主要来源。量化拦蓄洪水的潜在风险,对于水库调度决策过程具有重要意义。以往研究以不确定的预报条件下蓄洪超过安全阈值的概率或预期后果[154]作为衡量洪灾风险的标准,并据此构建了模拟调度模型,以寻求蓄洪水位(或汛限水位)和洪灾风险之间的平衡[155-156]。此外,一些研究在可接受的风险水平下确定了合适的蓄洪方案。例如,Xiang 和 Zhou 等将来水预报误差和洪水过程线形状的差异作为不确定性来源,建立了蒙特卡罗模拟模型,在不增加洪灾风险的前提下确定汛限水位的变化范围[155,157];Tan 等开发了蓄泄调节模型,利用 Copula 函数来求解上下游洪水的相关性,进而推导梯级水库系统的汛限水位[158];Chen 等通过求解上下游水库间的水力联系,建立了模拟梯级水库系统的联合蓄洪策略的组成和分解模型框架[159]。为了避免模拟模型中求得的次优解,模型还利用多目标优化的思想,引入洪水利用效益和洪灾风险等目标参与模型优化[157,160]。由于洪水资源利用及其风险与蓄洪水位呈正相关,解决二者之间的矛盾需要通过多目标规划方法[161],模型中又进一步引入了综合决策者偏好的权衡分析[162]。

水库实时优化调度是在预见期来水不完全已知,具有较大的不确定性的条件下,通过制定水库蓄泄的时程分配策略使总成本或总效益达到最优;与金融领域在收益不确定时,制定最优投资组合策略的投资组合优化决策类似[163]。对冲在金融学上指在两个投资收益不确定的情况下,利用优化投资组合减小甚至消除总风险,通过将对冲的概念引入水库调度,解决了不确定条件下有限资源配置的决策冲突[164-165]。在将水库调度模型简化为两阶段(当前和未来)决策问题的条件下,Zhang 等[154]推导出对冲规则(HRs)来解决供水[163,166-167]、防洪[168]、蓄水[169]、发电[161,170],以及水库预泄[170]等方面的调度问题。两阶段对冲规则的优势在于其根据最优性原理阐述了优化机制,揭示了在寻求竞争性资源配置平衡时,最优决策理论上遵循相同的边际效益机制,同时也说明了约束条件对决策和目标函数的影响。Ding 等建立了两阶段(预蓄和预泄)水库调度对冲模型来解决洪水蓄泄的兴利效益与防洪风险问题[145]。该模型假设在预蓄阶段前一段时间内的预报为准确值,以此确定洪水资源的分配利用;同时,也考虑了在预泄阶段来流预报的不确定性对洪灾风险的影响。在此基础上,引入决策者对蓄洪损失和洪灾风险的偏好,将矛盾目标进行综合,最终利用最优性条件分析得出对冲结果。

解决水库实施洪水资源利用面临的防洪-兴利两难问题,关键在于如何处理防洪风险。适度利用洪水资源要求水库及防灾减灾体系可适当承担防洪风险。在适当承担防洪风险的前提下进行资源化利用,可有效对冲水资源短缺或洪水资源利用不足的风险,协调防洪-兴利矛盾。因此,本节在以往水库调度风险对冲模型及规则的研究基础上进行拓展,构建水库洪水资源利用实时调控三阶段风险对冲模型,主要研究内容包括:

(1) 辨识洪水资源利用过程中的风险源与风因素,建立风险对冲模型;

(2) 推导求解基于风险对冲理念的最优超蓄水量决策规则并揭示优化原理;

(3) 分析风险在不同调度运行条件下的转换机制,验证对冲规则效果。

4.4.1 预蓄预泄调度规则

为分析风险对冲规则的效果,以基于预蓄预泄方法的洪水资源利用规则作为基准进行对比。本节主要介绍基于预蓄预泄的洪水资源利用超蓄规则构建方法。

水库洪水资源利用的调度期大致可分为预蓄、兴利预泄以及防洪预泄三个阶段,如图 4.31 所示。对于同时承担防洪和供水任务的综合利用水库,可将前次洪水退水阶段(预蓄阶段)的部分退水水量拦蓄,并在后续洪水来临之前将蓄存的水量在预泄阶段由兴利及防洪途径消化。所以,各阶段预报来水具有如下特征:在预蓄阶段,预报流量 $\overline{q_1}$ 高于需水流量 $\overline{D}(\overline{q_1} \geqslant \overline{D})$;在兴利预泄阶段,预报流量 $\overline{q_2}$ 低于需水流量 $\overline{D}(\overline{q_2} \leqslant \overline{D})$;在防洪预泄阶段,预报流量 $\overline{q_3}$ 高于需水流量 $\overline{D}(\overline{q_3} \geqslant \overline{D})$。在预蓄阶段确定的计划超蓄水量取决于后续两个阶段可预泄的水量之和:

$$\Delta W = (D_2 - \overline{I_2}) + (R_3^u - \overline{I_3}) \tag{4.45}$$

式中:ΔW 为计划超蓄水量;$\overline{I_i}$ 为由气象-水文预报提供的第 i 阶段的预报来水量,$\overline{I_i} = \overline{q_i} \cdot T_i \cdot \Delta t$;$T_i$ 为第 i 阶段(预蓄阶段 $i=1$,兴利预泄阶段 $i=2$,防洪预泄阶段 $i=3$)的时段数,其中 T_3 即水文预报的预见期,约等于流域平均汇流时间;Δt 为每个时段的时段长;D_i 为第 i 阶段的预报需水量,$D_i = \overline{D} \cdot T_i \cdot \Delta t$;$R_3^u$ 表示水库下游安全泄量对应的不造成下游洪灾的最大下泄量。

将计划超蓄水量叠加到原设计汛限水位对应蓄量上,即得到本场预蓄阶段末计划超蓄水位,计算公式如下:

$$V_1^d = \min\{V_0 + \overline{I_1} - D_1, Vu, \Delta W\} \tag{4.46}$$

式中:V_1^d 为预蓄预泄规则求得的超蓄水量结果;V_0 为第 1 阶段初水库相对蓄水量;Vu 为汛限水位动态变化的上限值,介于汛限水位和正常蓄水位间的结合库容。为方便分析,本节中蓄量取相对蓄量,即相对于设计汛限水位对应蓄水量的

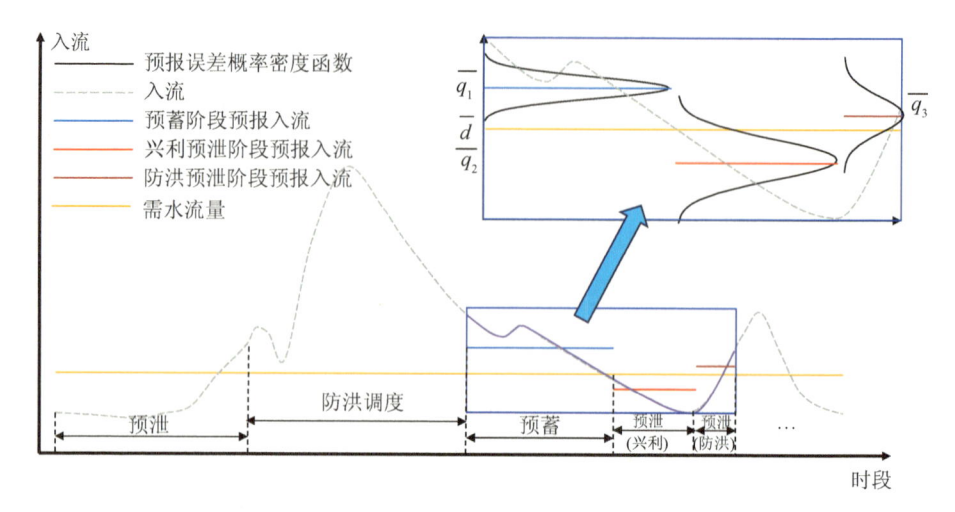

图 4.31 基于预蓄预泄法的水库洪水资源利用调控示意图

差值,所以,设计汛限水位对应相对蓄水量为 0。

可见,传统基于单一过程预报信息的超蓄水量预蓄预泄规则并未量化预报误差及其影响,利用该规则并未直接确定如何应对不确定性及其风险。

4.4.2 三阶段风险对冲模型

受预报不确定性影响,实现洪水资源利用的关键在于考虑入库洪水不确定性的条件下确定最优超蓄水量以协调防洪风险与欠蓄风险矛盾冲突,形成风险决策问题。由于这两种风险都可能造成经济损失,并且在时间尺度上形成此消彼长的矛盾关系,因此可以引入风险对冲的思想来建模求解。

4.4.2.1 风险定义

目前一般认为预报不确定性,即预报误差,为水库实时调度的主要风险源,定义为在第 i 阶段的预报来水量 $\overline{I_i}$ 和实际来水量 I_i 之差:

$$\varepsilon_i = I_i - \overline{I_i}, \quad i = 1,2,3 \tag{4.47}$$

采用误差分析方法确定预报误差的分布及参数。

考虑预报误差影响下,洪水资源利用超蓄及预泄过程中面临以下两类风险:

1. 欠蓄风险

计划超蓄水量太少,资源利用不足导致后续枯水段产生的水资源短缺风险甚至是汛末蓄水不足的欠蓄风险。当枯水段来水不足时,汛期水库供水一般通过消落蓄量的方式补充水量,一般情况下水资源短缺的风险较小;此外,由于实际调度过程中难以获取预见期可支撑汛末蓄水调度期的长期预报信息,汛末蓄水的欠蓄风险难以准确度量。因此,本书将欠蓄风险定义为计划超蓄水量未达到一定水平的可能性及其影响。具体与超蓄水量规则确定的预蓄水量结果 V_1^d 相比,当预蓄阶段实际超蓄水量 V_1 小于 V_1^d 时,认为产生欠蓄风险,对应风险率 P_s 定义为

$$P_s = Prob(V_1 \leqslant V_1^d) \tag{4.48}$$

2. 防洪风险

防洪风险主要产生在防洪调度段,主要指防洪系统调度过程中水库、防洪点的安全指标超标产生的可能性及其损失;防洪风险既来源于防洪调度过程中的洪水预报误差,同时也受洪水资源利用中汛限水位未能消落到设计汛限水位造成的侵占防洪库容的影响。考虑到在预蓄阶段难以完全、精确获取下一场洪水的预报信息,并且洪水资源利用所增加的防洪风险与超蓄水量呈正向关联关系,本节对防洪风险进行简化估计:假设超蓄水量在防洪预泄阶段末全部下泄,即调度期末水位限定为汛限水位($V_3 = 0$),以预泄阶段产生的下游防洪风险近似替代。在防洪预泄过程中,预泄阶段的下泄水量 R_3 的计算公式为

$$R_3 = \overline{V_1} + \overline{I_2} + \overline{I_3} - D_2 + \varepsilon_1 + \varepsilon_2 + \varepsilon_3 \tag{4.49}$$

式中:$\overline{V_1}$ 为第 1 阶段末期望蓄水量。

因此,R_3 同时受三个阶段的水量预报误差 ε_1、ε_2 和 ε_3 的影响。因此,当低估来水时可能导致防洪预泄 R_3 超过下游河道安全泄量 R_3^u,造成下游防洪风险,对应风险率 P_d 定义为

$$P_d = Prob(R_3 \geqslant R_3^u) \tag{4.50}$$

4.4.2.2 模型结构

上述两项风险指标因超蓄水量的大小形成直接矛盾关系:超蓄水量越多,欠蓄风险越小,防洪风险越大;反之,超蓄水量越少,欠蓄风险越大,防洪风险越小。综合考虑两种风险造成的损失影响,采用权重系数构建加权总风险最小的风险对冲模型:

1. 目标函数

$$\min L = \omega_s[\overline{I_1}, \overline{I_2}] \cdot P_s + \omega_d[\overline{I_1}, \overline{I_2}] \cdot P_d \tag{4.51}$$

式中:$\omega_s[\cdot]$ 和 $\omega_d[\cdot]$ 表示了根据决策者偏好与风险损失共同确定的权重函数,为方便说明,下文中分别用 ω_s 和 ω_d 表示。

2. 约束条件

(1)水量平衡约束:

$$V_i = V_{i-1} + I_i - R_i, \quad i = 1,2,3 \tag{4.52}$$

(2) 下泄水量约束：

$$R_{1\ min} \leqslant R_1 \leqslant R_{1\ max} \tag{4.53}$$

$$R_2 = D_2 \tag{4.54}$$

$$R_{3\ min} \leqslant \overline{R_3} \leqslant R_{3\ max} \tag{4.55}$$

式中：$R_{i\ min}$ 和 $R_{i\ max}$ 分别表示第 i 阶段下泄量的上下限；$\overline{R_3}$ 为 R_3 的期望值。对应的水量上下限可结合水库调度的限制条件，根据下式确定：

$$R_{1\ min} = D_1, \quad R_{1\ max} = R_1^c \tag{4.56}$$

$$R_{3\ min} = D_3, \quad R_{3\ max} = R_3^c \tag{4.57}$$

式中：R_i^c 为阶段 i 水库各泄水设施的总下泄能力。

(3) 初始条件与边界条件：

$$V_0 = Vs, \quad V_3 = 0 \tag{4.58}$$

式中：Vs 为初始蓄水量；末期蓄水量设为 0。

当 $\overline{I_i}$、$\sigma_{\varepsilon_i}^2$、D_i、Vu、Vs、R_i^u 和 R_i^c 等给定时，通过求解三阶段优化模型可以得到 R_1、$\overline{R_3}$ 和 $\overline{V_1}$ 的最优决策，从而得到当前阶段下泄量的调度策略和期望超蓄水量的水库调度规则。

4.4.3　解析解与对冲规则

洪水资源利用的实时调控风险源自于预报误差，不确定性随水库蓄量调节作用沿时程传导，具体如下：

$$V_1 = \underbrace{V_0 + \overline{I_1} - R_1}_{\overline{V_1}} + \varepsilon_1 \tag{4.59}$$

$$V_2 = V_1 + \overline{I_2} + \varepsilon_2 - D_2 \tag{4.60}$$

$$V_3 = V_2 + \overline{I_3} + \varepsilon_3 - R_3 \tag{4.61}$$

$$R_3 = \underbrace{\overline{V_1} + \overline{I_2} + \overline{I_3} - D_2}_{\overline{R_3}} + \underbrace{\varepsilon_1 + \varepsilon_2 + \varepsilon_3}_{\varepsilon} \tag{4.62}$$

其中，V_1 考虑了预报误差 ε_1 的影响，而 R_3 则考虑了三个阶段总误差的影响；可见，误差随蓄量的调节作用存在传递影响（如图 4.32）。

4.4.3.1　模型转换

根据式(4.59)～式(4.62)，参见图 4.32，欠蓄风险 P_s 和防洪风险 P_d 可以表示为 $\overline{V_1}$ 的函数，如式(4.63)和式(4.64)所示：

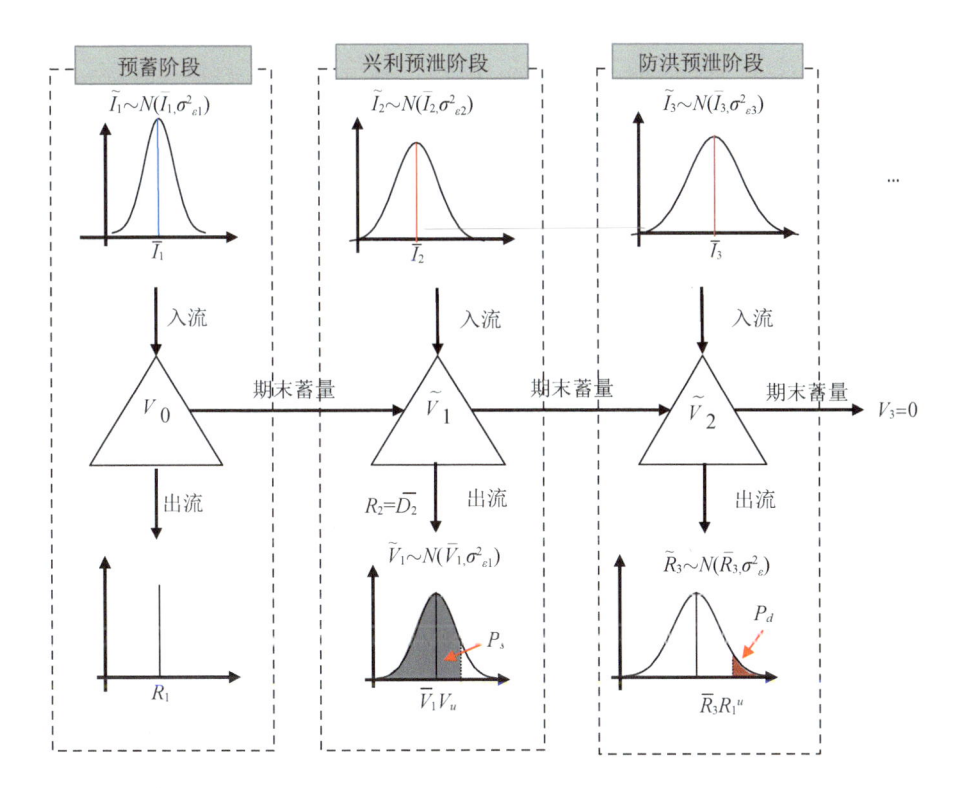

图 4.32　水库洪水资源利用实时调控过程中风险三阶段传递示意图

$$\begin{aligned}P_s &= Prob(V_1 \leqslant V_1^d) \\ &= Prob(\overline{V_1} + \varepsilon_1 \leqslant V_1^d) \\ &= Prob(\varepsilon_1 \leqslant V_1^d - \overline{V_1}) \\ &= \int_{-\infty}^{V_1^d - \overline{V_1}} p(\varepsilon_1) d\varepsilon_1 \end{aligned} \quad (4.63)$$

$$\begin{aligned}P_d &= Prob(R_3 \geqslant R_3^u) \\ &= Prob(\overline{R_3} + \varepsilon \geqslant R_3^u) \\ &= Prob(\overline{V_1} + \overline{I_2} + \overline{I_3} - D_2 + \varepsilon \geqslant R_3^u) \\ &= Prob(\varepsilon \geqslant R_3^u - (\overline{V_1} + \overline{I_2} + \overline{I_3} - D_2)) \\ &= \int_{R_3^u - (\overline{V_1} + \overline{I_2} + \overline{I_3} - D_2)}^{+\infty} p(\varepsilon) d\varepsilon \end{aligned} \quad (4.64)$$

式中：$p(\cdot)$ 为误差分布的概率密度函数。

因此，由总风险 L 表示的目标函数可以描述为

$$\begin{aligned}\min L &= \omega_s \cdot P_s + \omega_d \cdot P_d \\ &= \omega_s \cdot \int_{-\infty}^{V_1^d - \overline{V_1}} p(\varepsilon_1) \mathrm{d}\varepsilon_1 + \omega_d \cdot \int_{R_3^u - (\overline{V_1} + \overline{I_2} + \overline{I_3} - D_2)}^{+\infty} p(\varepsilon) \mathrm{d}\varepsilon \end{aligned} \quad (4.65)$$

$\overline{V_1}$ 的范围由下式确定：

$$V_{1\,\min} \leqslant \overline{V_1} \leqslant V_{1\,\max} \quad (4.66)$$

式中：$V_{1\,\min}$ 和 $V_{1\,\max}$ 分别表示 $\overline{V_1}$ 的上下限，可由上述方程组得到具体取值：

$$V_{1\,\min} = \max\{V_0 + \overline{I_1} - R_{1\,\max}, \overline{I_3} + D_2 - \overline{I_2} - R_{3\,\max}\} \quad (4.67)$$

$$V_{1\,\max} = \min\{V_0 + \overline{I_1} - R_{1\,\min}, \overline{I_3} + D_2 - \overline{I_2} - R_{3\,\min}\} \quad (4.68)$$

根据以上描述，两阶段模型可被转换为单变量优化模型，进而可利用一阶优化条件，即库恩-塔克条件（KKT）进行求解。

4.4.3.2 可行性条件和最优性条件

1. 可行性条件

式(4.66)~式(4.68)描述了 $\overline{V_1}$ 的可行域，可推导出满足 $V_{1\min} \leqslant V_{1\max}$ 的可行性条件，如式(4.69)~式(4.70)所示：

$$V_0 + \overline{I_1} - R_{1\,\max} \leqslant \overline{I_3} + D_2 - \overline{I_2} - R_{3\,\min} \quad (4.69)$$

$$\overline{I_3} + D_2 - \overline{I_2} - R_{3\,\max} \leqslant V_0 + \overline{I_1} - R_{1\,\min} \quad (4.70)$$

将 $V_0 + \overline{I_1}$ 表示为预蓄段期望总水量 A，得到 A 的可行域如下：

$$\overline{I_3} + D_2 - \overline{I_2} - R_{3\,\max} + R_{1\,\min} \leqslant A \leqslant \overline{I_3} + D_2 - \overline{I_2} - R_{3\,\min} + R_{1\,\max} \quad (4.71)$$

图 4.33 是基于 A 和预泄阶段预报水量差（$\overline{I_3} - \overline{I_2}$）确定最优出库水量的对冲规则示意，其中 SWA 和 EWA 分别表示对冲曲线与出库水量上下限的交点。图 4.33 表示的对冲规则为根据 A 的水量大小划分的三段式分段调度函数：

$$R_1 = \begin{cases} R_{1\,\min}, & \overline{I_3} + D_2 - \overline{I_2} - R_{3\,\max} + R_{1\,\min} \leqslant A \leqslant SWA \\ R_1^*, & SWA \leqslant A \leqslant EWA \\ R_{1\,\max}, & EWA \leqslant A \leqslant \overline{I_3} + D_2 - \overline{I_2} - R_{3\,\min} + R_{1\,\max} \end{cases} \quad (4.72)$$

式(4.72)表示的对冲规则对应 3 个蓄水区域：

（1）最大蓄水区（区域Ⅰ）：当满足 $\overline{I_3} + D_2 - \overline{I_2} - R_{3\,\max} + R_{1\,\min} \leqslant A \leqslant SWA$ 时，此时期望总水量较小，欠蓄风险为主要风险，因此水库按最小下泄水量 $R_{1\,\min}$ 要求放水，对应超蓄水量最大。

（2）适量蓄水区（区域Ⅱ）：当满足 $SWA \leqslant A \leqslant EWA$ 时，预报来水及水库

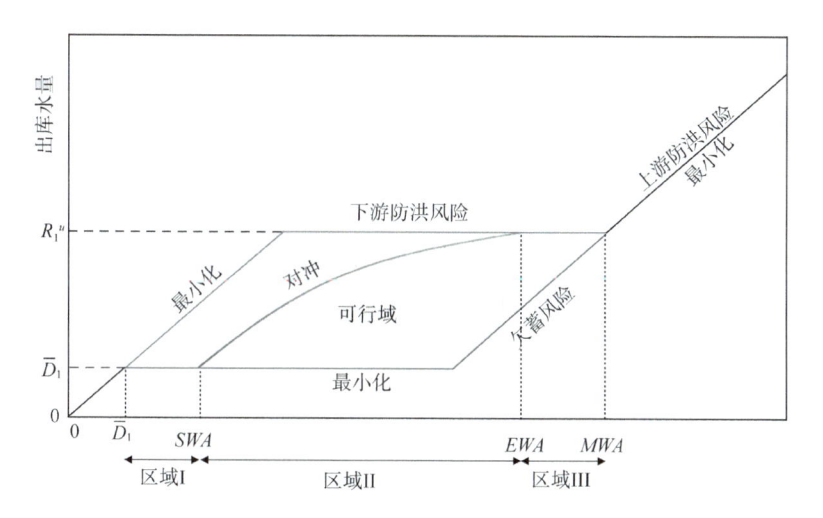

图 4.33 水库洪水资源利用预蓄阶段出库水量对冲规则示意图

蓄量的总水量适中,水库面临量级相当的防洪风险和欠蓄风险,通过下泄部分水量(R_1^u)对冲欠蓄风险,适量超蓄利用洪水资源。

(3) 最小蓄水区(区域Ⅲ):当满足 $EWA \leqslant A \leqslant R_{1\max} + R_{3\max} - \overline{I_2}$ 时,由于此时预期水量大,防洪风险为决定总风险的主要因素。因此,水库应以最大下泄量 $R_{1\max}$ 控制出库,尽可能降低拦蓄水量和防洪风险。

在满足来水条件下开展洪水资源超蓄时,区域Ⅰ至Ⅲ给出了出库水量以及超蓄水量的调控规则。当预报来水进一步增加,超过 A 上边界时,即处于防洪调度区(Ⅳ区,满足 $A > R_{1\max} + R_{3\max} - \overline{I_2}$),此时即使是在退水段依然面临高防洪风险,风险超过适度阈值水平,不适合开展洪水超蓄。

2. 最优性条件

对式(4.65)~式(4.68)表示的优化模型采用 KKT 条件推导出最优 $\overline{V_1}^*$ 值所需满足的条件:

$$\frac{\mathrm{d}L}{\mathrm{d}\overline{V_1}}\bigg|_{\overline{V_1}=\overline{V_1}^*} - \lambda_1 \cdot \frac{\mathrm{d}(\overline{V_1}-V_{1\min})}{\mathrm{d}\overline{V_1}}\bigg|_{\overline{V_1}=\overline{V_1}^*} - \lambda_2 \cdot \frac{\mathrm{d}(V_{1\max}-\overline{V_1})}{\mathrm{d}\overline{V_1}}\bigg|_{\overline{V_1}=\overline{V_1}^*} = 0 \quad (4.73)$$

$$\lambda_1 \cdot (\overline{V_1}^* - V_{1\min}) = 0, \quad \lambda_2 \cdot (V_{1\max} - \overline{V_1}^*) = 0, \quad \lambda_1, \lambda_2 \geqslant 0 \quad (4.74)$$

式中:λ_1, λ_2 表示 KKT 乘子。

将式(4.63)和式(4.64)中的 P_s 和 P_d 分别代入式(4.65)中,再根据式(4.72)对式(4.73)进一步推导如下:

$$\omega_s \cdot \frac{\partial \int_{-\infty}^{V_1^d - \overline{V_1}} p(\varepsilon_1)\mathrm{d}\varepsilon_1}{\partial \overline{V_1}}\bigg|_{\overline{V_1}=\overline{V_1}^*} + \omega_d \cdot \frac{\partial \int_{R_3^u - (\overline{V_1}+\overline{I_2}+\overline{I_3}-D_2)}^{+\infty} p(\varepsilon)\mathrm{d}\varepsilon}{\partial \overline{V_1}}\bigg|_{\overline{V_1}=\overline{V_1}^*} - \lambda_1 + \lambda_2 = 0$$

$$(4.75)$$

即

$$\omega_s \cdot p_{\varepsilon_1}(V_1^d - \overline{V_1}^*) - \omega_d \cdot p_\varepsilon(R_3^u - (\overline{V_1}^* + \overline{I_2} + \overline{I_3} - D_2)) = \lambda_1 - \lambda_2 \tag{4.76}$$

式中：$\omega_s \cdot p_{\varepsilon_1}(V_1^d - \overline{V_1}^*)$ 项为由于增加蓄水所降低的边际欠蓄风险，而 $p_\varepsilon(R_3^u - (\overline{V_1}^* + \overline{I_2} + \overline{I_3} - D_2))$ 项则表示增加蓄水所增加的边际防洪风险。根据 KKT 条件分析，$\overline{V_1}^*$ 解的取值可能存在以下三种情况：

(1) $\lambda_1 = 0$，$\lambda_2 > 0$。此时加权边际欠蓄风险高于加权边际防洪风险，应减小欠蓄风险，使总风险达到最低。此时 $\overline{V_1}^* = V_{1\,\max}$，按区域 Ⅰ 的规则控制出库水量。

(2) $\lambda_1 = \lambda_2 = 0$。此时加权边际欠蓄风险与加权边际防洪风险相等，通过风险对冲实现均衡。此时 $\overline{V_1}^* \in [V_{1\,\min}, V_{1\,\max}]$，按区域 Ⅱ 的规则控制出库水量。

(3) $\lambda_1 > 0$，$\lambda_2 = 0$。此时加权边际欠蓄风险低于加权边际防洪风险，应尽量降低防洪风险。此时 $\overline{V_1}^* = V_{1\,\min}$，按区域 Ⅲ 的规则控制出库水量。

通过对历史实时预报误差样本的分析率定误差分布函数及其参数后，采用数值解试算迭代得到超蓄水量最优解 $\overline{V_1}^*$ 的结果；假如 ε_i 无偏且服从正态分布，即 $\varepsilon_i \sim N(0, \sigma_{\varepsilon_i}^2)$，在第(2)种情形下可进一步计算得到 $\overline{V_1}^*$ 的解析解如下：

$$\overline{V_1}^* = V_1^d + \frac{\sigma_{\varepsilon_1}^2 \cdot (V_1^d - O_3)}{2(\sigma_\varepsilon^2 - \sigma_{\varepsilon_1}^2)} \pm \frac{1}{2(\sigma_\varepsilon^2 - \sigma_{\varepsilon_1}^2)} \cdot$$

$$\sqrt{[2\sigma_\varepsilon^2 \cdot O_3 - 2\sigma_\varepsilon^2 \cdot V_1^d]^2 - 4(\sigma_\varepsilon^2 - \sigma_{\varepsilon_1}^2) \cdot \left[-\sigma_{\varepsilon_1}^2 \cdot O_3^2 + \sigma_\varepsilon^2 \cdot (V_1^d)^2 + 2\sigma_{\varepsilon_1}^2 \sigma_\varepsilon^2 \cdot \ln\left(\frac{\omega_d}{\omega_s} \cdot \frac{\sigma_\varepsilon}{\sigma_{\varepsilon_1}}\right)\right]} \tag{4.77}$$

其中，O_3 为超蓄水量裕度项：

$$O_3 = R_3^u - (\overline{I_2} + \overline{I_3} - D_2) \tag{4.78}$$

由从式(4.78)中可知，当误差可用正态分布拟合时，$\overline{V_1}^*$ 为 V_1^d 和 O_3 的拟线性函数，并受到同为预报不确定性 $\sigma_{\varepsilon_1}^2$、σ_ε^2 以及决策偏好权重 $\frac{\omega_u}{\omega_s}$ 参数项等的影响。求得解析解 $\overline{V_1}^*$ 后，将其代回至水量平衡方程中即可得到当前阶段出库水量 R_1 的最优解 R_1^*。

4.4.4 实例分析

4.4.4.1 风险矩阵

以响洪甸水库为例进行实例分析，依据气象预报和水文预报精度参数统计结果进行换算,基本特征值如表 4.10 所示。

表 4.10 响洪甸水库汛期防洪调度主要参数

σ_{ε_1} /亿 m³	σ_{ε_2} /亿 m³	$\overline{D}$ /(m³/s)	$R_{1\min}$ /亿 m³	$R_{1\max}$ /亿 m³	$R_{3\min}$ /亿 m³	$R_{3\max}$ /亿 m³
0.385	0.459	120	0.019	0.204	0	1.177

借用风险矩阵的表达方式,根据各风险项预报水量量级和决策者对风险灾害损失及其严重程度的判断,构造确定 $\frac{\omega_d}{\omega_s}$ 值的二维矩阵。可利用插值得到特定的 $\overline{I_1}$ 和 $\overline{I_2}+\overline{I_3}$ 组合下的 $\frac{\omega_d}{\omega_s}$ 数值解,如图 4.34 所示。

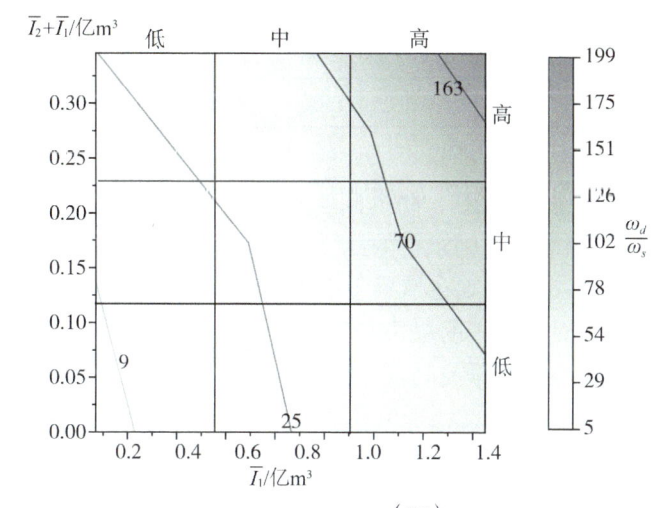

图 4.34 防洪、欠蓄风险权重比 $\left(\dfrac{\omega_d}{\omega_s}\right)$ 的风险矩阵结果

4.4.4.2 风险对冲规则

目前在汛期指导响洪甸水库进行运行的设计防洪调度规则(Flood control rules,FRs)是典型的以防洪为主要目标的分级防洪调度规则,未考虑洪水拦蓄的要求。该规则只根据当前蓄水位和来水条件确定下泄量。预蓄预泄调度规则(Capacity-constrained pre-release rules,CRs)可以根据预报信息求得确定的蓄洪水位,但其未考虑预报误差影响,也未能量化不确定性及其影响。对冲规则(Hedging rules,HRs)基于预报不确定性条件下不同超蓄水量对调度各阶段风险的影响关系进行风险对冲,有效解决了上述调度规则存在的问题。从历史洪水中选择三场典型洪水预蓄预泄阶段的预报入库流量,采用对冲规则进行调度并与以上两种规则对应结果进行比较,结果如表 4.11 所示。

表 4.11 典型次洪退水段情景下不同调度规则的调度结果表

情景	规则调度	$\overline{I_1}$/亿 m³	$\overline{I_2}+\overline{I_3}$/亿 m³	$\dfrac{\omega_d}{\omega_s}$	R_1/亿 m³	$\overline{V_1^*}$/亿 m³	P_d	P_s	L
情景Ⅰ	FRs	0.3	0.2	18.24	0.2	0.1	2.46E−06	4.73E−01	2.46E−02
	CRs				0.04	0.26	1.64E−05	3.69E−01	1.92E−02
	HRs				0.02	0.28	2.06E−05	3.56E−01	1.85E−02
情景Ⅱ	FRs	0.8	0.18	28.63	0.2	0.6	5.37E−04	1.93E−01	7.02E−03
	CRs				0.2	0.6	5.37E−04	1.93E−01	7.02E−03
	HRs				0.08	0.72	1.54E−04	1.43E−01	6.31E−03
情景Ⅲ	FRs	1.2	0.1	49.18	0.20	1.00	1.28E−02	8.06E−02	1.42E−02
	CRs				0.20	1.00	1.28E−02	8.06E−02	1.42E−02
	HRs				0.20	1.00	1.28E−02	8.06E−02	1.42E−02

所得结果表明：

(1) 在预蓄预泄规则(CRs)、防洪调度规则(FRs)、对冲规则(HRs)(以下简称三种规则)中，利用对冲规则求得的最优蓄洪水位可以使总风险达到最小。在 $\overline{V_1}$ 的可行域内，利用对冲规则在情景Ⅰ下推荐蓄存至最高蓄洪量，此时 p_s 远高于 p_d；在情景Ⅱ下，对冲规则的决策是适量蓄存水量，均衡两种风险；而在情景Ⅲ下，对冲规则按最小超蓄量控制，以降低 p_d。

(2) 防洪调度规则和预蓄预泄规则都更侧重于防洪风险的调控，从而导致洪水资源未能充分利用。在情景Ⅱ和情景Ⅲ下，利用这两种规则求得的蓄洪量均为最小超蓄量。

由对冲规则求得的风险和加权边际风险结果如图 4.35 所示，可以看出，欠蓄风险随着 $\overline{V_1}$ 的增加逐渐降低，最终远低于防洪风险。对于考虑范围内的几种情况，边际风险曲线的交点相交于 0.67 亿～0.76 亿 m³ 的范围内，且随着 $\dfrac{\omega_d}{\omega_s}$ 的减小而降低。

在推导出最优出库水量 R_1^* 和最优超蓄水量 $\overline{V_1^*}$ 后，可利用图表或考虑预测水量的等值线图表示对冲规则，如图 4.36 所示。可以看出对冲规则在触发和终止风险对冲策略时，SWA 和 EWA 的值均高于设计防洪调度规则和预蓄预泄规则，表明其在拦蓄洪水资源目标上效果更佳。另外，SWA 和 EWA 的值均会随 $\overline{I_2}$ 的减少而增加，说明对冲规则倾向维持较高的超蓄水量以对冲欠蓄风险。

4.4.4.3 在滚动预报调度中的效果分析

将上述三类调度规则应用于模拟研究区 2015 年和 2016 年的实时调度过

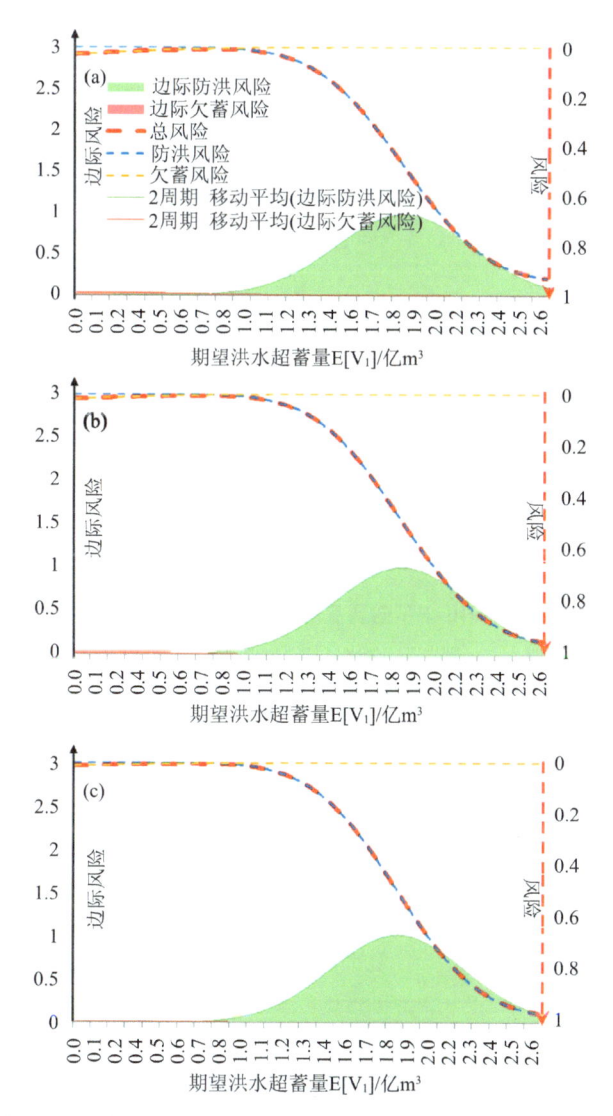

图 4.35 情景Ⅰ(a)，情景Ⅱ(b)，和情景Ⅲ(c)下的 HRs 风险与加权边际风险示意图

程，对比各调度规则下的调度结果。采用以下 8 个指标来评估整个汛期水库的实时调度效果：总供水量(TWD)，供水保证率(WSR)，十天内最大缺水率(MSR)，总弃水量(TWS)，弃水率(CWS)，最高蓄量(MS)，最大出库流量(MO)和期末蓄水量(ES)等指标数据如表 4.12 所示。

由表 4.12 可知，2015 年汛期最大蓄水量小于蓄洪水量允许上限(1.68 亿 m^3)；2016 年汛期最大蓄水量大于蓄洪水量允许上限(1.68 亿 m^3)，且小于防洪库容上限(4.76 亿 m^3)。

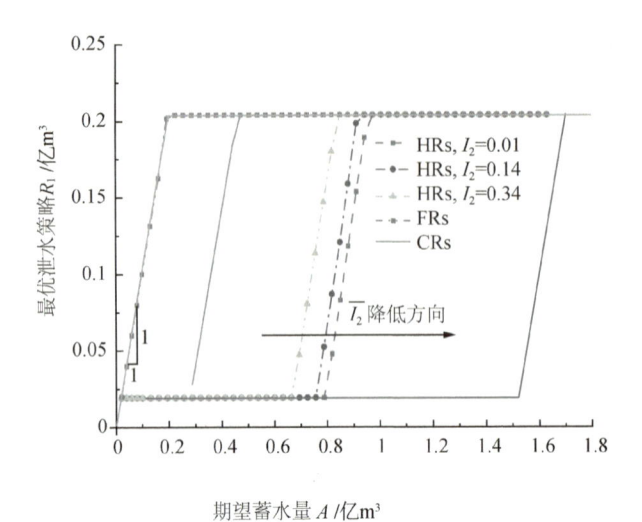

图 4.36 三种规则下最优下泄量与期望可用水量关系图

表 4.12 2015、2016 年不同调度规则下实时调度模拟指标统计结果

年份	调度规则	TWD /亿 m³	WSR /%	MSR /%	TWS /亿 m³	CWS /%	MS /亿 m³	MO /(m³/s)	ES /亿 m³
2015	FRs	7.55	59.1	79.6	2.49	15.6	0.47	630	−0.814
	CRs	7.82	69.5	78.5	2.37	10.4	0.36	1 100	−0.813
	HRs	8.32	76.6	74.1	2.21	15.6	0.91	630	−0.808
2016	FRs	6.89	51.3	95.0	8.42	24.0	3.34	1 100	−0.198
	CRs	7.12	64.3	94.6	8.40	20.1	2.90	1 100	−0.198
	HRs	7.38	70.1	93.4	8.50	20.1	3.21	1 100	−0.197

表 4.12 所示的计算结果表明：

(1) 相比防洪调度规则和预蓄预泄规则，对冲规则的超蓄水量更高，提高了洪水资源利用程度。对比预泄能力约束规则，对冲规则在 2015 年和 2016 年分别将总供水量提高了 0.5 亿 m³(6.3%) 和 0.26 亿 m³(3.6%)，使供水保证率提高了 7.1% 和 5.8%，并使十天内最大缺水率降低了 4.5% 和 1.2%。

(2) 由对冲规则所得的超蓄策略并不一定会提高防洪风险。相比防洪调度规则，虽然对冲规则在 2015 年使最高蓄量增加到 0.91 亿 m³，但此时水位仍远未达到防洪高水位；在 2016 年，对冲规则使最高蓄量减少了 0.13 亿 m³，还一定程度上降低了水库最高洪水位。此外，由两种规则得到的最大出库流量值相等，说明在典型年份里基于对冲规则的实时调度方案并未增加下游防洪风险。

图 4.37～图 4.40 分别描绘了 2015、2016 年来水情况以及三种规则对应的蓄洪和出库流量过程。结果表明，对冲规则在拦蓄中小洪水退水段洪量时效果更优，相比

其他规则,对冲规则显著增加了水库超蓄水量,降低了欠蓄风险;此外,由 2016 年 6 月 30 日至 7 月 15 日的洪水调度结果可知,当即将面临洪水入库时,对冲规则可通过应急预泄控制消落水库蓄量,腾出防洪库容,应对防洪调度要求。

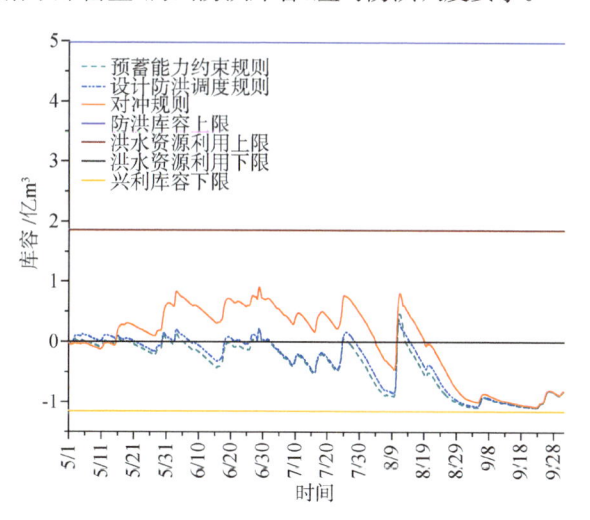

图 4.37 基于三种规则的滚动调度蓄水过程模拟结果(2015 年汛期)

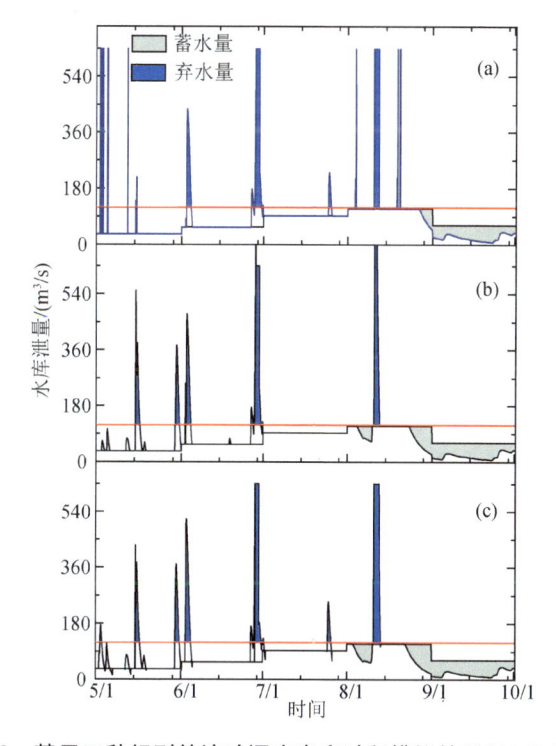

图 4.38 基于三种规则的滚动调度出库过程模拟结果(2015 年汛期)

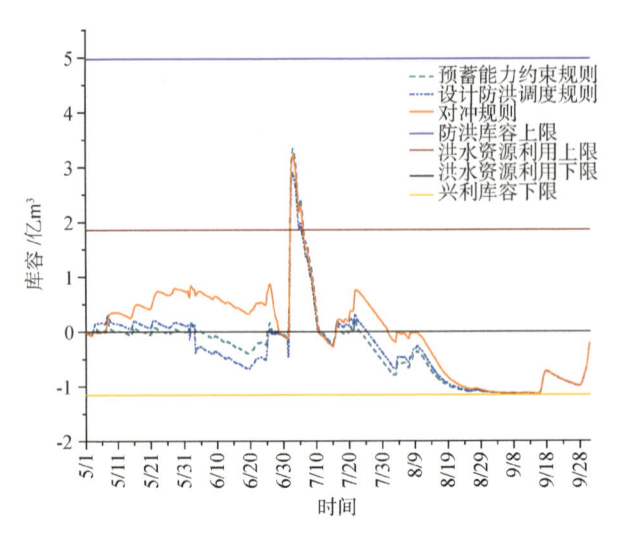

图 4.39 基于三种规则的滚动调度蓄水过程模拟结果（2016 年汛期）

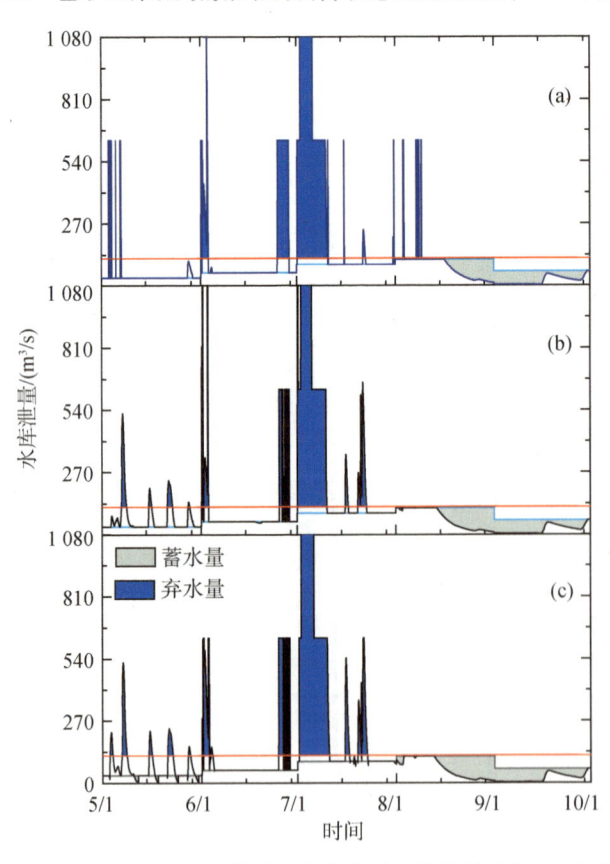

图 4.40 基于三种规则的滚动调度出库过程模拟结果（2016 年汛期）

4.4.5 风险对冲规则参数灵敏度分析

预报精度及误差参数(σ_{ε_1}和σ_{ε_1})会影响对冲规则的结果与效果。本节通过比较三种不同参数条件下的数值实验结果,分析预报精度对对冲规则的影响。

1. 预蓄阶段入流预报误差标准差σ_{ε_1}对对冲规则的影响分析

根据历史径流预报样本中的最佳、中等和最差精度水平,分别对三个不同水平的误差标准差σ_{ε_1}进行评价。图4.41展示了相应三种不同水平σ_{ε_1}下的风险对冲规则三维曲线,其中:图4.41(a)对应$\sigma_{\varepsilon_1}=0.276$亿$m^3$,图4.41(b)对应$\sigma_{\varepsilon_1}=0.385$亿$m^3$,图4.41(c)对应$\sigma_{\varepsilon_1}=0.474$亿$m^3$时的洪水资源利用对冲规则结果。分析如下:

(1) 随着σ_{ε_1}增加,可以实施洪水资源利用调度的可行域区间逐渐减小。在最高精度水平($\sigma_{\varepsilon_1}=0.276$亿$m^3$)下期望水量的可行域下限、上限分别为0.88亿$m^3$和1.07亿$m^3$,在最低精度水平下($\sigma_{\varepsilon_1}=0.474$亿$m^3$),期望水量的可行域下限、上限分别减小到0.51亿m^3和0.69亿m^3。所以,当预报精度降低时,对冲规则倾向于提高当前阶段水库出库水量以降低未来的防洪风险,减少超蓄的洪量;同时,可开展洪水资源利用的预报来水量级更小。

(2) 水库下泄量R_1与不同I_2和σ_{ε_1}呈非单调关系。误差参数σ_{ε_1}不仅影响防洪风险,同时影响欠蓄风险。

(3) 预留的防洪库容随σ_{ε_1}增大而增大。随着σ_{ε_1}的增大,上游和下游防洪风险增加,期望水量的可行域上限减小,表明入流预报的精度对确定洪水资源利用的启用条件有重要影响:σ_{ε_1}越大,预报精度越低,越不宜超蓄洪水。

2. 预泄阶段入流预报误差的标准差σ_{ε_2}对对冲规则的影响分析

预泄阶段的入流预报精度同样可能改变且影响对冲规则。类似地,从历史样本中选取三个水平的预报误差标准差σ_{ε_2}进行评价并模拟,绘制对应的对冲规则图如图4.42所示,其中:图4.42(a)对应$\sigma_{\varepsilon_2}=0.45\times10^8 m^3$,图4.42(b)对应$\sigma_{\varepsilon_2}=0.60\times10^8 m^3$,图4.42(c)对应$\sigma_{\varepsilon_2}=0.66\times10^8 m^3$时洪水资源利用对冲规则结果。

分析如下:

(1) 随着σ_{ε_2}增加,对冲规则提高和扩大了Ⅰ区和Ⅱ区范围。在最高精度水平($\sigma_{\varepsilon_2}=0.45$亿$m^3$)下可行域下限、上限分别为0.66亿$m^3$和0.852亿$m^3$,在最低精度水平下($\sigma_{\varepsilon_2}=0.66$亿$m^3$)分别增加到0.68亿$m^3$和0.855亿$m^3$。结果表明,随着预泄阶段入流预报精度的降低,水库可能面临着更大的欠蓄风险,因此调度规则更倾向于多存蓄洪水资源。

(2) 当前阶段出库水量R_1与$\overline{I_2}$和σ_{ε_2}近似呈单调变化。在各情形中,出库水量R_1随$\overline{I_2}$增大而增大。此外由图4.42(a)~(c)可知,随着σ_{ε_2}增长,R_1单调减

小。这是由于预泄阶段入流预报精度降低，欠蓄风险影响加强，因此洪水超蓄量增加。

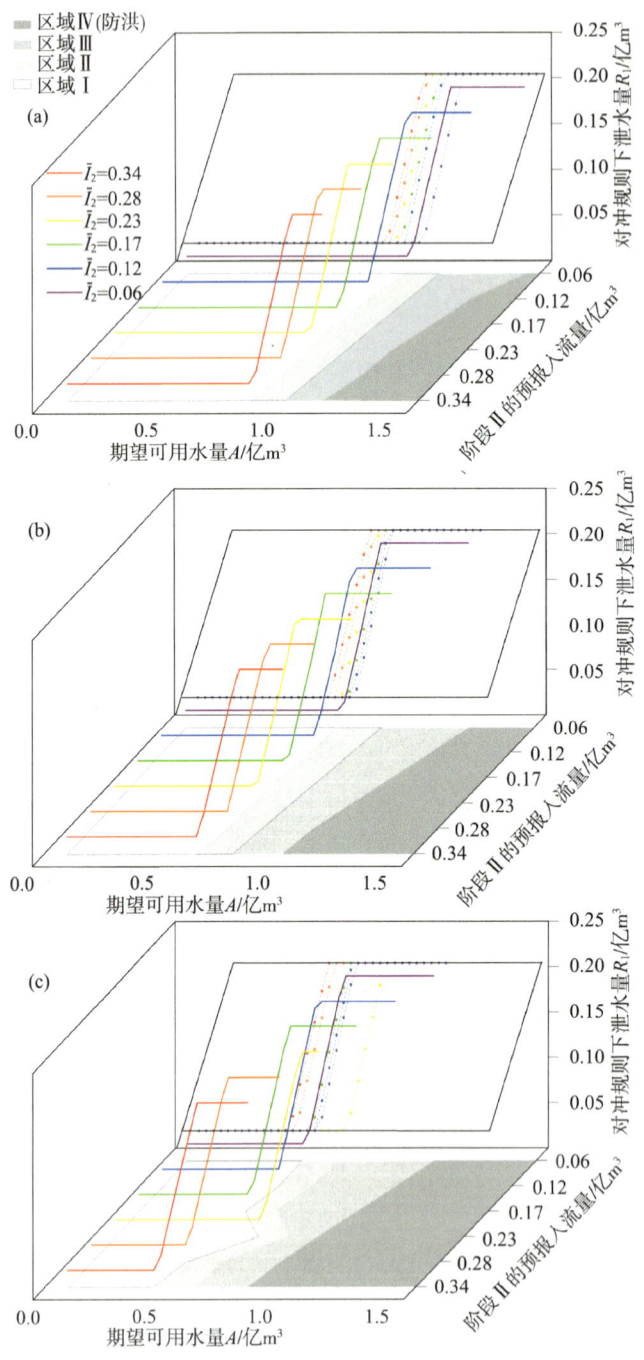

图 4.41　预蓄阶段入流预报误差标准差对对冲规则的影响示意

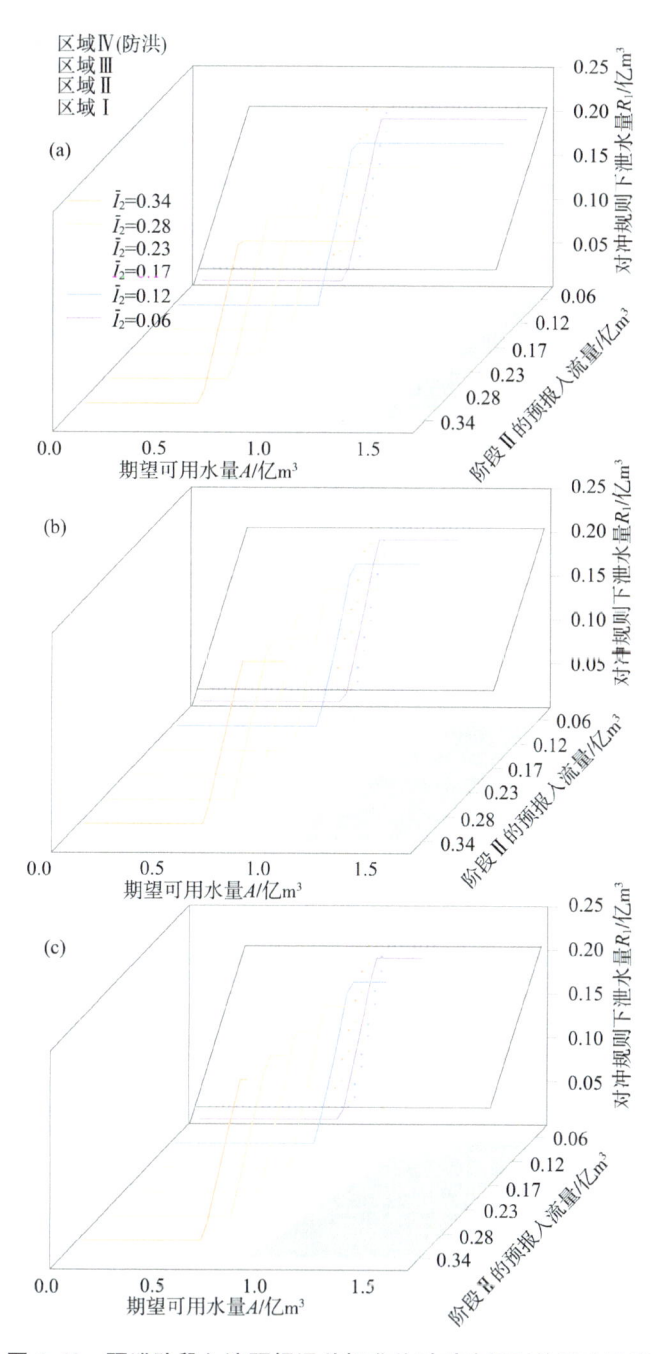

图 4.42 预泄阶段入流预报误差标准差对对冲规则的影响示意

4.4.6 结论

本节建立了水库洪水资源利用实时调控三阶段风险对冲模型以获取水库调

度规则。以预测误差作为主要不确定性来源,在考虑欠蓄风险与防洪风险对冲的总风险最小的目标下,基于一阶最优性条件推导最优超蓄水量解析规则,提取了风险对冲规则。通过对响洪甸水库进行的实验模拟与验证,对比对冲规则与防洪调度规则、预蓄预泄规则的差异,分析了各规则的应用效果及敏感性。主要结论如下:

(1)由对冲规则得到的最优超蓄水量可使总风险达最小,实现防洪风险与欠蓄风险的对冲均衡:①当欠蓄风险较高时,对冲规则最大程度进行水量超蓄,以降低欠蓄风险;②当欠蓄风险与防洪风险量级相当时,采取适中的超蓄洪量,对冲风险,降低总风险损失;③当防洪风险较高时,减少水量超蓄,将降低防洪风险作为首要目标。

(2)和防洪调度规则、预蓄预泄调度规则相比,对冲规则能充分利用预报误差信息的价值,可显著增加洪水资源利用量。

第 5 章
水库群洪水资源利用多目标风险决策与协同均衡方式

在具有复杂水力联系的水库群系统中开展联合调度可充分挖掘水库间的库容补偿关系与协同作用,相比单库系统可进一步提高调洪能力、降低防洪风险。在此条件下,允许系统内的一些水库在某些其他水库的当前水位低于汛限水位时,提高汛限水位来拦蓄洪水,将公共防洪任务所需的总的防洪库容,在梯级各水库之间进行合理分配,进而实现在不降低防洪标准与防洪安全的条件下增加洪水资源利用效益。如何针对实时预报来水条件,通过协同调度实现水库群、上下游之间的风险均衡,是水库群系统开展实时洪水、资源利用调控的关键问题。

近年来国内学者在水库群汛限水位联合动态控制研究方面已有所涉猎。李菌等[171]以观音阁-葠窝梯级水库群为背景,通过考虑上游观音阁水库富余防洪库容对下游葠窝水库的补偿作用,实现了葠窝水库汛限水位的提高;李玮等[172]结合流域实时洪水预报及梯级水库防洪库容信息,提出基于预报及库容补偿的梯级水库汛限水位动态控制逐次渐进补偿调度模型,通过多次迭代计算,最终得到最佳的梯级水库汛限水位方案;纪恩福等[173]在岗南水库和黄壁庄水库联合调度下,采用风险效益分析法,对岗南水库提高汛限水位的可能性进行了研究;王本德等[174]应用贝叶斯定理证明了水库汛限水位动态控制中提出的风险分析理念及其假定基本成立,这一研究成果可在防洪安全前提下,增加洪水资源利用量;丁伟等[175]基于预蓄预泄的基本思想,提出了考虑洪水预报信息的水库汛限水位动态控制方法,可用于指导水库实时调度;周惠成等[176]在分析水库汛限水位动态控制影响因素的基础上,建立了汛限水位动态控制方案优选评价指标体系,并用 MIKE 水力计算软件建立了水库下游洪灾淹没损失评估模型;王国利等[177]分析了水库汛限水位动态控制研究的现状,针对应用广泛的预泄能力约束法在应用中存在的问题,重点研究了预泄能力约束法的实时应用。

现有成果主要侧重于单一水库、防洪-蓄水两目标、确定性模型方法研究[178-179],难以充分挖掘流域工程群协同补偿作用,不能满足洪水资源利用多目标综合调控要求,无法反映实时洪水资源利用风险-效益矛盾关系,难以直接适用于解决复杂工程群体系的洪水资源综合利用问题。流域复杂系统洪水资源利用是一类涉及时空尺度耦合、多种目标关联以及具有动态随机特征的复杂系统决策问题,即大系统、多目标、多阶段随机决策问题[180-181]。因此,洪水协同调控研究需综合系统论、多目标规划、风险决策等理论方法开展系统研究[182-183]。

然而,在水库实时洪水资源化调度过程中,受预报水平限制,在洪水形成过程中无法准确获知未来洪水的全过程,因此,洪水预报的不确定性导致洪水资源利用存在一定风险。所以,传统预蓄预泄法确定的阈值上限并不一定能保证洪水调度过程无风险[184-185]。针对该问题,本书在考虑预报不确定条件下建立水库群洪水资源化预蓄预泄风险决策模型,在适量承担防洪风险条件下寻求洪水资源化的实时超蓄上限方案,以滍河水库群为例验证了模型有效性。

5.1 洪水资源利用风险分析

洪水资源化利用中的洪水预报误差是实时调度决策的主要风险来源,在预报结果偏小的条件下可能导致实时洪水资源利用存在水量超额的风险。然而,洪水资源效益往往与防洪风险正向关联,水量超额的风险可能给系统带来经济损失,但完全消除风险将降低洪水资源效益[186]。因此,在考虑洪水预报误差条件下进行洪水资源化实时调度决策的关键在于如何确定防洪风险大小与洪水资源化效益的置换关系,在适量承担风险的前提下实现超蓄增效。

洪水资源化风险源为预报误差,对于包含 n 座水库的混联水库群系统而言,各库所辖区间洪量的预报相对误差为

$$\delta_i = (WU_i - WF_i)/WU_i, i=1,2,\cdots,n \tag{5.1}$$

式中:δ_i 为水库 i 控制区间的洪量的预报相对误差,%;WU_i、WF_i 分别为实际区间洪量、预报区间洪量,m^3。在无预报系统偏差的条件下,一般可认为预报相对误差 δ_i 服从正态分布,$\delta_i \sim N(0, \sigma_i^2)$,$\sigma_i$ 为误差分布的标准差。

Copula 函数是一种近年来兴起的构建多元变量联合分布的有效方法[187-191]。在传统的水文工作中,人们常常关注于一种随机变量的分布函数,利用这种分布函数来刻画某一水文要素的特征(例如我国降水推荐使用的皮尔逊Ⅲ型分布),然而由于水文现象纷繁复杂,相关性难以描述,单变量分布函数并不能准确完整地描述某一水文现象。本次研究使用 Copula 函数进行多库多预见期的联合分布分析。

Sklar 定理是 Copula 函数用于构建多元随机变量联合分布函数的理论基础,在多元 Copula 函数理论中具有重要的作用。

Sklar 定理:设随机变量 x、y 的联合分布为 $H(x,y)$,其边缘分布分别是 $u = F_1(x)$,$v = F_2(y)$,则必定存在一个 Copula 函数 $C(u,v)$,使得对任意的 $x, y \in \mathbf{R}$ 均有:

$$H(x,y) = C(u,v) = C(F_1(x), F_2(x)) \tag{5.2}$$

Copula 函数能够独立于随机变量的边缘分布反映随机变量的相关性结构，从而将联合分布分为两个独立的部分进行处理。

不同的 Copula 构造类型使得 Copula 具有多种类型，其中多元正态 Copula 函数(Gaussian-Copula)、多元 t-Copula 函数与阿基米德 Copula 函数族(AMH-Copula、Clayton-Copula、Gumbel-Copula、Frank-Copula)较常见。本次研究使用多元正态 Copula，故主要对多元正态 Copula 进行介绍。

多元正态 Copula(Gaussian-Copula)分布函数表达式如下所示：

$$C(u_1, u_2, \cdots, u_N; \boldsymbol{\rho}) = \boldsymbol{\Phi}_\rho(\boldsymbol{\Phi}^{-1}(u_1), \boldsymbol{\Phi}^{-1}(u_2), \cdots, \boldsymbol{\Phi}^{-1}(u_N)) \tag{5.3}$$

式中：$\boldsymbol{\rho}$ 是对称正定矩阵且对角线上元素均为 1；$\boldsymbol{\Phi}_p(\cdot, \cdot, \cdots, \cdot)$ 是相关系数矩阵为 $\boldsymbol{\rho}$ 的标准多元正态分布函数，$\boldsymbol{\Phi}^{-1}(\cdot)$ 是一元标准正态分布函数 $\boldsymbol{\Phi}(\cdot)$ 的逆函数。

Copula 函数是一个多维分布函数，因而可使用多维函数的参数估计方法来估计 Copula 分布函数的参数：极大似然估计法（the Maximum Likelihood method）、CML 法（the Canonical Maximum Likelihood method）和非参数方法。本次研究采用极大似然估计法对 Copula 函数参数进行估计。

对于样本容量为 N 的样本 $(x_i, y_i), i=1,2,\cdots,N$，很容易得到其对数似然函数：

$$l^nL(\alpha_1, \alpha_2, \theta) = \sum_{i=1}^{N} \{\ln C(u_1, u_2; \theta) + \ln f_1(x_i; \alpha_1) + \ln f_2(y_i; \alpha_2)\} \tag{5.4}$$

式中：α_1 和 α_2 分别为边缘分布 $F_1(x)$ 和 $F_2(y)$ 的参数；θ 为 Copula 函数 $C(u,v)$ 的参数；$f_1(x;\alpha_1)$ 和 $f_2(y;\alpha_2)$ 分别为边缘分布 $F_1(x)$ 和 $F_2(y)$ 的分布密度。

对于三维及三维以上的 Copula 函数，大多数采用极大似然估计法进行参数 α_1，α_2 和 θ 进行估计。

实时防洪调度是流域洪水管理的重要内容，其各环节中都存在诸多的不确定性，包括实时洪水预报中水文气象条件、模型结构、模型参数等导致的预报信息不完全性；水雨情信息的采集中由于设备故障、通信不畅、误码和量程不足等导致的信息无法获取或无法及时传达或信息错误；调洪演算中的水库泄流和库容曲线等水力不确定性；水库出流流量误差；区间洪水预报误差；河道洪水演进误差等。水库实时防洪调度过程中的诸多不确定性导致了水库防洪决策的不确定性，给水库自身和下游防洪断面的调度决策都带来了风险。因此，开展水库实时防洪调度风险评估对于明晰淮河流域防洪工程体系调度运行的风险具有重要的研究意义和实践价值。

在水库设计中，校核洪水位是校核洪水与调度规则共同作用的结果，是调洪允许的最高水位。在实时防洪调度中,由于不完全预报信息的影响,在依据洪水预报结果做实时调度决策时,水库最高控制水位的选择是影响防洪调度风险的重要因素。在降雨停止之前,采用有效的决策辅助手段对水库最高水位进行动态控制,能够为水库预留后续的空闲防洪库容,对于降低甚至规避由于不完全预报信息而造成的调度风险有重要作用。

河库防洪系统是流域防洪系统的常见形式和基本单元,其由上游水库、下游河道以及防洪控制断面组成,系统概化图如图 5.1 所示,其数学结构如下:

$$Z(t) = f[X(t), Y(t), C(t)] \tag{5.5}$$

式中:$X(t)$ 为上游水库的出流过程;$Y(t)$ 为水库至防洪断面的区间入流过程;$C(t)$ 为河道洪水演进参数;$Z(t)$ 为防洪控制断面的组合流量过程。

在河库系统的防洪调度中,如果 $X(t)$、$Y(t)$、$C(t)$ 等存在不确定性,必将导致 $Z(t)$ 具有不确定性,进而产生防洪控制断面的流量控制风险。无疑地,采用随机过程的概念来研究防洪控制断面的组合流量,有利于将流量的随机变化过程完整

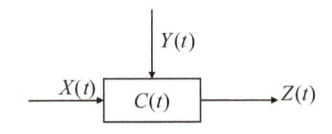

图 5.1 河库防洪系统概化图

全面地描述出来,方便决策者明晰决策风险,为河库系统的防洪调度和防汛安排提供重要的指导信息。

由于洪水预报不确定性可能导致实际洪量大于预报洪量,超过预报值的超额洪量可从两个途径消化:利用水库库容蓄存或下泄至下游河道。由水库蓄存超额洪量可能增加水库自身防洪风险,而下泄至下游河道将增大堤防防洪风险。分别定义防洪库容期望占用比例总和,以及河道最大泄流量占比作为上游、下游防洪风险指标:

$$UR(i) = E[(\max_{t \in [1,T+1]} \{S_{i,t}\} - \underline{S_{i,t}})/(\overline{S_{i,t}} - \underline{S_{i,t}})] \tag{5.6}$$

$$UR = \sum_{i=1}^{n} UR(i) \tag{5.7}$$

$$DR = E[\max_{t \in [1,T]} \{\sum_{k=3}^{4} O_{k,t}\}]/\overline{O} \tag{5.8}$$

$$SR = E[\sum_{t=1}^{T} OS_t]/\sum_{t=1}^{T} D_t \tag{5.9}$$

式中:$UR(i)$ 为水库 i 上游防洪风险指标,表示水库 i 防洪库容占用比例期望值;UR 为水库群系统防洪库容占用比例期望值总和;DR 为水库群系统下游防洪风险指标,即河道最大泄流量占比期望值;SR 为缺水风险,即期望缺水率;$E[\cdot]$ 为期望值算子;$S_{i,t}$ 为考虑预报来水不确定性影响下的水库蓄量(随机

变量);$\overline{S_{i,t}}$、$\underline{S_{i,t}}$分别为第i库第j时段初蓄量上、下限,m³;$\overline{O}$为水库群系统公共防洪断面最大安全泄量,m³/s;OS_t、D_t分别为水库群系统第j时段缺水流量(随机变量)、需水流量,m³/s。

水库群系统洪水资源利用即主要关注上述三项矛盾目标(UR、DR、SR)之间的协调方式。本章采用多目标妥协规划法进行建模及多目标优化求解。

5.2 多目标风险决策与协同均衡

5.2.1 目标函数

水库群系统洪水资源利用多目标风险决策模型为

$$\min_{x \in X} F = (UR, DR, SR)^{\mathrm{T}} \tag{5.10}$$

式中:UR 为水库群系统防洪风险目标,用防洪库容占用比例期望值总和度量;DR 为水库群系统下游防洪风险目标,用河道最大泄流量占比期望值度量;SR 为缺水风险目标,用期望缺水率度量;x 为决策变量;X 为可行域。

采用 Yu 与 Leitmann(1974)提出的妥协规划法求解多目标预报调度模型(5.10)。设分别通过每个单一目标优化后得到的理想点为 $F^* = (UR^*, DR^*, SR^*)$。采用 Minkowski 距离函数或 Lp 范数来度量实际解与理想解的差异:

$$\begin{aligned} D_p(F,w) = [&w_1 \cdot (UR^* - UR)^p + w_2 \cdot (DR^* - DR)^p \\ &+ w_3 \cdot (SR^* - SR)^p]^{1/p}, p \geqslant 1 \end{aligned} \tag{5.11}$$

式中:p 为距离参数。在式(5.11)中选择 $p = 2$,将多目标优化问题(5.10)转化为以下单目标优化问题求解:

$$\begin{aligned} \min D_p(F,w) = [&w_1 \cdot (UR^* - UR)^2 + w_2 \cdot (DR^* - DR)^2 \\ &+ w_3 \cdot (SR^* - SR)^2]^{1/2} \end{aligned} \tag{5.12}$$

5.2.2 约束条件

在依据统计预报误差结果下,可结合预报来水过程及预报误差采用 Copula 方法生成实际来水过程的情景模式集,即各种可能发生的实际洪水过程的情景模式 $IU^j = (Iu_{1,t}^j, Iu_{2,t}^j, \cdots, Iu_{n,t}^j), t = 1, 2, \cdots, T; j = 1, 2, \cdots, J$ 及发生概率 $P(IU^j)$。其中,实际洪水过程的情景模式即各库各时段实际区间来水($Iu_{i,t}^j$),其发生概率与实际区间来水的洪量大小有关。在误差服从正态分布条件下,与预报来水偏差较大的实际来水模式发生概率较小,而偏差较小的实际来水模式发生概率较大。

在各实际来水模式下,水库群洪水资源化实时调度满足如下约束条件:

(1) 水量平衡约束:

$$S_{i,t+1}^j = S_{i,t}^j + \left[\sum_{k \in \Omega_i}(Iu_{k,t}^j + O_{k,t}^j) - O_{i,t}^j\right] \cdot \Delta t,$$
$$i = 1,\cdots,n; t = 1,2,\cdots,T; j = 1,2,\cdots,J \tag{5.13}$$

式中:$S_{i,t}^j$、$S_{i,t+1}^j$ 分别为水库 i 在实际来水模式 j 下、t 时段初以及时段末的库蓄水量,m^3;$O_{i,t}^j$ 为水库 i 在实际来水模式 j 在 j 时段出库流量,m^3/s;Ω_i 为与水库 i 有直接水力联系的上游水库集合;J 为模式情景总数。

(2) 蓄量约束:

$$\underline{S_{i,t+1}} \leqslant S_{i,t+1}^j \leqslant \overline{S_{i,t+1}} \tag{5.14}$$

式中:$\overline{S_{i,t+1}}$、$\underline{S_{i,t+1}}$ 分别为第 i 库第 j 时段末蓄量上、下限,m^3。

(3) 泄流能力约束:

$$O_{i,t}^j \leqslant \overline{O_{i,t}} \tag{5.15}$$

式中:$\overline{O_{i,t}}$ 为第 i 库第 j 时段泄流能力,m^3/s。

(4) 初始、边界条件:

调度期初蓄量及期末蓄量均为汛限水位对应的库蓄水量:

$$S_{i,1}^j = SF_i, S_{i,T+1}^j = SF_i \tag{5.16}$$

式中:SF_i 为汛限水位对应库蓄水量,m^3。

在给定目标函数及约束条件下,求解各库的蓄量、放水等对应变量 $S_{i,t+1}^j$、$O_{i,t}^j$,$i = 1,\cdots,n$;$j = 1,\cdots,J$;$t = 1,\cdots,T$,然后分析妥协解对应解特征。

5.3 淠河水库群应用分析

选取位于淮河支流淠河水系的淠河灌区作为研究对象。灌区属于江淮丘陵区域,为安徽省淠史杭灌区的重要组成部分。灌区总土地面积 7 750 km²,设计灌溉面积 660 万亩,灌区主要作物为水稻、小麦、玉米、油料、棉花、蔬菜。淠河灌区采用典型的长藤结瓜式灌溉系统,主要供给水源来自淠河水系上游的磨子潭、白莲崖、佛子岭和响洪甸四座大型水库(水库群位置分布图及主要控制站点概化见图 5.2),经横排头渠首枢纽输水进入灌区总渠,经各级渠道间中小型水库、塘坝等蓄水体(以下统一概化为反调节水库)联合调节、反调节后实施灌溉,干旱年份辅以抽水站调度抽取灌区尾部淮河、瓦埠湖、巢湖等水源作为补给。

灌区灌溉需水主要集中在水稻生长期的 5—10 月,与流域内汛期基本重合。

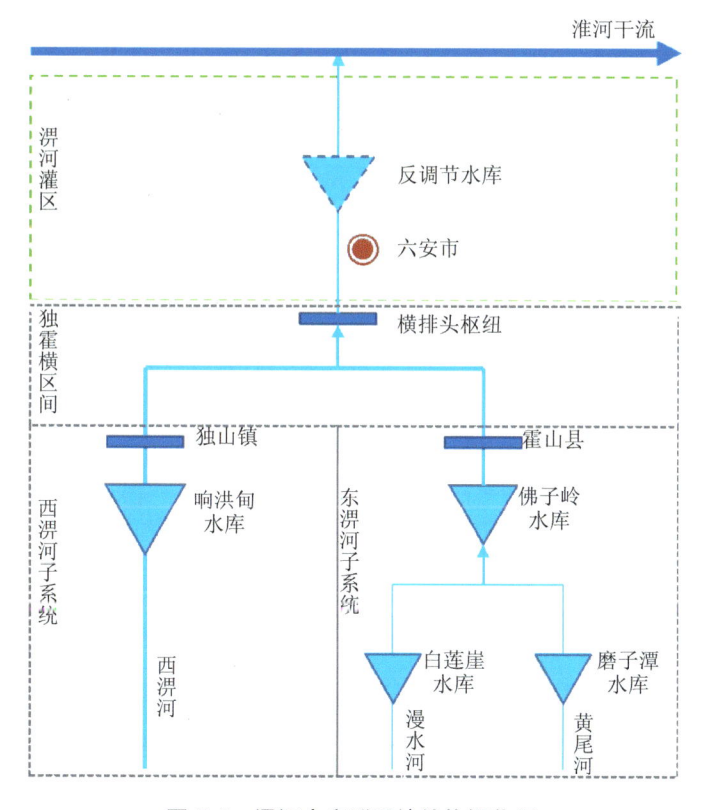

图 5.2　淠河水库群系统结构概化图

灌溉高峰期多发生在水稻泡田期的 5—6 月份，或梅雨过后的 7—8 月伏旱段。伏旱段高温少雨，蒸发量高，同时又是水稻耗水量最大的拔节孕穗期，灌溉需水量很大，若不下透雨或无雨便极易形成干旱。灌区设计灌溉保证率 80%，经分析，近年来实际灌溉保证率约 73%，水资源利用率 50%，多年平均缺水量 1.45 亿 m^3。

作为淠河灌区的主要供水水源，现行的水库调度运行方式尚未充分协调防洪与兴利目标的矛盾关系，致使洪水资源未充分利用：淠河四库共同承担下游六安城市防洪任务，并为淮河干流实施滞洪、错峰调度。经分析，受限于现行汛期水库运行调度规程及汛限水位的控制方式，该工程群体系在汛期调控中常以低水位迎汛，导致洪水资源利用率偏低，横排头渠首断面多年平均弃水量高达 15.45 亿m^3。表 5.1 为淠河四库水库群系统及下游反调节水库主要参数。可见，四库总结合库容达 4 亿 m^3，结合库容长期闲置将造成汛末水库难以蓄满，影响枯季兴利效益。

表 5.1 淠河混联水库群系统主要参数特征值

水库	佛子岭	磨子潭	白莲崖	响洪甸
所在位置	淠河东源	淠河东源黄尾河	淠河东源漫水河	淠河西源
集水面积/km²	1 840(含磨、白)	570	745	1 400
设计标准	100 年一遇	100 年一遇	100 年一遇	500 年一遇
校核标准	5 000 年一遇	5 000 年一遇	5 000 年一遇	5 000 年一遇
汛限水位/m	119.56(现状) 122.56(设计)	179(现状) 182.5(设计)	185(现状) 205(设计)	125
正常高水位/m	125.56	187	208	128
兴利库容/亿 m³	3.48	1.37	1.42	9.93
防洪库容/亿 m³	1.97	0.35	0.9	4.76
结合库容/亿 m³	1.45	0.21	0.49	1.86
总库容/亿 m³	4.91	3.48	4.6	11.87
供水对象	霍山、六安、淮河干流	佛子岭水库	佛子岭水库	六安、淮河干流
防洪保护对象				

5.3.1 预报来水情景模拟

研究采用多维正态分布 Copula 函数描述预报误差之间的时程、空间相关性，在 20150724 次洪退水段来水预报过程中，考虑预报误差历史分布样本参数特征及其时空相关性条件下的模拟实际来水均值过程及其箱线分布如图 5.3 所示。

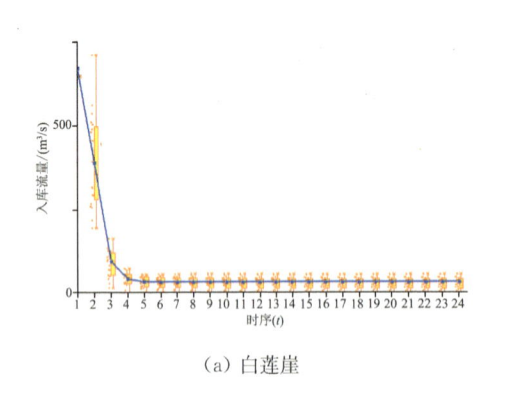

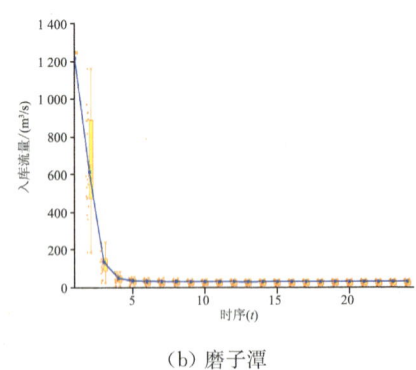

(a) 白莲崖

(b) 磨子潭

（c）佛子岭　　　　　　　　　（d）响洪甸

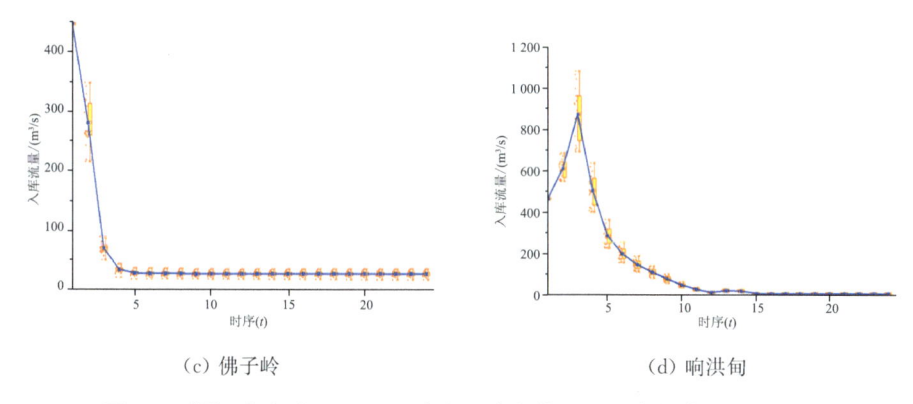

图 5.3　淠河水库群 20150724 次洪退水段模拟实际来水情景（$\Delta t = 3$ h）

可见,本场次退水段过程中东、西淠河来水过程不完全同步。在退水段后期,(时序≥10)水库群系统整体来水低于需水流量 130 m³/s,存在一定缺水风险,而拦蓄洪水尾段的退水过程需面临退水段来水预报误差可能造成的防洪风险。因此,需采用多目标风险决策理论方法协调水库群间各库以及防洪、供水等多个服务目标之间的矛盾关系。

5.3.2　多目标决策方案结果

1. 多目标非劣解前沿

分别以水库群防洪库容占比总和、河道最大流量占比以及期望缺水比率最小作为目标求解各单一目标优化情景下的最优调度方案,对应统计指标见表 5.2。

表 5.2　单一目标优化水库群最优调度方案统计结果

序号	单目标优化	UR	DR	SR	UR(1)	UR(2)	UR(3)	UR(4)
1	上游风险极小	0.397	0.273	0.010 0	0.115	0.131	0.048	0.103
2	下游风险极小	1.629	0.080	0.002 2	0.905	0.290	0.341	0.093
3	缺水风险极小	1.454	0.126	0.002 0	0.686	0.307	0.372	0.089

由结果可知:

当以上游风险最小作为优化目标时,调度方案中上游各水库蓄洪量近乎均匀,对应防洪库容占比总和仅 0.397;在上游防洪库容占用比例最小的条件下,超额洪量主要通过排泄下游河道的方式消纳,对应的河道最大流量占比(0.273)为各方案最大,此外控制防洪库容占比对拦蓄洪水资源的总量形成刚性约束,导致期望缺水比率(0.01)最高。

当以下游风险最小作为优化目标时,调度方案中上游各水库蓄洪量差异最大,主要表现为来水集中的东淠河佛子岭水库群拦蓄洪量较高,而西淠河响洪甸水库拦蓄洪量较低,对应防洪库容占比高达1.629;在充分发挥上游水库蓄洪作用的条件下,对应河道最大下泄流量占比(0.08)为各方案最小;此外上游拦蓄洪水资源总量较高,所以期望缺水比率(0.002 2)较低。

当以缺水风险最小作为优化目标时,调度方案中上游各水库蓄洪量差异较大,仍以来水集中的东淠河佛子岭水库群拦蓄洪量为主,对应防洪库容占比达1.454;上游水库的洪水资源拦蓄一定程度上降低了河道最大下泄流量占比(0.126);上游拦蓄洪水资源总量最高,所以期望缺水比率(0.002)最低。

可见,三项调度目标间呈显著矛盾关系,但矛盾强度与相互之间的影响程度不尽相同。在本例中,上、下游水库防洪风险指标随蓄洪及调控方案的差异变化敏感,且具有显著矛盾;上游水库群防洪风险指标相对缺水风险指标变化更为敏感。所以,在综合考虑指标变化敏感性程度以及调度目标重要性的条件下,可通过综合协调目标间的权重因子以及各库的蓄洪策略以实现目标均衡。

由单一目标优化方案结果取各目标的最小值构成理想解(0.397,0.080,0.002),在变动调度决策权重因子组合方案条件下采用妥协规划模型建模并求解加权距离最小的非劣解集,如图5.4所示。

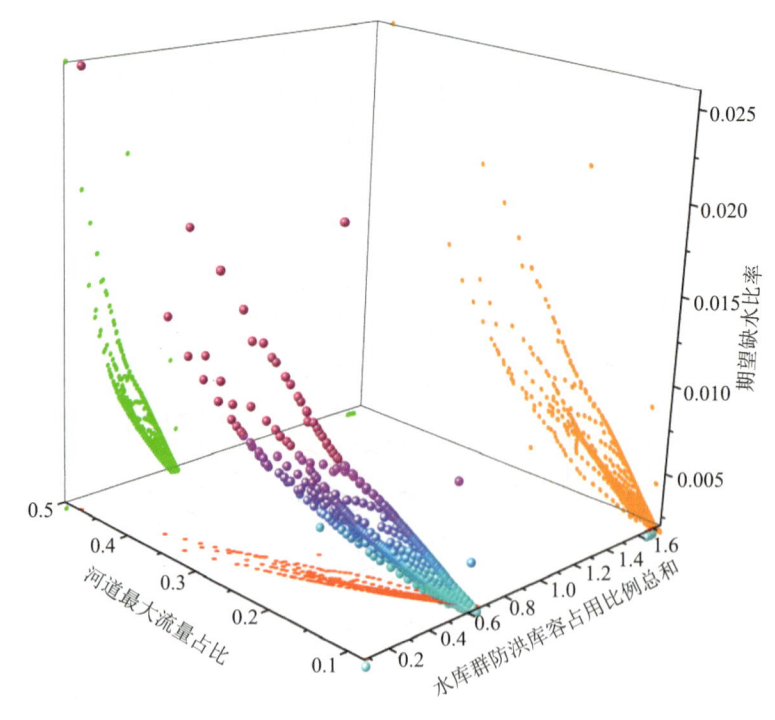

图 5.4　20150724次洪退水段水库群洪水资源利用多目标非劣解集

从非劣解前沿在各维度坐标轴上的投影结果可知，目标两两之间近似呈拟线性变化关系。在综合考虑决策目标之间的重要性程度以及决策者偏好的条件下，选取三组典型权重组合的非劣解方案进行分析，方案统计指标如表5.3所示。

表5.3 非劣解统计指标结果

序号	非劣解	权重	UR	DR	SR	UR(1)	UR(2)	UR(3)	UR(4)	L
1	上游风险极小	1,0,0	0.397	0.273	0.010	0.115	0.131	0.048	0.103	
2	下游风险极小	0,1,0	1.629	0.080	0.002	0.905	0.290	0.341	0.093	
3	缺水风险极小	0,0,1	1.454	0.126	0.002	0.686	0.307	0.372	0.089	
4	偏重上游风险	0.5,0.4,0.1	0.525	0.138	0.005	0	0.346	0.107	0.072	0.176
5	偏重下游风险	0.4,0.5,0.1	0.559	0.124	0.004	0	0.353	0.131	0.075	0.164
6	偏重缺水风险	0.3,0.4,0.3	0.585	0.119	0.003	0	0.354	0.141	0.091	0.146

计算结果表明：

在偏重上游风险解（权重组合0.5,0.4,0.1）方案下，相较于上游风险极小解，该方案增加了磨子潭、佛子岭水库蓄洪量，适量降低了响洪甸水库蓄洪量，同时将防洪库容最小的白莲崖水库蓄洪量降至0；对应蓄洪总量增加1143万 m^3。在利用上游水库适量拦蓄洪量后降低河道最大流量占比0.135，相当于降低最大出库流量668 m^3/s；期望缺水比率降低了0.005，对应于降低用户缺水量103.68万 m^3。可见，在偏重上游风险解的调度方案中，拦蓄水量是以降低下游河道下泄流量作为主要侧重目标，洪水资源转化比例相对较低。

在偏重下游风险解（权重组合0.4,0.5,0.1）方案下，相较于下游风险极小解，该方案增加了磨子潭水库蓄洪量，降低了白莲崖、佛子岭以及响洪甸水库蓄洪量；对应蓄洪总量减少5674万 m^3。对应河道最大流量占比增加了0.044，相当于增加最大出库流量218 m^3/s；期望缺水比率增加了0.002，导致用户缺水量增加41.5万 m^3。所以，在偏重下游风险指标的调度方案中，为降低上游防洪风险而降低蓄洪量的同时也会使缺水风险增加。

在偏重缺水风险解（权重组合0.3,0.4,0.3）方案下，相较于缺水风险极小解，该方案增加了磨子潭、响洪甸水库蓄洪量，降低了白莲崖、佛子岭水库蓄洪量；对应蓄洪总量减少4257万 m^3。对应河道最大流量占比增加了0.007，相当于降低最大出库流量34.7 m^3/s；期望缺水比率增加了0.002，导致用户缺水量增加20.7万 m^3。所以，相对于缺水风险极小解而言，偏重缺水风险指标的调度方案主要在适量增加缺水风险的条件下降低上游水库群防洪风险。

六组典型调度方案在不同来水情景下的三项目标间的对应关系如图5.5所

示,一方面印证了三项目标间的置换关系特点;另一方面,结果显示在不同来水情景下,上游风险指标、缺水风险指标的分散程度较高,即预报误差对这两项指标的影响相较于下游风险指标更敏感。

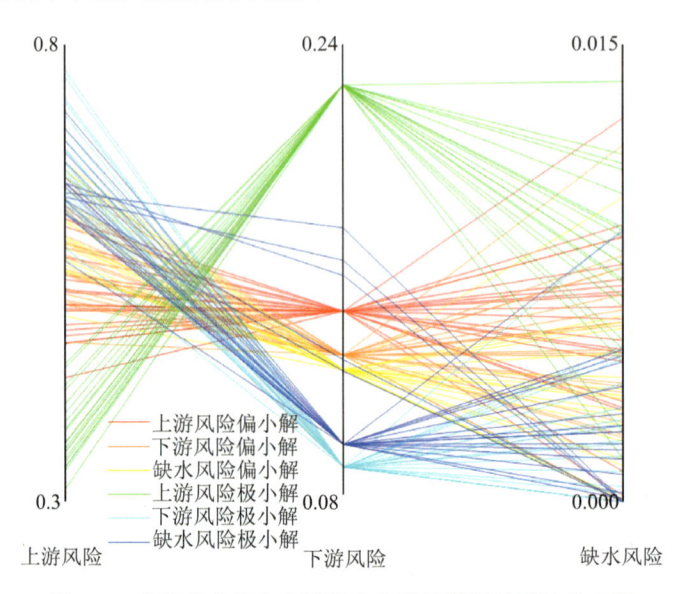

图 5.5 典型非劣解各项目标在多种情景下的置换关系图

2. 非劣解决策方案结果分析

预报误差影响下,调度方案中水库系统各库蓄量因调蓄预报误差而在一定范围内浮动变化。其中,偏重上游风险解方案中各库在预报误差影响下的蓄量浮动范围结果如图 5.6。

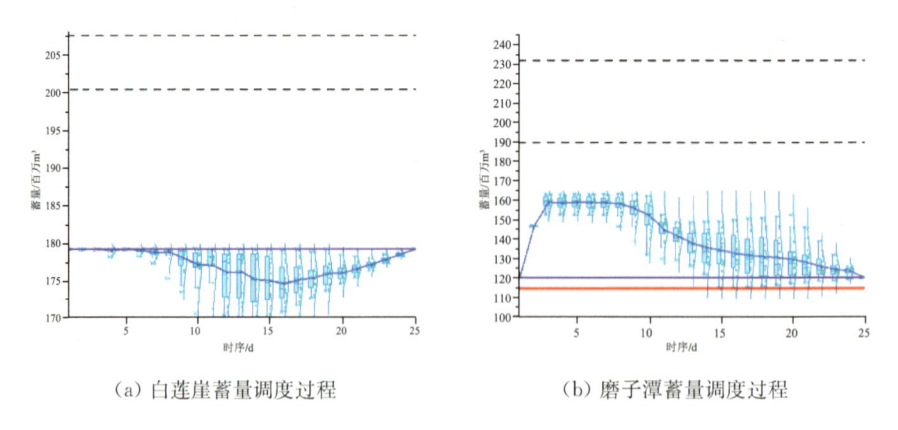

(a) 白莲崖蓄量调度过程

(b) 磨子潭蓄量调度过程

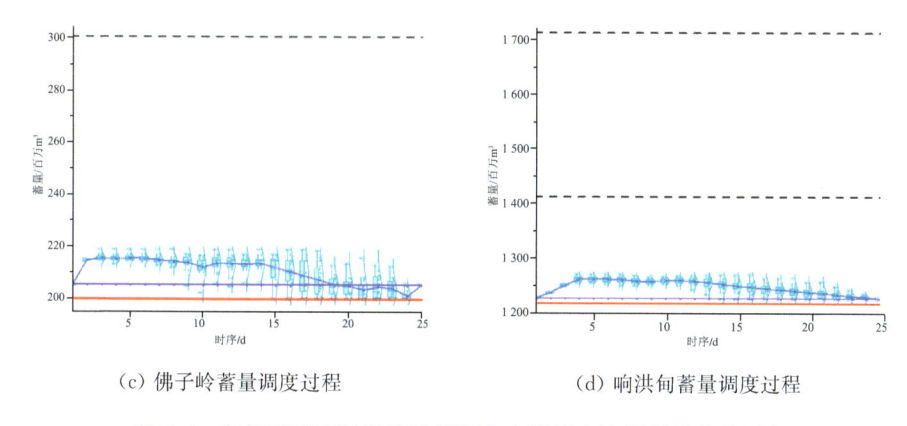

（c）佛子岭蓄量调度过程　　　　　　　　（d）响洪甸蓄量调度过程

图 5.6　预报不确定性影响下淠河水库群洪水资源利用蓄量过程

由结果可知，预报误差的影响随水库群调蓄的作用而沿时程、空间传递及变化。在综合考虑超蓄的水量效益以及对水库群系统防洪风险的影响下，在防洪库容较大的佛子岭、响洪甸等水库对应超蓄水量较多，超蓄后两库的剩余防洪库容依然较高，所以水量超蓄对系统上游防洪风险影响较小。而白莲崖水库由于防洪库容较小，在调控过程中始终维持库蓄量期望值低于汛限水位对应蓄量值，即通过降低蓄量值而降低自身防洪风险。

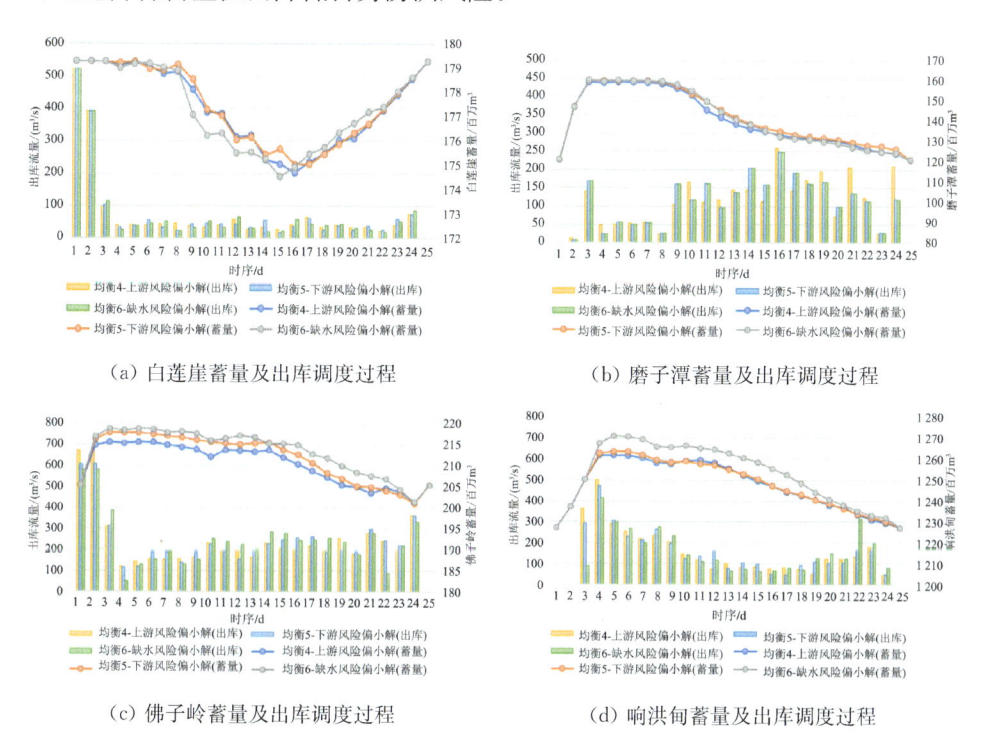

（a）白莲崖蓄量及出库调度过程　　　　　　（b）磨子潭蓄量及出库调度过程

（c）佛子岭蓄量及出库调度过程　　　　　　（d）响洪甸蓄量及出库调度过程

图 5.7　典型非劣解蓄量及出库调度方案过程

图 5.7 是各水库典型非劣解对应的蓄洪过程,由图 5.7 知均衡解间调度方案的差异主要体现在佛子岭以及响洪甸水库。主要因为两库的调度方案结果对三项指标的影响最为敏感。其中,相较于偏重极小化上游风险解,偏重极小化缺水风险解使佛子岭水库增蓄 343 万 m³ 以及响洪甸水库增蓄 942 万 m³。

5.3.3 滚动调度决策方案结果

将有限预见期下水库群实时洪水资源调控预报调度模型采用滚动预报调度模型方法应用于模拟 2015 年整个汛期水库群在实时调度过程中的滚动预报调度方案结果。对三类非劣解以及调度规则下的实时预报调度模拟结果如图 5.8~图 5.11 所示。

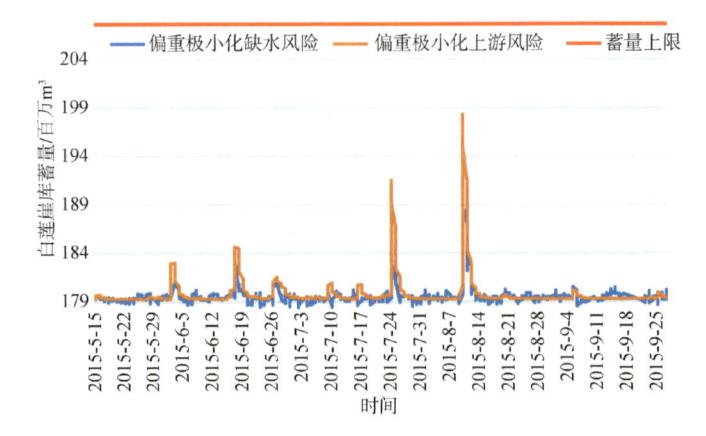

图 5.8 2015 年汛期来水条件下白莲崖滚动预报调度过程

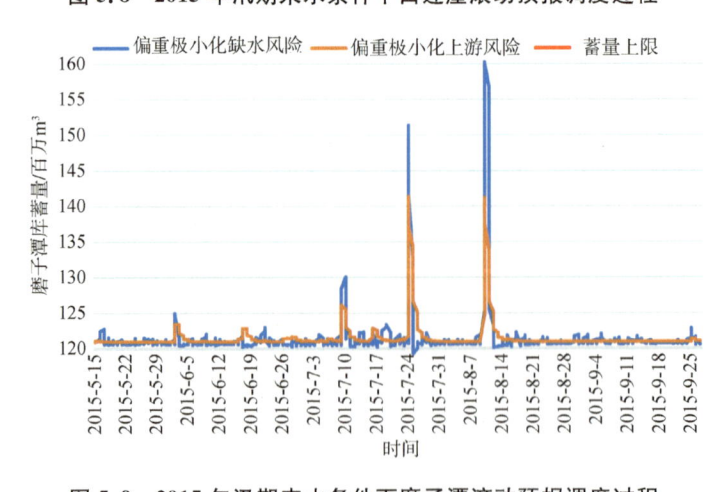

图 5.9 2015 年汛期来水条件下磨子潭滚动预报调度过程

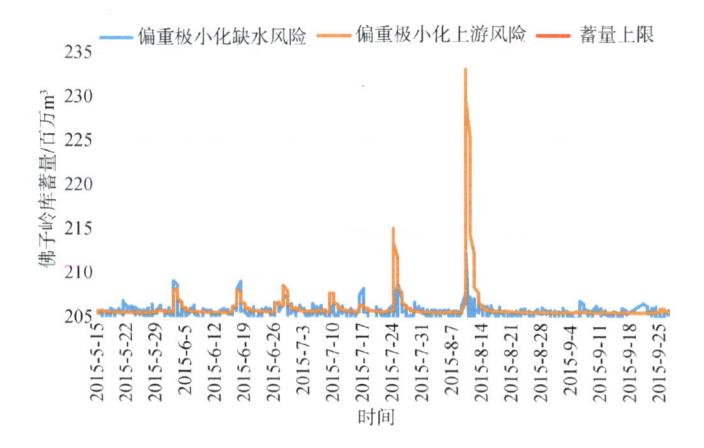

图 5.10　2015 年汛期来水条件下佛子岭滚动预报调度过程

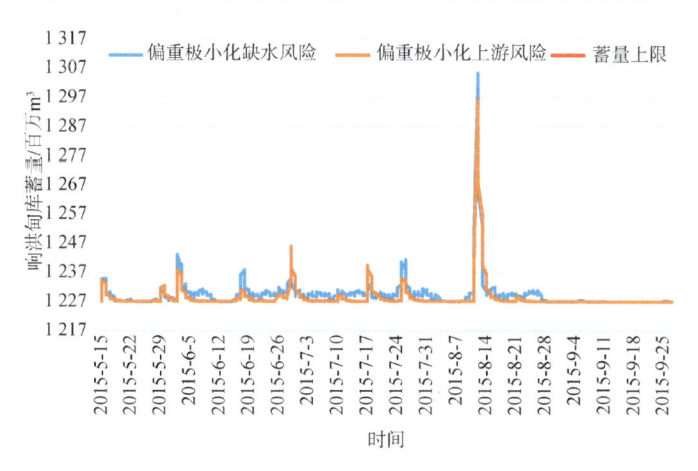

图 5.11　2015 年汛期来水条件下响洪甸滚动预报调度过程

调度结果表明，相较于偏重极小化上游风险解的模拟结果，偏重极小化缺水风险非劣解在 2015 年汛期来水过程中对应可降低缺水量 4 199 万 m^3。白莲崖、磨子潭、佛子岭水库群超蓄水量潜力较小，主要以保障自身及下游防洪安全的条件下通过库容补偿置换将水量超蓄至响洪甸水库，因而响洪甸水库在中小洪水调度过程中对洪水资源利用更充分。受预报来水偏差影响，超蓄未来得及通过兴利途径消化导致响洪甸水库最高蓄量高于偏重极小化上游风险解约 100 万 m^3。

5.4　结论

采用 Copula 函数可准确反映水库群来水预报误差不确定性及其时空相关性，提升风险评估的精准度。

三项风险指标间呈显著矛盾关系，而矛盾强度与相互之间的影响程度不尽相同。实例中，上、下游水库防洪风险指标随蓄洪及调控方案的差异变化敏感，且具有显著矛盾；上游水库群防洪风险指标相对缺水风险指标变化更为敏感。

均衡解间调度方案的差异主要体现在佛子岭以及响洪甸水库。主要因为两库的调度方案结果对三项指标的影响最为敏感。其中，相较于偏重极小化上游风险解，偏重极小化缺水风险解使佛子岭水库增蓄343万m^3以及响洪甸水库增蓄942万m^3。

相较于规则调度方案，采用偏重极小化缺水风险非劣解在2015年汛期来水的滚动预报调度过程中可降低用户缺水量4 199万m^3。

第6章
流域洪水资源利用效率综合评价

洪水资源作为地表的一种非常规的水资源,具有资源和灾害的双重属性。一方面洪水是重要的淡水、生态、肥力、动力资源,另一方面洪水灾害会造成冲刷、淹没、侵蚀等灾害。由于我国水资源时空分布不均,主要江河径流的年内分布有显著的季节性特征,水资源供需矛盾尤为突出。随着水资源的日益短缺,许多地区将增加洪水资源的有效利用量,以此作为"开源"的一种重要途径。加强洪水资源的有效利用,变害为利,建立流域洪水资源利用效率综合评价指标体系,评价流域洪水资源的利用现状和合理性,提高洪水资源的利用效率成为一项迫切要求。

目前洪水资源利用的途径主要有以下几种[192]:通过水库群联合调度拦蓄洪水;通过输配水工程跨流域调水;通过泄水工程输送泥沙改善河道河势;通过生态应急补水改善生态环境;通过雨洪资源补充地下水资源;利用雨洪淋洗盐碱土地等。这些方法主要集中在洪水调控技术方面,强调如何利用水库、输配水工程等尽可能多地调蓄和输送洪水,具有一定的单项性和局部性。从流域层面对洪水资源利用状况及合理性进行的评估相对缺乏,因而导致研究成果缺乏系统性和全面性,难以从宏观层面协调流域防洪安全保障和生态环境保护的关系。

在中国,通过"预蓄预泄"利用洪水资源的方法在20世纪六七十年代就已经被提出,它是保持原设计风险率的一种方法[193],通过"预蓄预泄"的方法能够有效利用洪尾超蓄的部分水量。2000年之后,很多学者开始研究洪水资源化的概念和途径。冯峰等[194]从汛限水位动态设计、跨流域洪水资源配置、利用洪水进行农业灌溉和修复湿地等多个角度对洪水资源化的方式进行研究。叶正伟等[195]将洪水资源化的概念和内涵上升到理论的高度进行研究和总结。刘建卫等[196]提出安全、高效、多重资源特性和保障长期效益的洪水资源开发过程。曹永强等[197]、邵学军等[198]从多角度提出了洪水资源开发利用的原则和评价指标。许士国等[199]通过多目标优化与遗传算法相结合的方式,构建了洪水资源优化配置模型,多种研究都表明洪水资源化是解决未来水资源短缺的有效途径。

有很多学者从单一水利工程的角度对洪水资源利用进行研究。邵东国等[200]以洋河水库为例,建立了综合考虑入库洪水,水库安全进行、下泄洪水超标等多种不确定因素的水库汛限水位抬高的洪水资源化利用风险评估模型与多目标风险决策模型。许士国等[201]根据研究区实际情况建立了蓄洪单元优化配置系统,用来合理分配每个蓄洪单元的洪水资源量。冯峰等[202]基于边际等值原理研究如何分配洪水资源最优利用量。王慧等[203]分析在汛期末引洪至淮河城西湖蓄洪区的可行性,并在拟建进水闸条件下得到洪水蓄滞方案,结果表明主动引洪对缓解淮河中游干旱具有重要意义。黄显峰等[204-205]构建了洪水资源利用风险率、风险效益和风险损失为一体的多目标风险决策模型,基于多目标优化的原理求解单一水库在洪水资源利用过程中的最优解。也有很多学者从多个水利工程联合应用的角度对洪水资源利用进行研究。王栋等[206]研究我国主要江河的水库群联合调度系统,并总结了我国水库群系统防洪联合调度的相关研究进展。郑德凤等[207]认为通过地表水库和地下水库的联合调度可以实现径流的再分配,从而在提高洪水资源利用水平的同时降低流域防洪风险。李瑞等[208]针对淮北地区水资源短缺问题,提出在未来洪水资源开发利用中,要加强水利工程联合调度与管理,减少水资源短缺造成的干旱损失。王忠静等[55-56]基于流域生态用水调度模型,研究了海河和淮河流域洪水资源利用的合理性与经济适度性。张灿等[209]利用 MIKE11 一维水动力学模型研究河湖连通系统对洪水资源利用的影响。从流域层面对洪水资源利用的研究也在相继开展。王银堂等[45,210]系统地研究了流域雨洪资源利用的计算方法,同时从流域层面提出了相对完善的洪水资源利用模式。胡庆芳等[46,211]建立了多个洪水资源利用相关指标为一体的洪水资源评价框架。吴浩云等[64]基于水量平衡公式研究了太湖流域洪水资源利用状况。王宗志等[59,212-213]基于极限理论研究了流域洪水资源利用潜力和利用方式的选择。陆志华等[214]基于流域洪水资源利用模式分析了太湖流域洪水资源利用潜力,为太湖雨洪资源利用决策管理提供了科学依据。除了洪水资源利用的研究外,还有一些学者对洪水资源综合评价展开了相关研究。Tilmant A 等[215]将模糊集理论与随机动态规划法结合起来,研究如何通过水库多目标优化调度来提高洪水资源利用率。Allasia 等[216]基于集对分析方法,研究了巴西南部一个多河流汇流城市近年来的洪水风险的变化,分析了建设泵站防洪系统进行洪水资源利用的效益。Azarnivand A 等[217]针对流域分水岭边界的复杂性和不确定性,提出了基于模糊数学的流域洪水风险管理措施,有利于流域管理机构的决策分析。

近年来流域洪水资源利用的理论与方法取得了若干新的发展,提出了由洪水控制向洪水管理转变的思路,并提出了水库动态汛限水位控制、蓄滞洪区主动调洪等一系列洪水资源利用的新措施,并在实际应用中取得了一定的成效。然而,目前国内洪水资源利用的研究和实践,集中在单项性或局部性的洪水调控技术方面,主要强调如何利用水利工程尽可能地调蓄洪水,但从流域层面对洪水资源利用状况及合理性的综合评估却缺乏适当的标准和方法,因而导致相应成果缺乏系统性和全面性,与流域生态环境保护和防洪安全保障的要求难以协调。因此,评估洪水资源利用的阈值和利用潜力,对于有针对地制定科学的洪水资源利用策略,协调好流域洪水资源利用与防洪安全保障和河流生态环境保护三者的关系具有很强的现实意义。对流域洪水资源利用合理性评价的基本标准和评估方法进行总结,研究建立流域洪水资源利用效率综合评价指标体系和评价方法,可为流域洪水资源利用模式的优选和推广,洪水资源有效开发利用和管理提供科学依据。

本章以淮河干流吴家渡站以上流域为研究区域,进行流域洪水资源利用效率综合评价研究,主要研究内容包括:

(1) 流域洪水资源利用现状和潜力评估。根据淮河流域上、中、下游的特点,对洪水资源开发利用的可行性进行分析,计算淮河流域和吴家渡水文站以上区域的汛期天然径流量、洪水资源实际利用量、利用率、可利用量和利用潜力等,构建基于二元极限概念的可利用量和利用潜力评估模型。

(2) 流域洪水资源利用效率分析。对城市水资源利用途径进行分析,将水资源效益分为生产效益、生活效益和生态效益,其中生产效益又分为工业效益和农业效益,对效益进行计算并结合当地用水情况对用水效率进行分析。

(3) 流域洪水资源利用水平综合评价。构建流域洪水资源利用综合评价指标体系,采用模糊集对分析方法对吴家渡断面以上流域洪水资源利用水平进行综合评价。

6.1 淮河流域洪水资源利用现状与潜力评估

6.1.1 理论方法

为了对流域洪水资源利用的现状与潜力进行评估,下面对流域洪水资源利用的概念体系和汛期天然径流量、洪水资源利用率、洪水资源可利用量、洪水资源利用潜力等有关指标的计算方法进行梳理和完善。

洪水资源利用的含义:在保障防洪安全、河流健康和适度承担风险的前提下,以流域内现有水利工程体系为依托,采用区域间"风险分担、利益共享"的运作模式,依靠科技进步优化提高洪水资源调控利用能力,对目前尚未控制利用的那部分洪水实施开发利用,增加可供河道外利用的水资源量,提高水资源利用效率。

汛期天然径流量 W_F:指在流域范围内,汛期由当地降水形成的天然河川径流量。

$$W_F = \int_{t_1}^{t_2} Q_F(i) \mathrm{d}t \tag{6.1}$$

式中：W_F为汛期天然径流量；t_1、t_2分别为洪水期起止时刻；$Q_F(i)$为第i年洪水期流域的河川天然洪水流量。不同流域洪水期有细微差别，需要根据河川径流季节分布、水系特征等自然地理因素确定，我国大部分流域的洪水期为 6—9 月。

洪水资源实际利用量 W_{FU}：现状洪水调控利用能力下的洪水资源实际利用量，可用流域汛期天然径流量与汛期出境水量之差来计算。

$$W_{FU} = W_F - W_{FO} \tag{6.2}$$

式中：W_{FU}为洪水资源实际利用量；W_{FO}为汛期出境水量，可选取流域出口断面的流量对洪水期时间的积分来进行计算。

洪水资源利用率 ω：在现状条件下，洪水资源实际利用量在汛期天然径流量中所占的比例。

$$\omega = W_{FU}/W_F \tag{6.3}$$

洪水资源可利用量 W_{FA}：在保障流域防洪安全和考虑洪水期河道内必要需水量的前提下，通过经济合理、技术可行的措施能够调控利用的最大汛期天然径流量。

$$W_{FA} = W_F - W_{FUA} \tag{6.4}$$

$$W_{FUA} = \phi(W_{FE}, W_{FUC}) \tag{6.5}$$

式中：W_{FA}为洪水资源可利用量；W_{FUA}为洪水资源不可利用量，受河道生态需水量和流域不可控汛期天然径流量两方面影响；W_{FE}为流域所"不允许利用"的部分，即用于维持汛期河道生态功能的生态需水量，一般采用较成熟的 Tennant 法计算，将汛期和非汛期的多年平均汛期天然径流量按照不同百分比计算生态需水量，一般取 10%～40%；W_{FUC}为流域所"不能够利用"的部分，指受调控利用能力限制所不能够利用的汛期天然径流量，即不可控汛期天然径流量，不可控汛期天然径流量等于汛期天然径流量与调控利用能力的差值；ϕ表示取两者之间的较大值。

洪水资源调控利用能力 W_{FC}：流域受调控利用能力限制从而使洪水资源利用量存在一定的限制，调控利用能力越高，可利用的汛期天然径流量越大，一般选取系列资料中洪水资源利用量的较大值来近似代表洪水资源调控利用能力。

洪水资源可利用量在客观上提供了一个流域洪水资源利用的阈值条件，为洪水资源利用是否合理提供了一个评价指标。若一定时期内，流域洪水资源实际利用量超过了洪水资源可利用量，则说明洪水资源利用不合理；若一定时期内，流域洪水资源实际利用量小于洪水资源可利用量，则说明洪水资源具有一定的潜力，尚未被开发利用。

洪水资源利用潜力 W_{FP}：在预见期内，在保障流域防洪安全的基础上，不破坏河流生态功能的前提下，洪水资源可利用量扣除洪水资源实际利用量之后，洪水资源中还能够进一步开发利用的最大洪水径流量。

$$W_{FP} = \Phi(W_{FA} - W_{FU}, 0) \tag{6.6}$$

式中：W_{FP}为洪水资源利用潜力；Φ表示取两者之间的较大值。

假定：

（1）洪水资源可利用量是洪水调控利用能力的函数。即在洪水资源总量一定的情况下，洪水资源调控利用能力越大，洪水资源可利用量就越大。

（2）对应任何洪水资源调控利用能力的洪水资源，均可划分为可利用量和不可利用量两部分。在此基础上，采用极限分析理论，假定一种随着水利工程的完善，调控利用能力无限大的理想情况，那么不可利用量仅包含用于维持汛期河道生态功能的生态需水量，进而可以分析现状和理论条件下的洪水资源可利用量及洪水资源利用潜力。

洪水资源现状可利用量和现状利用潜力是指基于现有水利工程体系，通过充分发挥非工程措施的洪水调节作用，可以合理利用的洪水资源上限和在现有基础上进一步挖掘的增量。流域洪水资源理论可利用量和理论利用潜力是指通过无限提高流域洪水调控利用能力，可以合理利用的洪水资源上限和在现有利用基础上可进一步挖掘的增量，即可利用的最大量和可增加的最大量。

洪水资源利用效率：单方洪水资源所带来的经济、生态、社会效益，单位为元/m^3。

流域洪水资源利用的现状与潜力分析流程见图6.1。

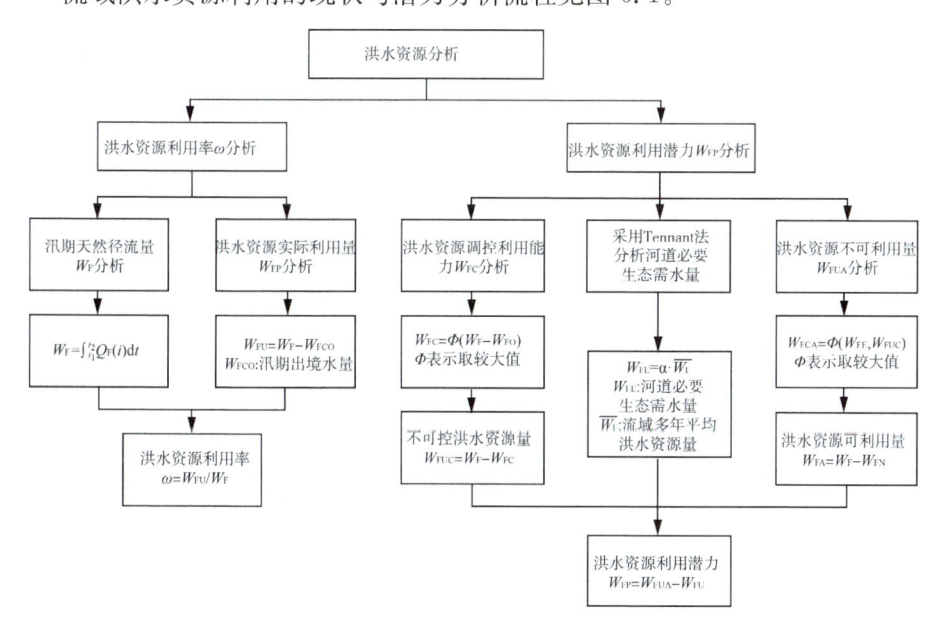

图6.1　洪水资源相关量指标分析流程

6.1.2 淮河流域洪水资源利用现状及潜力分析

根据《淮河片水资源公报》和《淮河流域水资源综合规划》等资料统计的相关数据,对淮河流域水资源量与入江入海水量进行统计,结果见表 6.1、图 6.2。由图 6.2 中地表水资源量和全年入江入海水量关系可以看出,地表水资源量和全年入江入海水量相关性很好,计算可得相关系数为 0.98。

表 6.1 淮河流域水资源量与入江入海水量统计

年份	降雨深 /mm	地表水资源量 /亿 m³	地下水资源量 /亿 m³	总水量 /亿 m³	大中型水库年末蓄水量 /亿 m³	全年入江入海水量 /亿 m³
1999	705.50	292.30	285.60	514.70	34.22	199.28
2000	1 029.60	828.90	458.30	1 164.70	75.16	597.85
2001	637.00	288.61	264.68	482.94	45.74	256.90
2002	787.10	414.37	317.25	656.58	59.88	267.28
2003	1 287.50	1 400.69	519.65	1 695.04	94.92	1 223.03
2004	798.00	440.43	330.31	653.20	83.07	280.55
2005	1 087.00	1 009.72	439.06	1 265.89	95.00	870.19
2006	874.70	600.74	341.71	826.44	79.19	454.40
2007	1 012.30	949.63	410.78	1 198.87	85.46	812.95
2008	903.60	670.91	363.35	905.34	82.16	530.86
2009	837.00	483.27	335.21	710.92	79.18	307.04
2010	871.20	632.60	353.55	859.59	88.90	446.00
2011	816.00	533.10	328.24	750.13	88.30	276.20
2012	748.60	452.67	294.94	649.40	75.30	263.30
2013	716.00	380.00	285.74	569.46	63.30	186.00
2014	846.00	471.00	315.14	688.71	78.60	332.30
2015	877.60	574.00	334.52	799.11	78.90	363.70
2016	965.00	705.09	380.70	955.62	166.72	511.26

根据实测流程资料分析,淮河干流各控制站汛期来水量占全年的 60% 左右。根据此比例关系及相关性分析,近似认为汛期天然径流量和汛期入江入海水量分别占地表水资源量和全年入江入海水量的 60%,据此计算淮河流域洪水资源实际利用量和利用率,结果见表 6.2。

图 6.2 地表水资源量和全年入江入海水量关系图

表 6.2 淮河流域洪水资源利用率

年份	汛期天然径流量/亿 m³	汛期入江入海水量/亿 m³	洪水资源实际利用量/亿 m³	洪水资源利用率/%
1999	175.38	119.58	55.80	31.82
2000	497.34	358.71	138.63	27.87
2001	173.17	154.14	19.03	10.99
2002	248.62	160.37	88.25	35.50
2003	840.41	703.82	136.59	16.25
2004	264.26	168.33	95.93	36.30
2005	605.83	522.11	83.72	13.82
2006	360.44	272.64	87.80	24.36
2007	569.78	487.77	82.01	14.39
2008	402.55	318.52	84.03	20.87
2009	289.96	184.22	105.74	36.47
2010	379.56	267.60	111.96	29.50
2011	319.86	165.72	154.14	48.19
2012	271.60	157.98	113.62	41.83
2013	228.00	111.60	116.40	51.05
2014	282.60	199.38	83.22	29.45
2015	344.40	218.22	126.18	36.64
2016	423.05	306.76	116.30	27.49
平均值	370.93	270.97	99.96	29.60

淮河流域多年平均汛期天然径流量为 370.93 亿 m³,多年平均汛期入江入海水量为 270.97 亿 m³,多年平均洪水资源利用量为 99.96 亿 m³,多年平均洪水资源利用率为 29.60%,说明洪水资源利用率较低,大部分洪水资源在汛期没有拦蓄在地表而直接入海。

淮河流域生态需水量主要用来维持河道的基本生态功能,本书采用 Tennant 法计算。淮河流域多年平均汛期天然径流量为 370.93 亿 m³,取同时间(汛期为 5—9 月)多年平均汛期天然径流量的 15%(该值与 Tennant 法中"中等"水平对应的河道需水量相当),则 $W_{FE} = 370.93 \times 15\% \approx 55.64$ 亿 m³。

从表 6.2 可以看出,近 18 年来(1999—2016 年)淮河流域洪水资源实际利用量较大的年份有 2000 年、2003 年、2011 年和 2015 年。其中 2003 年发生了较大的洪涝灾害,考虑到防洪安全和其他不稳定因素,认为洪水资源调控能力不应该超过 2003 年的洪水资源实际利用量(136.59 亿 m³)。所以选择 2003 年的洪水资源实际利用量 136.59 亿 m³ 作为 1999—2016 年洪水资源调控利用能力,据此计算历年的不可控汛期天然径流量。其中洪水资源不可利用量取不可控汛期天然径流量和生态需水量两者之间的较大值。在淮河流域生态需水量计算的基础上计算淮河流域洪水资源利用潜力,结果见表 6.3、图 6.3。

表 6.3　淮河流域洪水资源利用潜力　　　　　　　　单位:亿 m³

年份	汛期天然径流量	洪水资源实际利用量	不可控汛期天然径流量	洪水资源不可利用量	洪水资源可利用量	洪水资源利用潜力
1999	175.38	55.80	38.79	55.64	119.74	63.94
2000	497.34	138.63	360.75	360.75	136.59	0.00
2001	173.17	19.03	36.58	55.64	117.53	98.50
2002	248.62	88.25	112.03	112.03	136.59	48.34
2003	840.41	136.59	703.82	703.82	136.59	0.00
2004	264.26	95.93	127.67	127.67	136.59	40.66
2005	605.83	83.72	469.24	469.24	136.59	52.87
2006	360.44	87.80	223.85	223.85	136.59	48.79
2007	569.78	82.01	433.19	433.19	136.59	54.58
2008	402.55	84.03	265.96	265.96	136.59	52.56
2009	289.96	105.74	153.37	153.37	136.59	30.85
2010	379.56	111.96	242.97	242.97	136.59	24.63
2011	319.86	154.14	183.27	183.27	136.59	0.00
2012	271.60	113.62	135.01	135.01	136.59	22.97
2013	228.00	116.40	91.41	91.41	136.59	20.19

续表

年份	汛期天然径流量	洪水资源实际利用量	不可控汛期天然径流量	洪水资源不可利用量	洪水资源可利用量	洪水资源利用潜力
2014	282.60	83.22	146.01	146.01	136.59	53.37
2015	344.40	126.18	207.81	207.81	136.59	10.41
2016	423.05	116.30	286.46	286.46	136.59	20.29
平均值	370.93	99.96	234.34	236.34	134.60	35.72

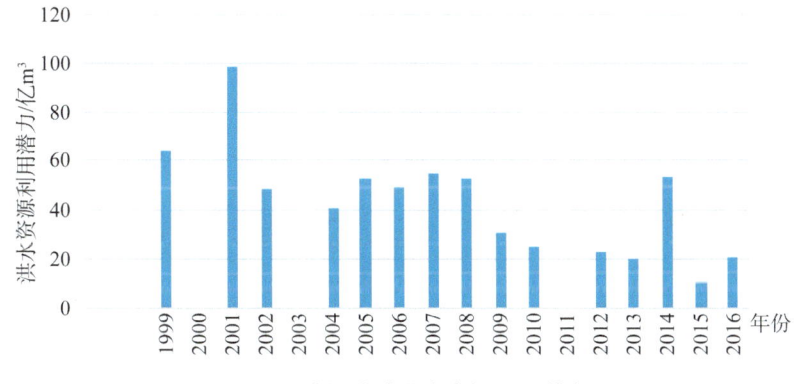

图6.3 淮河流域洪水资源利用潜力

（1）淮河流域1999—2016年平均洪水资源实际利用量为99.96亿 m^3，平均洪水资源利用率为29.60%。18个年份当中有10个年份洪水资源利用率低于30%，最高利用率为51.05%，最低利用率为10.99%，总体来看淮河流域洪水资源利用率不高。

（2）不可控汛期天然径流量大于洪水期生态需水量的年份有16年（占总年数的89%），说明流域洪水资源可利用量主要受不可控汛期天然径流量的约束，仅在1999年和2001年两个枯水年受生态需水量的约束。

（3）从图6.3可以看出，洪水资源利用潜力年际分布不均匀，最大值为98.50亿 m^3，最小值为0，多年平均为35.72亿 m^3。从多年平均情况来看，淮河流域具有较大的洪水资源利用潜力。随着水利工程建设的逐步完善，应该充分发挥水库、湖泊及河道在汛期的滞水和蓄水功能。

6.1.3 吴家渡站以上流域洪水资源利用现状与潜力评估

研究区域吴家渡以上流域，集水面积为12.13万 km^2，对应主要行政区为河南省和安徽省。根据1956—2016年逐日雨量资料，经产水量计算模型计算得吴家渡站1956—2016年逐月天然径流量（地表水资源量）系列。根据吴家渡站1956—2016年实测流量资料统计出历年逐月实测径流系列。计算结果见

图 6.4。全年天然径流量多年平均值为 308 亿 m³，全年实测径流量多年平均值为 258 亿 m³。汛期天然径流量多年平均值为 216 亿 m³，汛期实测径流量多年平均值为 178 亿 m³。

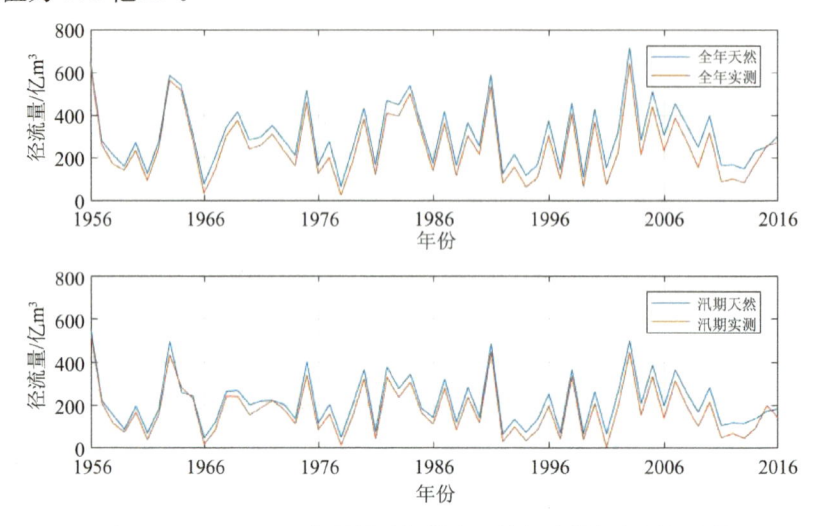

图 6.4　1956—2016 年不同时间段内天然径流量与实测径流量

洪水资源利用率即洪水资源实际利用量除以汛期天然径流量，它反映了区域对洪水资源的利用程度。洪水资源实际利用量即汛期通过水库调蓄、蓄滞洪区、河道湖泊等截留在地表的水资源量，可以利用汛期天然径流量减去汛期出境水量得到。淮河干流吴家渡站以上流域 1956—2016 年逐年洪水资源利用率分析结果见图 6.5 及表 6.4。

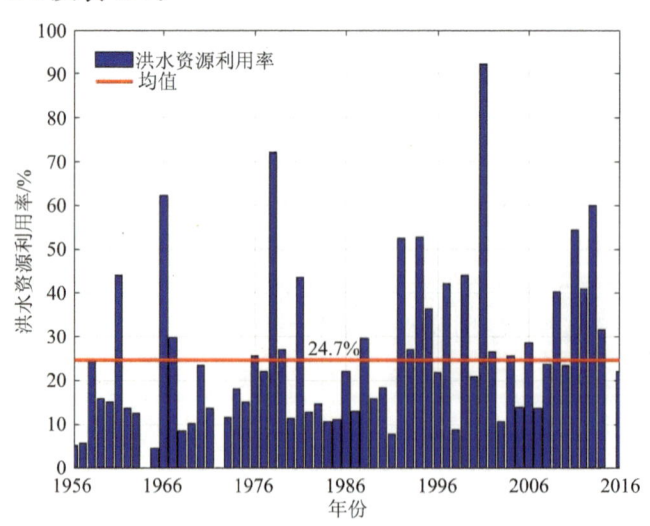

图 6.5　1956—2016 年吴家渡站以上流域洪水资源利用率

表6.4 吴家渡站以上流域1956—2016年洪水资源利用率

年份	洪水资源量/亿 m³	出境水量/亿 m³	实际利用量/亿 m³	利用率(η)/%	年份	洪水资源量/亿 m³	出境水量/亿 m³	实际利用量/亿 m³	利用率(η)/%
1956	556.97	527.59	29.38	5.27	1987	321.75	280.37	41.39	12.86
1957	219.88	207.15	12.73	5.79	1988	120.32	84.83	35.49	29.50
1958	152.49	114.53	37.96	24.89	1989	282.34	237.59	44.75	15.85
1959	86.30	72.76	13.54	15.69	1990	144.36	117.73	26.63	18.45
1960	196.07	166.45	29.63	15.11	1991	484.25	446.03	38.22	7.89
1961	69.26	38.71	30.54	44.10	1992	63.53	30.16	33.37	52.52
1962	183.95	158.76	25.20	13.70	1993	134.09	98.03	36.06	26.89
1963	495.42	433.85	61.57	12.43	1994	72.61	34.35	38.25	52.69
1964	260.02	283.40	0.00	0.00	1995	133.49	84.93	48.55	36.37
1965	243.43	232.46	10.97	4.51	1996	252.34	197.20	55.14	21.85
1966	46.55	17.56	28.99	62.27	1997	69.16	40.01	29.15	42.15
1967	119.35	83.81	35.54	29.78	1998	366.67	334.90	31.77	8.66
1968	264.12	241.55	22.57	8.54	1999	69.05	38.70	30.35	43.95
1969	267.23	240.27	26.96	10.09	2000	263.20	208.07	55.13	20.95
1970	201.23	154.20	47.03	23.37	2001	65.81	5.20	60.61	92.10
1971	218.52	188.62	29.89	13.68	2002	263.55	193.85	69.70	26.45
1972	221.09	221.72	0.00	0.00	2003	497.11	444.25	52.85	10.63
1973	202.89	179.38	23.51	11.59	2004	207.00	153.95	53.05	25.63
1974	136.18	111.41	24.77	18.19	2005	385.63	331.83	53.80	13.95
1975	399.76	339.54	60.22	15.06	2006	197.08	140.58	56.50	28.67
1976	115.21	85.75	29.47	25.58	2007	363.71	314.08	49.63	13.65
1977	203.64	158.60	45.05	22.12	2008	257.78	196.92	60.87	23.61
1978	49.54	13.80	35.74	72.15	2009	167.30	99.84	67.45	40.32
1979	202.46	147.76	54.70	27.02	2010	281.97	215.97	65.99	23.40

续表

年份	洪水资源量/亿 m³	出境水量/亿 m³	实际利用量/亿 m³	利用率(η)/%	年份	洪水资源量/亿 m³	出境水量/亿 m³	实际利用量/亿 m³	利用率(η)/%
1980	364.17	322.93	41.23	11.32	2011	104.50	47.80	56.70	54.26
1981	76.39	43.16	33.23	43.50	2012	116.72	68.93	47.79	40.94
1982	376.50	328.63	47.86	12.71	2013	114.51	45.77	68.74	60.03
1983	275.96	235.38	40.58	14.70	2014	137.93	94.18	43.75	31.72
1984	343.06	306.94	36.11	10.53	2015	172.63	198.35	0.00	0.00
1985	186.17	165.52	20.65	11.09	2016	182.98	142.74	40.24	21.99
1986	142.58	110.94	31.64	22.19	平均值	215.90	178.04	38.68	24.67

从图 6.5 及表 6.4 可以看出，洪水资源利用率最大为 2001 年，高达 92.10%；最小为 0，多年平均洪水资源利用率为 24.67%。近年来随着水利工程的逐渐完善，洪水资源实际利用率虽然波动较大，但整体趋势在不断提高。

为了维持吴家渡水文站以下必要需水量，存在一部分"不允许利用"的水量，主要用来维持河道的基本生态功能，本文采用 Tennant 法计算。吴家渡以上流域多年平均汛期天然径流量为 215.90 亿 m³，取同时间（汛期一般为 5—9 月）多年平均汛期天然径流量的 15%（该值与 Tennant 法中"中等"水平对应的河道需水量相当），则 $W_{FE}=15\% \times 215.90 \approx 32.39$ 亿 m³。

从表 6.4 可以看出近 61 年来（1956—2016 年）吴家渡以上流域洪水资源实际利用量最大值为 69.70 亿 m³，可以认为现状调控利用能力为 69.70 亿 m³。不可控汛期天然径流量为汛期天然径流量减去调控利用能力。不可利用量 W_{FUA} 为下游生态需水量和不可利用量的较大值，以此可以计算出现状洪水资源可利用量和现状洪水资源利用潜力。

未来随着水利工程的逐渐完善，调度和管理办法的日益先进，调控利用能力将逐渐增加。考虑未来调控利用能力无限大的极限情况，洪水资源不可利用量仅为下游生态需水量，从而可以得到理论洪水资源可利用量和理论洪水资源利用潜力，见表 6.5。从表 6.5 可以看出：①吴家渡流域 1956—2016 年洪水资源平均实际利用量为 38.68 亿 m³，洪水资源利用率为 24.67%，最大值为 69.70 亿 m³，发生在 2002 年；最小值为 0，发生在 1964、1972、2015 年。②现状利用潜力年际分布不均，最大值为 69.70 亿 m³，最小值为 0，多年平均为 26.28 亿 m³。

表 6.5　吴家渡流域 1956—2016 年洪水资源利用潜力　　单位:亿 m³

年份	洪水资源量	实际利用量	不可控洪水	不可利用量	现状可利用量	现状利用潜力
1956	556.97	29.38	487.27	487.27	69.70	40.32
1957	219.88	12.73	150.18	150.18	69.70	56.97
1958	152.49	37.96	82.79	82.79	69.70	31.74
1959	86.30	13.54	16.60	32.37	53.93	40.39
1960	196.07	29.63	126.37	126.37	69.70	40.07
1961	69.26	30.54	0.00	32.37	36.89	6.35
1962	183.95	25.20	114.25	114.25	69.70	44.50
1963	495.42	61.57	425.72	425.72	69.70	8.13
1964	260.02	0.00	190.32	190.32	69.70	69.70
1965	243.43	10.97	173.73	173.73	69.70	58.73
1966	46.55	28.99	0.00	32.37	14.18	0.00
1967	119.35	35.54	49.65	49.65	69.70	34.16
1968	264.12	22.57	194.42	194.42	69.70	47.13
1969	267.23	26.96	197.53	197.53	69.70	42.74
1970	201.23	47.03	131.53	131.53	69.70	22.67
1971	218.52	29.89	148.82	148.82	69.70	39.81
1972	221.09	0.00	151.39	151.39	69.70	69.70
1973	202.89	23.51	133.19	133.19	69.70	46.19
1974	136.18	24.77	66.48	66.48	69.70	44.93
1975	399.76	60.22	330.06	330.06	69.70	9.48
1976	115.21	29.47	45.51	45.51	69.70	40.23
1977	203.64	45.05	133.94	133.94	69.70	24.65
1978	49.54	35.74	0.00	32.37	17.17	0.00
1979	202.46	54.70	132.76	132.76	69.70	15.00
1980	364.17	41.23	294.47	294.47	69.70	28.47
1981	76.39	33.23	6.69	32.37	44.02	10.79
1982	376.50	47.86	306.80	306.80	69.70	21.84
1983	275.96	40.58	206.26	206.26	69.70	29.12

续 表

年份	洪水资源量	实际利用量	不可控洪水	不可利用量	现状可利用量	现状利用潜力
1984	343.06	36.11	273.36	273.36	69.70	33.59
1985	186.17	20.65	116.47	116.47	69.70	49.05
1986	142.58	31.64	72.88	72.88	69.70	38.06
1987	321.75	41.39	252.05	252.05	69.70	28.31
1988	120.32	35.49	50.62	50.62	69.70	34.21
1989	282.34	44.75	212.64	212.64	69.70	24.95
1990	144.36	26.63	74.66	74.66	69.70	43.07
1991	484.25	38.22	414.55	414.55	69.70	31.48
1992	63.53	33.37	0.00	32.37	31.16	0.00
1993	134.09	36.06	64.39	64.39	69.70	33.64
1994	72.61	38.25	2.91	32.37	40.24	1.99
1995	133.49	48.55	63.79	63.79	69.70	21.15
1996	252.34	55.14	182.64	182.64	69.70	14.56
1997	69.16	29.15	0.00	32.37	36.79	7.64
1998	366.67	31.77	296.97	296.97	69.70	37.93
1999	69.05	30.35	0.00	32.37	36.68	6.33
2000	263.20	55.13	193.50	193.50	69.70	14.57
2001	65.81	60.61	0.00	32.37	33.44	0.00
2002	263.55	69.70	193.85	193.85	69.70	0.00
2003	497.11	52.85	427.41	427.41	69.70	16.85
2004	207.00	53.05	137.30	137.30	69.70	16.65
2005	385.63	53.80	315.93	315.93	69.70	15.90
2006	197.08	56.50	127.38	127.38	69.70	13.20
2007	363.71	49.63	294.01	294.01	69.70	20.07
2008	257.78	60.87	188.08	188.08	69.70	8.83
2009	167.30	67.45	97.60	97.60	69.70	2.25
2010	281.97	65.99	212.27	212.27	69.70	3.71
2011	104.50	56.70	34.80	34.80	69.70	13.00

续 表

年份	洪水资源量	实际利用量	不可控洪水	不可利用量	现状可利用量	现状利用潜力
2012	116.72	47.79	47.02	47.02	69.70	21.91
2013	114.51	68.74	44.81	44.81	69.70	0.96
2014	137.93	43.75	68.23	68.23	69.70	25.95
2015	172.63	0.00	102.93	102.93	69.70	69.70
2016	182.98	40.24	113.28	113.28	69.70	29.46
平均值	215.90	38.68	147.10	151.98	63.92	26.28

6.2 淮河流域洪水资源利用效率评价

遵循"以点到面"的原则,以佛子岭和响洪甸水库为例,构建洪水资源利用效率分析指标体系,探究分析计算方法,为流域洪水资源利用模式的优选和推广、洪水资源有效开发利用和管理提供科学依据。

洪水资源利用效率是指单位水资源产生的效益,由于水库洪水资源主要应用于城市生产、生活、生态三个方面,以此为基础,将用水效益分为生产用水效益、生活用水效益和生态用水效益。由于生产用水主要用于工业和农业,因此将生产用水效益分为工业用水效益和农业用水效益分别计算。城市生态用水主要用于绿地灌溉,因此通过分析绿地产生的效益并以降水量和生态用水量为基础分析城市生态用水效益;而水库本身作为人工湖泊,其自身有一定的生态价值,因此,洪水资源利用的生态效益分为城市生态用水效益和水库蓄水生态效益。

综上所述,洪水资源利用效率的计算指标包括:工业用水效率、农业用水效率、城市生活用水效率、城市生态用水效率、水库蓄水生态效率。对上述指标分别进行计算,得到水库综合洪水资源利用效率。

国内对水资源效益的分析主要集中于工业、生态、农业和效益评价这几个方面。工业方面,沈大军等[218]对传统柯布-道格拉斯生产函数进行改进,将水资源相关指标加入函数中,并根据城市基础经济数据计算城市工业用水边际效益分摊系数,用以计算城市工业用水效益;吴泽宁等[219]采用能值理论计算工业用水效益分摊系数,与以往凭借主观确定的分摊系数相比,能更客观、真实地反映水在工业生产中所产生的效益。由于生态涉及因素过多且较难计算,国内对于水资源生态效益的研究主要集中于地表水和城市绿地。赵同谦等[220]将生态系统价值核算推广到地表水生态价值核算,以此为基础对中国各大型湖泊、沼泽湿地、海洋和河流等进行了价值核算,在这之中包括直接和间接价值,较为准确地体现了我国地表水生态系统的价值;粟晓玲等[221]根据生态服务功能动态价值这一概念,对河流整个流域的生态价值进行了计算分析,并提出了单位面积生态系统服务价值修正系数这一指标,为河流流域生态价值计算提供了可能;吕翠美等[222]采用能值理论对郑州市的水资源生态经济系统进行了分析计算,并对其可持续性进行了评价;张洪涛等[223]对大连市透水面进行了研究计算,通过建立生态、经济指标,根据城市绿地生态效益计算公式,将透水面集水效益量化。农业方面集中于灌溉用水效益的分析计算,雷波等[224]综合探讨了农业用水效益评价的研究进展,并对未来水资源利用效率评价的研究重点进行了分析预测;张燕妮等[225]基于模糊物元模型,用线性加权法将层次分析法和熵权法相结合,对灌区水资源综合利用效益进行了评价;罗乾等[226]将能值理论运用到农业灌溉效益分摊系数的计算中,根据能值理论计算得到的灌溉用水分摊系数,较好地考虑到了农业生产过程中降水等自然环境对灌溉用水效益的影响。此外,水资源效益评价也是国内研究较多的部分。为了核算城市雨水利用工程的效益,李美娟等[227]通过采用多层次半结构模糊综合评价法对大连市三种不同的雨水利用方案进行了效益评价,对城市雨水利用的推进具有重大意义;左传英等[228]用模糊聚类评价模型从经济、社会、生态三个角度综合评判了云南省各区域的水资源利用效率,并与数据包络分析法的计算结果进行了比较;为了对生态绿洲进行准确有效的评价,魏轩等[229]利用网络层次分析法对生态绿洲历年来的生态、经济、社会和综合效益进行了评价,得到了四个效益的变化趋势,可以有效应用于水利规划方面;杨硕等[230]基于投入产出模型对北京市水资源经济效益进行了评价与分析,以促进北京市水资源的优化配置。国外对于水资源效益研究较少,主要集中于水资源生态效益。Richard T. Woodward等[231]计算了多个湿地的生态价值,但价值趋势仍不太稳定,需要针对特定地点进行评估;Colin M. Beier等[232]计算了酸雨对美国一地区森林、溪流和湖泊的生态、经济价值影响,得出森林和湖泊渔业受到影响较大,但河流水质潜在效益受到的影响较小。水资源利用的方式与规模各不相同,投资差异和获得的效益也有所区别,因此,采用经济学的原理,对水资源利用的成本效益进行分析,不仅非常必要,而且有助于推动水资源可持续利用的发展。

6.2.1 洪水资源利用效率计算方法

6.2.1.1 基于C-D生产函数的工业及生活用水效益量化方法

洪水资源利用产生的供水效益一般参考水资源效益来进行量化,常用的量化方法包括残值法、实际单位经济贡献法、分摊系数法及缺水损失法等。在实际运用中,这些方法都存在一定不足,如残值法的影子价格较难测算,其实际操作性不强;实际单位经济贡献法是残值法的改进,增加了可操作性,但该方法所计算的工业用水效益偏大。综合考虑各方法的优缺点,本项研究选用经济学理论中的柯布-道格拉斯生产函数(Cobb-Douglas Production Function)法对洪水资源利用效益进行量化计算,该方法考虑了经济生产中非水要素的投入回报,同时通过折算用水弹性消除了科技技术进步、政策调整等对工业总产值的影响,使工业用水效益计算结果更为准确。

柯布-道格拉斯生产函数,通常简称为 C-D 生产函数,它由美国数学家柯布(C. W. Cobb)和经济学家道格拉斯(P. H. Douglas),根据 1899—1922 年间美国制造业的有关数据构造得到。他们认为,在技术经济条件不变的情况下,投入的资本和劳动力与产出的关系可以用如下函数形式表示:

$$Y = A \cdot K^{\alpha} \cdot L^{\beta} \cdot Q^{\lambda} \tag{6.7}$$

式中:Y 为产业总产值;A 为效率系数;K 为产业固定资产;L 为产业劳动力;Q 为产业用水量;α 为固定资产弹性;β 为劳动力弹性;λ 为用水弹性,表示用水量增加 1% 时,将引起产业产值增加 λ%。

将三个弹性系数进行归一计算得到调整的用水弹性系数 λ',根据调整后的用水弹性系数计算工业及生活用水效益及效率,计算公式如下:

$$U = \lambda' \cdot Y \tag{6.8}$$

$$E = U/Q \tag{6.9}$$

式中:U 为对应产业用水效益;E 为对应产业用水效率。

6.2.1.2 基于能值理论与用水效益分摊系数的农业用水效益量化方法

《水利建设项目经济评价规范》(SL 72—2013)中推荐采用分摊系数法、影子水价法、缺水损失法计算农业灌溉效益。影子水价法理论清晰,但需要采用研究区的大量社会、经济、环境等资料进行测算,具有一定的地域局限性;缺水损失法符合经济理论,但需要采用大量长系列资料,且涉及优化分配问题。本章选用运用最为广泛的分摊系数法来量化农业灌溉效益,其关键在于效益分摊系数的确定,因此采用能值理论来确定农业用水效益分摊系数并计算农业用水效益和农业用水效率。

通过建立能值分析表,汇总农作物生产系统的能值投入和产出,包括农业生产系统投入总能值、农作物能值等,并建立农作物生产系统投入产出表,最后计算灌溉效益分摊系数及灌溉效益,计算公式如下:

$$k = \frac{I_{\text{灌溉用水}}}{I_{\text{总}}} \tag{6.10}$$

式中:k 为灌溉用水效益分摊系数;$I_{\text{灌溉用水}}$ 为农业能值计算中能值投入的灌溉用水能值;$I_{\text{总}}$ 为农业能值计算中农业总投入能值。

得到灌溉用水分摊系数后,根据能值投入产出表计算农业灌溉产生的效益,计算公式如下：

$$U_{农业} = k \cdot P_{总}/\varepsilon \tag{6.11}$$

$$E_{农业} = U_{农业}/Q_{农业} \tag{6.12}$$

式中：$P_{总}$ 为农业能值计算中农业总产出能值；ε 为能值货币比率；$U_{农业}$ 为农业灌溉用水效益；$Q_{农业}$ 为农业灌溉用水量；$E_{农业}$ 为农业灌溉用水效率。

6.2.1.3 生态用水效益量化方法

1. 城市生态用水效益量化方法

城市生态用水中以绿地灌溉产生的效益最为显著，城市绿地效益体现在：回补地下水、固碳释氧和净化大气效益。因此，通过分析城市绿地效益，根据降水量与生态用水量，对城市生态用水效益进行量化。计算方法如下。

（1）回补地下水：

$$U_1 = C \cdot B \cdot \frac{Q_{生态}}{P \cdot A + Q_{生态}} \tag{6.13}$$

$$B = \gamma \cdot (P \cdot A + Q_{生态}) \tag{6.14}$$

式中：U_1 为回补地下水效益；C 为水资源影子价格；B 为回补地下水量；$Q_{生态}$ 为生态用水量；P 为年降雨量；A 为城市绿地面积；γ 为地下水下渗补给系数。

（2）固碳释氧：

$$U_2 = (V_o \cdot T_o + V_c \cdot T_c) \cdot A \cdot \frac{Q_{生态}}{P \cdot A + Q_{生态}} \tag{6.15}$$

式中：U_2 为固碳释氧效益；V_o 为绿地每年每公顷释放的氧气量；T_o 为氧气价格；V_c 为绿地每年每公顷吸收的二氧化碳量；T_c 为二氧化碳价格。

（3）净化大气：

$$U_3 = (\sum_{i=1}^{3} J_i \cdot T_i) \cdot A \cdot \frac{Q_{生态}}{P \cdot A + Q_{生态}} \tag{6.16}$$

式中：U_3 为净化大气效益；J_i 为每年每公顷的吸收量；T_i 为单位质量治理费用，$i=1、2、3$ 分别对应硫化物、氮化物、滞尘。

城市生态用水效率计算公式为

$$E_{生态} = (\sum_{i=1}^{3} U_i)/Q_{生态} \tag{6.17}$$

式中：$E_{生态}$ 为城市生态用水效率。

2. 水库蓄水生态效益量化方法

水库作为一种人工湖泊，通过拦蓄洪水产生的生态效益包括水资源集蓄效益、水质净化效益和调蓄洪水效益。

(1) 水资源积蓄：水资源积蓄是指存储水源、调节径流、补充河流及地下水水量的作用，通过水资源存储总量与水库蓄水成本相乘得到。

$$U_{jx} = K_{蓄} \times W \tag{6.18}$$

式中：U_{jx} 为水库积蓄效益；$K_{蓄}$ 为水库蓄水成本；W 为水库蓄水总量，取水库兴利库容。

(2) 水质净化：水库有一定的自净能力，通过计算其年净化氮、磷量来计算其水质净化效益。

$$U_{jh} = U_N + U_P \tag{6.19}$$

$$U_N = S \times K_N \times C_N \tag{6.20}$$

$$U_P = S \times K_P \times C_P \tag{6.21}$$

式中：U_N 为净化氮的效益；U_P 为净化磷的效益；S 为水库的面积；K_N 为平均氮去除率；K_P 为平均磷去除率；C_N 为氮去除成本；C_P 为磷去除成本。

(3) 调蓄洪水：调蓄洪水是指水库蓄积洪水水量、调节洪峰的作用。通过计算其保护耕地面积来计算。

$$U_{tx} = K_{损} \times S \tag{6.22}$$

式中：U_{tx} 为水库调蓄洪水效益；$K_{损}$ 为平均综合农业受灾损失；S 为保护的耕地面积。

所以水库蓄水生态效率计算公式为

$$E_{库生态} = \frac{U_{jx} + U_{jh} + U_{tx}}{W} \tag{6.23}$$

式中：$E_{库生态}$ 为水库蓄水生态效率。

6.2.2 洪水资源利用效率计算

城市用水主要分为生产、生活和生态用水，其中生产用水主要为工业生产用水和农业生产用水。因此，将城市水资源利用效率分为工业用水效率、农业用水效率、生活用水效率和生态用水效率，在计算得到四种用水效率的具体数值后，以城市四种用水途径的用水量为权重加权得到城市综合用水效率。

6.2.2.1 工业用水效率计算

收集了 2007—2017 年合肥市工业基础数据，见表 6.6。

根据表 6.6，将工业固定资产投资净值、工业劳动力投入及工业用水总量作为自变量，以工业总产值为因变量，分别取自然对数，运用 SPSS 软件对数据进行回归分析，回归系数、区间估计及显著性结果检验见表 6.7。

表 6.6 2007—2017 年合肥市工业基础数据

年份	总产值/亿元	固定资产投资/亿元	劳动力/万人	用水量/亿 m³
2007	1 493.14	302.96	104.20	7.24
2008	2 092.89	535.77	113.00	7.46
2009	2 766.40	752.20	113.70	7.77
2010	3 799.02	1 010.17	115.30	7.78
2011	5 628.75	1 335.93	156.80	7.9
2012	6 696.42	1 551.40	164.50	7.21
2013	7 526.58	1 752.97	175.30	6.64
2014	8 589.40	1 910.10	181.40	5.72
2015	9 345.59	2 049.66	183.80	5.52
2016	10 124.52	2 195.00	185.10	5.44
2017	10 903.45	2 379.03	187.30	5.07

表 6.7 生产函数模型回归系数及精度参数（合肥市）

模型	回归值	标准差	检验值	显著性	回归值的 95% 置信区间 下限	回归值的 95% 置信区间 上限
总产值	0.156	0.851	0.183	0.860	−1.856	2.168
固定资产投资	0.733	0.065	11.270	0.000	0.579	0.887
劳动力	0.739	0.205	3.600	0.009	0.254	1.225
用水量	−0.264	0.138	−1.913	0.097	−0.591	0.062

根据分析结果得到生产函数并计算出用水弹性，计算合肥市工业用水效益及效率。

（1）求解 C-D 生产函数：

$$Y = 1.169 \cdot K^{0.733} \cdot L^{0.739} \cdot Q^{0.264} \tag{6.24}$$

（2）计算用水弹性：

$$\lambda' = \frac{\lambda}{\alpha + \beta + \lambda} = \frac{0.264}{0.733 + 0.739 + 0.264} = 0.152 \tag{6.25}$$

（3）计算合肥市工业用水效率：根据用水弹性及合肥市历年工业基础数据，计算出历年工业用水效率及均值。用相同的方法计算六安市及淮南市历年工业用水效率,计算结果见表6.8、图6.6。

表6.8　合肥、六安、淮南历年工业用水效率及均值　　单位:元·m^{-3}

年份	合肥市工业用水效率	六安市工业用水效率	淮南市工业用水效率
2007	31.36	38.67	18.04
2008	42.66	52.52	29.90
2009	54.14	66.88	27.77
2010	74.26	90.95	135.85
2011	108.35	116.19	99.64
2012	141.24	174.07	139.92
2013	172.38	177.24	197.48
2014	228.36	205.16	252.51
2015	257.47	183.49	92.69
2016	283.03	221.17	179.18
2017	327.05	244.32	194.71
平均值	156.39	142.79	124.34

图6.6　合肥、六安、淮南2007—2017年工业用水效率趋势图

从图6.6中可以看出,三座城市近年工业用水效率均增长较快,淮南市近年有较大浮动,主要因为近年安徽省将寿县划归淮南市,寿县的工业用水效率偏低。

6.2.2.2　农业用水效率计算

下面以合肥市为例进行计算。

1. 农作物生产系统能值流计算

根据《生态经济系统能值分析》[233]中能量流、物质流的数据,得到2015年合肥市农作物生产系统的主要能量流,结果见表6.9。

表6.9 2015年合肥市农作物生产系统能量流

	项目	原始数据	质量转能量/(J/t)	能值转换率	能值
投入	太阳能/J	5.74×10^{19}	1	1	5.74×10^{19}
	雨水化学能/J	5.07×10^{16}	1	1.82×10^{4}	9.22×10^{20}
	雨水势能/J	3.01×10^{15}	1	8.89×10^{3}	2.68×10^{19}
	地心旋转能值/J	1.14×10^{16}	1	2.90×10^{4}	3.32×10^{20}
	表土损失/J	3.14×10^{12}	1	7.40×10^{4}	2.32×10^{17}
	灌溉水量/m³	1.88×10^{9}	1	1.63×10^{12}	3.07×10^{21}
	柴油/t	7.01×10^{4}	3.30×10^{4}	6.60×10^{4}	1.53×10^{14}
	氮肥/t	9.81×10^{4}	1	3.80×10^{10}	3.73×10^{15}
	磷肥/t	4.27×10^{4}	1	3.90×10^{10}	1.67×10^{15}
	钾肥/t	3.93×10^{4}	1	1.10×10^{10}	4.32×10^{14}
	用电量/(kW·h)	1.59×10^{9}	1	1.59×10^{5}	2.53×10^{14}
	薄膜/t	1.41×10^{4}	1	3.80×10^{8}	5.35×10^{12}
	农药/t	5.10×10^{3}	1	1.62×10^{9}	8.26×10^{12}
	人力/人	1.29×10^{6}	1	3.80×10^{5}	4.92×10^{11}
	合计				4.41×10^{21}
产出	水稻/t	7.55×10^{5}	1.62×10^{10}	8.30×10^{4}	3.45×10^{21}
	小麦/t	6.45×10^{5}	1.62×10^{10}	6.80×10^{4}	5.36×10^{20}
	玉米/t	1.43×10^{4}	1.62×10^{10}	8.52×10^{4}	1.34×10^{20}
	其他谷物/t	1.80×10^{2}	1.62×10^{10}	2.70×10^{4}	2.43×10^{18}
	棉花/t	1.12×10^{3}	1	8.60×10^{5}	2.52×10^{10}
	植物油/t	1.63×10^{4}	3.76×10^{10}	6.90×10^{5}	8.07×10^{21}
	糖/t	2.35×10^{3}	1.65×10^{10}	8.40×10^{4}	4.62×10^{19}
	水果/t	4.99×10^{4}	3.45×10^{9}	5.30×10^{5}	1.21×10^{21}
	蔬菜/t	9.08×10^{5}	2.46×10^{9}	2.70×10^{4}	1.41×10^{20}
	肉/t	9.28×10^{4}	9.21×10^{9}	1.71×10^{6}	7.74×10^{21}
	其他产品(蛋)/t	4.11×10^{4}	2.09×10^{10}	1.73×10^{6}	7.32×10^{21}
	鱼/t	8.01×10^{4}	2.05×10^{8}	2.00×10^{6}	9.85×10^{19}
	合计				2.87×10^{22}

2. 农业供水效率计算

$$k = \frac{I_{\text{灌溉用水}}}{I_{\text{总}}} = \frac{3.07 \times 10^{21}}{4.41 \times 10^{21}} = 0.7 \quad (6.26)$$

$$U_{\text{农业}} = k \cdot \frac{P_{\text{总}}}{\varepsilon} = 0.7 \times \frac{2.87 \times 10^{22}}{7.44 \times 10^{11}} = 2.69 \times 10^{10} \quad (6.27)$$

$$E_{\text{农业}} = \frac{U_{\text{农业}}}{Q_{\text{农业}}} = \frac{2.69 \times 10^{10}}{1.88 \times 10^{9}} = 14.28(\text{元}/\text{m}^3) \quad (6.28)$$

3. 多年农业供水效率平均值

用上述方法计算合肥市、六安市和淮南市多年农业用水效率及平均值，计算结果见表 6.10、图 6.7。

表 6.10 合肥、六安、淮南多年农业用水效率　　　　　单位：元·m^{-3}

年份	合肥市农业用水效率	六安市农业用水效率	淮南市农业用水效率
2007	13.22	8.59	7.3
2008	12.95	9.19	7.03
2009	15.51	9.03	6.98
2010	15.29	9.11	6.44
2011	12.37	8.38	6.79
2012	13.99	8.9	7.51
2013	13.2	8.49	7.91
2014	12.19	8.99	8.47
2015	14.28	6.87	7.2
2016	13.94	8.52	10.27
2017	13.13	8.44	10.33
平均值	13.64	8.59	7.84

图 6.7　合肥、六安、淮南 2007—2017 年农业用水效率趋势图

从图 6.7 中可以看出,三座城市农业用水效率近年来较为平稳且无增长趋势,合肥市与六安市、淮南市相比农业用水效率较高。

6.2.2.3 生活用水效率计算

居民生活用水涉及的方面较多,难以具体量化,因此以第三产业来代替生活用水效益并根据生产函数进行计算。

根据表 6.11,将第三产业固定资产投资净值、劳动力投入及用水总量作为自变量,以第三产业总产值为因变量,分别取自然对数,运用 SPSS 软件对数据进行回归分析,回归系数、区间估计及显著性结果检验见表 6.12。

表 6.11　2007—2017 合肥市第三产业基础数据

年份	总产值 /亿元	固定资产投资 /亿元	劳动力 /万人	用水量 /亿 m³
2007	639.29	950.34	108.30	2.53
2008	783.96	1 260.01	115.30	2.85
2009	888.45	1 670.49	122.20	2.83
2010	1 112.23	2 000.88	147.80	3.63
2011	1 426.29	2 365.46	204.20	4.07
2012	1 631.37	2 846.67	213.90	3.84
2013	1 865.63	1 865.63	226.70	3.97
2014	2 066.18	2 066.18	239.80	5.21
2015	2 419.57	3 892.66	254.40	5.3
2016	2 822.97	4 152.11	263.30	5.41
2017	3 226.37	3 908.07	271.90	4.55

表 6.12　模型回归系数及精度参数

模型	回归值	标准差	检验值	显著性	回归值的 95% 置信区间 下限	回归值的 95% 置信区间 上限
总产值	−0.745	1.202	−0.62	0.555	−3.586	2.096
固定资产投资	0.263	0.164	1.607	0.152	−0.124	0.65
劳动力	1.143	0.338	3.383	0.012	0.344	1.942
用水量	0.048	0.422	0.113	0.913	−0.95	1.045

（1）求解 C-D 生产函数：

$$Y = 0.475 \cdot K^{0.263} \cdot L^{1.143} \cdot Q^{0.048} \qquad (6.29)$$

（2）计算用水弹性：

$$\lambda' = \frac{\lambda}{\alpha+\beta+\lambda} = \frac{0.048}{0.263+1.143+0.048} = 0.033 \qquad (6.30)$$

（3）根据用水弹性及历年第三产业基础数据，计算历年合肥市生活用水效率及均值，并用相同的方法计算六安及淮南历年生活用水效率，计算结果见表6.13、图6.8。

表6.13 合肥、六安、淮南多年生活用水效率　　　　单位：元·m^{-3}

年份	合肥市生活用水效率	六安市生活用水效率	淮南市生活用水效率
2007	8.34	4.11	7.39
2008	9.08	4.59	7.79
2009	10.36	4.56	7.80
2010	10.11	5.09	7.54
2011	11.57	5.84	6.46
2012	14.02	6.33	9.95
2013	15.51	6.84	12.15
2014	13.09	7.28	12.72
2015	15.07	7.34	10.88
2016	17.23	9.75	11.21
2017	23.41	10.75	16.74
平均值	13.44	6.59	10.06

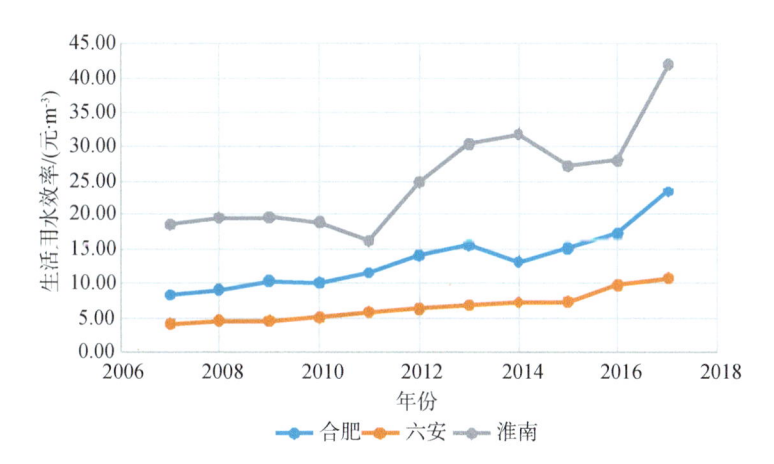

图6.8　合肥、六安、淮南2007—2017年生活用水效率趋势图

从图 6.8 中可以看出,三市生活用水效率近年来缓慢增长,用水效率相差不大。

6.2.2.4 生态用水效率计算

1. 城市生态用水效率计算

城市生态用水效益主要通过绿地实现,主要体现在回补地下水、固碳释氧和净化大气(吸收氮、硫氧化物和降尘)。通过查询合肥市统计年鉴、合肥市水资源公报,统计得到合肥市 2007—2017 年生态效益基础数据,见表 6.14。

表 6.14　2007—2017 年合肥市生态基础数据

年份	降水量/mm	绿地面积/hm²	生态用水量/亿 m³
2007	929.70	9 892.00	0.41
2008	910.20	10 918.00	0.37
2009	922.70	12 526.00	0.54
2010	1 201.00	12 737.00	0.76
2011	895.90	14 804.00	0.65
2012	971.50	15 334.00	0.5
2013	893.20	17 806.93	0.56
2014	1 182.80	18 170.00	0.51
2015	1 191.00	18 813.60	0.78
2016	1 502.00	19 219.30	1.08
2017	950.50	19 857.40	1.03

根据《退耕还林工程生态效益监测与评估规范》[234]中的计算公式分别计算历年回补地下水效益、固碳释氧效益和净化大气效益,各参数取值见表 6.15,并以当地降水量与生态用水量为权重分配效益,根据生态用水量计算合肥市生态用水效率,计算结果见表 6.16。

表 6.15　绿地生态效益分析基础数据

回补地下水	地下水补给系数	0.4
	水资源影子价格/(元·m⁻³)	4
固碳释氧	绿地吸碳能力/(t·hm⁻²·a)	2.9
	碳价/(元·t⁻¹)	1 281
	绿地释氧能力/(t·hm⁻²·a)	2.2
	氧价/(元·t⁻¹)	1 299

续表

净化大气	吸收硫/(kg·hm^{-2}·a)	88.65
	硫价/(元·kg^{-1})	1.85
	吸收氮/(kg·hm^{-2}·a)	6.44
	氮价/(元·kg^{-1})	0.97
	吸收浮尘/(kg·hm^{-2}·a)	21 700
	浮尘价/(元·kg^{-1})	0.23

表 6.16 生态用水效率计算结果

年份	补充地下水量/亿 m³	补水效益/万元	固碳释氧效益/万元	净化大气效益/万元	总效益/亿元	生态用水效率/(元·m^{-3})
2007	0.797 7	9 101.37	1 854.35	1 456.11	1.24	3.38
2008	0.818 2	8 180.54	1 793.62	1 408.42	1.13	3.43
2009	1.017 4	11 942.55	2 415.92	1 897.07	1.62	3.38
2010	1.373 8	17 082.22	2 602.39	2 043.49	2.17	3.14
2011	1.185 7	14 431.14	2 960.54	2 324.73	1.97	3.39
2012	1.193 8	11 078.39	2 338.23	1 836.06	1.52	3.38
2013	1.290 3	12 344.41	2 799.36	2 198.16	1.73	3.46
2014	1.595 4	11 049.31	2 067.71	1 623.64	1.47	3.27
2015	1.812 2	17 257.03	2 943.56	2 311.39	2.25	3.21
2016	2.380 0	239 439.8	3 177.18	2 494.84	2.96	3.05
2017	1.750 4	22 975.88	4 282.86	3 363.06	3.06	3.32

以相同方法计算合肥市、六安市、淮南市历年生态用水效率，计算结果见表 6.17。

表 6.17 合肥、六安、淮南历年生态用水效率　　　单位:元·m^{-3}

年份	合肥市生态用水效率	六安市生态用水效率	淮南市生态用水效率
2007	3.38	3.37	3.27
2008	3.44	3.36	3.42
2009	3.39	3.33	3.39
2010	3.15	3.21	3.58
2011	3.40	3.52	3.52

续　表

年份	合肥市生态用水效率	六安市生态用水效率	淮南市生态用水效率
2012	3.39	3.36	3.20
2013	3.47	3.63	3.46
2014	3.28	2.98	3.09
2015	3.22	2.99	3.18
2016	3.05	2.93	3.26
2017	3.32	3.05	3.21
平均值	3.32	3.25	3.33

2. 水库蓄水生态效益计算

计算结果及取值见表 6.18。

所以响洪甸水库蓄水生态效率为

$$E_{库生态} = \frac{U_{jx}+U_{jh}+U_{tx}}{W} = 1.42(元/m^3) \quad (6.31)$$

以相同的方法计算佛子岭水库蓄水生态效益和生态效率，计算结果见表 6.19。

表 6.18　响洪甸水库蓄水生态效率

水资源蓄积效益	水库蓄水成本/(元·m^{-3})	0.67
	水资源量/m^3	1.41×10^9
	效益/元	9.47×10^8
水质净化效益	面积/km^2	1 431
	平均氮去除率/(t·km^{-2}·a)	3.98
	氮去除成本/(元·kg^{-1})	1.5
	平均磷去除率/(t·km^{-2}·a)	1.86
	磷去除成本/(元·kg^{-1})	2.5
	效益/元	1.52×10^7
调蓄洪水	耕地受灾损失/(t·km^{-2}·a)	5 532.9
	保护耕地面积/hm^2	190 000
	效益/元	1.05×10^9
	生态效益/元	2.01×10^9

表 6.19　水库蓄水生态效益及效率

水库	年生态效益/元	蓄水生态效率/(元·m^{-3})
响洪甸	2.01×10^9	1.42
佛子岭	6.11×10^8	1.23

6.2.3　水库洪水资源利用效率计算

单库洪水资源利用效率计算公式：

$$E_{水库} = \frac{U_{水库}}{Q_{水库}} \tag{6.32}$$

式中：$E_{水库}$ 为单个水库洪水资源利用效率；$U_{水库}$ 为水库洪水资源利用效益；$Q_{水库}$ 为水库洪水资源总供水量。

$$U_{水库} = \sum_{i=1}^{n} U_i = \sum_{i=1}^{n} \left(\sum_{j=1}^{4} E_{ji} \cdot Q_{ji} \right) \tag{6.33}$$

式中：U_i 为该水库向第 i 个城市供水产生的洪水资源利用效益；i 为供水城市数；E_{ji} 为第 i 个城市、第 j 个行业的用水效率（主要包括工业用水、农业用水、生活用水及生态环境用水 4 个方面）；Q_{ji} 为第 i 个城市、第 j 个行业对应的用水量。

$$\begin{aligned} E_{水库} &= \frac{U_{水库}}{Q_i} \cdot \frac{Q_i}{Q_{水库}} + E_{库生态} = \sum_{i=1}^{n} \frac{Q_i}{Q_{水库}} \cdot \left(\sum_{j=1}^{4} \frac{Q_{ji}}{Q_i} E_{ji} \right) + E_{库生态} \\ &= \sum_{i=1}^{n} \eta_i \cdot \left(\sum_{j=1}^{4} \xi_{ji} E_{ji} \right) + E_{库生态} \end{aligned} \tag{6.34}$$

式中：$E_{库生态}$ 为水库生态用水效率；η_i 为该水库向第 i 个城市供水的分配比例；ξ_{ij} 为第 i 个城市，洪水资源向第 j 个行业供水的分配比例。

佛子岭水库主要向六安、合肥两地供水，同理可计算合肥市各行业用水效率，计算结果见表 6.20。

表 6.20　用水效率汇总表　　　　单位：元·m^{-3}

地区	工业用水效率	农业用水效率	生活用水效率	生态用水效率
六安	142.79	8.59	6.59	3.25
合肥	156.39	13.64	13.44	3.32
淮南	123.34	7.84	10.06	3.33
响洪甸水库				1.42
佛子岭水库				1.23

响洪甸水库兴利库容为 9.93 亿 m^3，每年向六安、合肥、淮南三座城市供水，此处根据淠史杭灌区水量分配方案，确定六安、合肥、淮南三市的配水比例为 60%、35%、5%，即 $\eta_1=0.60,\eta_2=0.35,\eta_3=0.05$。

佛子岭水库兴利库容为 3.55 亿 m^3，此处佛子岭水库对六安、合肥供水的分配比例近似取为 67%、33%。即 $\eta_1=0.67,\eta_2=0.33$。

根据六安、合肥、淮南水资源公报数据，各市在工业、农业、生活和生态的用水分配比例见表 6.21。

表 6.21 六安、合肥、淮南各行业用水分配比例

地区	工业用水	农业用水	生活用水	生态用水
六安	0.106 745	0.807 098	0.080 697	0.005 459
合肥	0.247 176	0.580 621	0.148 105	0.024 098
淮南	0.501 428	0.395 592	0.088 333	0.014 647

根据以上数据，由单库洪水资源利用效率计算公式可计算响洪甸水库和佛子岭水库的洪水资源利用效率，即响洪甸水库和佛子岭水库单方洪水资源产生的效益，结果分别为：$\eta_{响洪甸}=35.40$ 元$/m^3$；$\eta_{佛子岭}=32.51$ 元$/m^3$。

6.3 流域洪水资源利用水平综合评价

由于流域洪水资源利用综合评价涉及多个方面，是一个典型的复杂系统，以往的数理统计法、专家打分综合分析法等评价方法在评价过程中都存在着不同程度的评价等级标准不明确，难以反映评价过程中模糊、随机不确定性问题以及评价指标不兼容性等问题。如数理统计法需要大量实测数据；专家打分法主观性较强且实施起来比较困难；模糊综合评判、人工神经网络评价精度一般较低；投影寻踪法在优化投影方向、实现全局最优等问题上仍处于探索阶段。模糊集对分析法有效地解决了上述评价方法存在的问题，既充分考虑了评价等级边界的模糊性和评价指标的不同权重，且易于实现，可有效提高综合评价的效果。

目前国内对流域洪水资源利用评价大多数仅基于现状水平、利用潜力或利用效益中的某一个方面开展研究，导致相应评价成果缺乏全面性和系统性。本章在梳理现有研究成果、总结流域洪水资源利用水平综合评价的基本标准与评估方法的基础上，建立吴家渡以上流域洪水资源利用水平综合评价指标体系，使用三标度层次分析法确定指标权重，采用模糊集对评价法分析吴家渡以上流域洪水资源利用的综合影响水平，对更好实现洪水资源化具有现实指导意义。

6.3.1 流域洪水资源利用综合评价指标体系

依据全面性、科学性、代表性和可操作性等原则，首先从洪水资源利用现状、洪水资源利用潜力和洪水资源利用效益 3 个方面构建流域洪水资源利用评价准则层,反映流域洪水资源综合利用水平;其次参考现有洪水资源利用评价指标体系,结合流域洪水资源利用的实际情况以及第二、三章的计算结果,筛选出最终的指标体系。筛选后的流域洪水资源利用综合水平评价指标体系结构如图 6.9 所示。

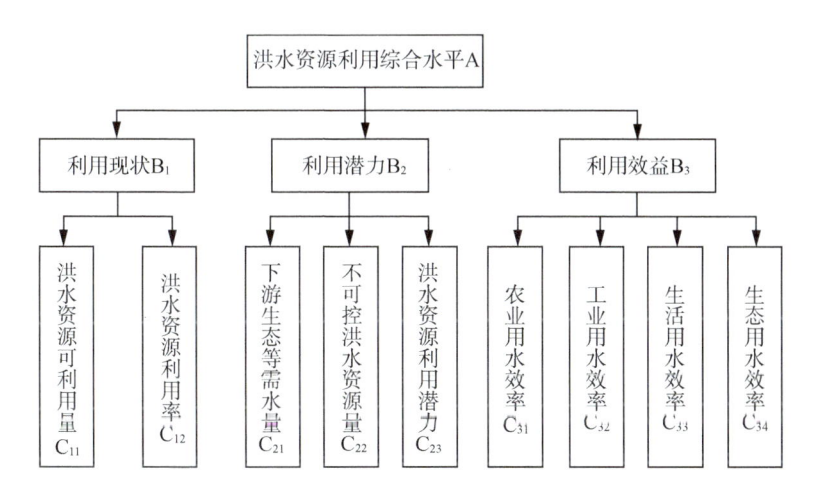

图 6.9 流域洪水资源利用水平综合评价指标体系

6.3.2 模糊集对分析评价模型建立

6.3.2.1 模糊集对分析理论

模糊集对评价是基于集对分析理论,综合考虑评价标准边界的模糊性以及评价指标的不同权重的一种综合评价方法。将评价样本看成一个集合 $A_{L \times T}$,其中 L 为指标的个数,T 为样本的个数。将 $A_{L \times T}$ 看作一个集合 $\{A_t | t=1,2,\cdots,T\}$,A_t 相应的评价等级标准看成另一个集合 $\{B_k | k=1,2,\cdots,K\}$(K 为评价等级标准数),则 A_t 与 B_k 构成一个集对 $H(A_t, B_k)$。根据集对分析原理,集对 $H(A_t, B_k)$ 的 K 元联系度为

$$\mu_{A_t \sim B_k} = a_t + b_{t,1} I_1 + b_{t,2} I_2 + \cdots + b_{t,K-2} I_{K-2} + c_t J \tag{6.35}$$

式中:$\mu_{A_t \sim B_k}$ 为集对 $H(A_t, B_k)$ 的联系度;a_t 为指标 x_l 隶属于该评价指标 1 级标准的可能性;$b_{t,1}$ 为指标 x_l 隶属于 2 级标准的可能性;$b_{t,2}$ 为指标 x_l 隶属于 3 级标准的可能性;$b_{t,K-2}$ 为指标 x_l 隶属于 $K-1$ 级标准的可能性;c_t 为指标 x_l 隶属于 K 级标准的可能性;I 为差异不确定性系数,在 $(-1,1)$ 区间视不同情况取值,有时仅起差异标志作用;J 为对立系数,且 $J=-1$,有时起对立标志作用。

对于整个集合来说，设评价样本为集合 A，评价等级标准为集合 B，则集对 $H(A,B)$ 的 K 元联系度可定义为

$$\mu_{A\sim B} = \sum_{l=1}^{L}\omega_l a_l + \sum_{l=1}^{L}\omega_l b_{l,1} I_1 + \cdots + \sum_{l=1}^{L}\omega_l b_{l,K-2} I_{K-2} + \sum_{l=1}^{L}\omega_l c_l J \tag{6.36}$$

式中：ω_l 为指标 l 的权重，其余参数含义同前。

6.3.2.2 基于模糊集对分析的评价步骤

Step1：如图 6.9 所示构建流域洪水资源利用水平综合评价指标体系，其中 L 为评价指标的个数，对于本章建立的综合评价指标体系，$L=9$；T 为指标的数值，选择 2007—2016 年系列数据，$T=10$。

Step2：使用三标度层次分析法确定指标权重。

Step3：建立流域洪水资源利用评价等级标准 $\{B_k | k=1,2,\cdots,K\}$（其中 K 为评价等级标准数），并计算评价指标值。

Step4：指标联系度的计算。

为了充分利用信息，提高评价结论的分辨率，避免因各评价指标的作用相差较大而产生差异，在评价时将 B_k 特定为指标值 1 级评价标准构成的集合 B_1，由于评价等级标准边界具有模糊性，$a_t, b_{t,1}, b_{t,2}, \cdots, b_{t,K-2}, c_t$ 较难获取，所以式 (6.35) 也可由以下方法计算得到。

(1) 对于越大越优的指标（正向指标），当 $K>2$ 时，集对 $H(A_t, B_1)$ 的 K 元指标联系度为

$$\mu_{A_t\sim B_1} = \begin{cases} 1+0I_1+0I_2+\cdots+0I_{K-2}+0J, & x_t \geqslant s_1 \\ \dfrac{2x_t-s_1-s_2}{s_1-s_2} + \dfrac{2s_1-2x_t}{s_1-s_2}I_1 + 0I_2 + \cdots + 0I_{K-2} + 0J, & \dfrac{s_1+s_2}{2} \leqslant x_t < s_1 \\ 0 + \dfrac{2x_t-s_2-s_3}{s_1-s_3}I_1 + \dfrac{s_1+s_2-2x_t}{s_1-s_3}I_2 + \cdots + 0I_{K-2} + 0J, & \dfrac{s_2+s_3}{2} \leqslant x_t < \dfrac{s_1+s_2}{2} \\ \cdots \\ 0 + 0I_1 + \cdots + \dfrac{2x_t-2s_{K-1}}{s_{K-2}-s_{K-1}}I_{K-2} + \dfrac{s_{K-1}+s_{K-2}-2x_t}{s_{K-2}-s_{K-1}}J, & s_{K-1} \leqslant x_t < \dfrac{s_{K-2}+s_{K-1}}{2} \\ 0+0I_1+0I_2+\cdots+0I_{K-2}+1J, & x_t < s_{K-1} \end{cases} \tag{6.37}$$

式中：x_t 为某一指标值；$s_1, s_2, \cdots, s_{K-1}$ 为指标评价标准的边界值，$s_1 \geqslant s_2 \geqslant \cdots \geqslant s_{K-1}$。

(2) 对于越小越优的指标（反向指标），当 $K>2$ 时，集对 $H(A_t, B_1)$ 的 K 元指标联系度为

$$\mu_{A \sim B_l} = \begin{cases} 1 + 0I_1 + 0I_2 + \cdots + 0I_{K-2} + 0J, & x_t \leqslant s_1 \\ \dfrac{s_1 + s_2 - 2x_t}{s_2 - s_1} + \dfrac{2x_t - 2s_1}{s_2 - s_1}I_1 + 0I_2 + \cdots + 0I_{K-2} + 0J, & s_1 < x_t \leqslant \dfrac{s_1 + s_2}{2} \\ 0 + \dfrac{s_2 + s_3 - 2x_t}{s_3 - s_1}I_1 + \dfrac{2x_t - s_1 - s_2}{s_3 - s_1}I_2 + \cdots + 0I_{K-2} + 0J, & \dfrac{s_1 + s_2}{2} < x_t \leqslant \dfrac{s_2 + s_3}{2} \\ \cdots \\ 0 + 0I_1 + \cdots + \dfrac{2s_{K-1} - 2x_t}{s_{K-1} - s_{K-2}}I_{K-2} + \dfrac{2x_t - s_{K-1} - s_{K-2}}{s_{K-1} - s_{K-2}}J, & \dfrac{s_{K-2} + s_{K-1}}{2} < x_t \leqslant s_{K-1} \\ 0 + 0I_1 + 0I_2 + \cdots + 0I_{K-2} + 1J, & x_t > s_{K-1} \end{cases}$$

(6.38)

式中：x_t 为指标值；$s_1, s_2, \cdots, s_{K-1}$ 为指标评价标准的边界值，$s_1 \leqslant s_2 \leqslant \cdots \leqslant s_{K-1}$。

Step5：综合联系度的计算。

令 $f_1 = \sum\limits_{l=1}^{L} \omega_l a_t$，$f_2 = \sum\limits_{l=1}^{L} \omega_l b_{t,1}$，$\cdots$，

$$f_{K-1} = \sum_{l=1}^{L} \omega_l b_{t,K-2}, f_K = \sum_{l=1}^{L} \omega_l c_l,$$

则式（6.38）可变为

$$\mu_{A \sim B} = f_1 + f_2 I_1 + \cdots + f_{K-1} I_{K-2} + f_K J \tag{6.39}$$

式中：f_1 为评价样本隶属于 1 级标准的可能性；f_2 为评价样本隶属于 2 级标准的可能性；f_{K-1} 为评价样本隶属于 $K-1$ 级标准的可能性；f_K 为评价样本隶属于 K 级标准的可能性。

Step6：流域洪水资源利用评价样本综合等级的确定。

为避免确定联系度差异不确定分量系数而产生的主观性，拟采用置信度准则判断评价样本的综合等级。

$$h_k = (f_1 + f_2 + \cdots + f_k) \geqslant \lambda, \ K = 1, 2, \cdots \tag{6.40}$$

式中：h_k 为属性测度；λ 为置信度，一般建议 $\lambda \in [0.5, 0.7]$，本次取 $\lambda = 0.5$，利用式（6.40）判断评价样本所属的等级，即样本属于 h_k 对应的 K 级别。

6.3.3 吴家渡站以上流域洪水资源利用水平综合评价

本章节以 2007—2016 年吴家渡站以上流域洪水资源利用为例，采用模糊集对分析法全面定量分析吴家渡站以上流域洪水资源利用的综合水平。

6.3.3.1 指标权重计算

本文采用三标度层次分析法来确定各评价指标的权重，三个层次分别为目标层、准则层和指标层。首先通过两两比较同一层次各评价指标之间的重要程

度，得到判断矩阵，例如准则层的判断矩阵 $\boldsymbol{P}_1$ 如下，类似可以得到指标层的 3 个判断矩阵 $\boldsymbol{P}_2$、$\boldsymbol{P}_3$、$\boldsymbol{P}_4$。

$$\boldsymbol{P}_1 = \begin{bmatrix} 1 & 1 & 1 \\ 1 & 1 & 1 \\ 1 & 1 & 1 \end{bmatrix} \tag{6.41}$$

通过计算各个评判矩阵最大特征根对应的特征向量，再由式(6.42)和(6.43)对特征向量做归一化处理，即为各个指标的对于准则层的权重，最后乘以各对应准则层的权重可得到各指标相对于目标层的最终权重，结果见表 6.22。

$$w_i = \sqrt[n]{\prod_{j=1}^{n} a_{ij}}, \ i=1, 2, \cdots, n \tag{6.42}$$

$$\bar{w}_i = \frac{w_i}{\sum_{i=1}^{n} w_i}, \ i=1, 2, \cdots, n \tag{6.43}$$

式中：w_i 为第 i 个评估指标对应的权重；$\bar{w}_i$ 为第 i 个评估指标对应的归一化权重；n 为判断矩阵的阶数。

表 6.22　指标权重值

	评估指标	代表符号	w_i	最终权重
准则层	利用现状	B_1	0.333	0.333
	利用潜力	B_2	0.333	0.333
	利用效益	B_3	0.333	0.333
指标层	洪水资源实际利用量	C_{11}	0.500	0.167
	洪水资源利用率	C_{12}	0.500	0.167
	下游生态等需水量	C_{21}	0.143	0.048
	不可控洪水资源量	C_{22}	0.286	0.095
	洪水资源利用潜力	C_{23}	0.571	0.190
	农业用水效率	C_{31}	0.280	0.093
	工业用水效率	C_{32}	0.378	0.126
	生活用水效率	C_{33}	0.232	0.077
	生态用水效率	C_{34}	0.110	0.037

6.3.3.2　评价等级标准与评价指标值计算

评价等级标准直接影响评价结果的合理性，然而目前流域洪水资源利用水平综合评价尚无统一的标准。本报告借鉴相关研究资料，考虑吴家渡站以上流域洪水资源利用的实际情况,通过实地考察,结合吴家渡站以上流域经济发展状况、相关政策与水利规划,将流域洪水资源利用综合评价分为低、较低、一般、较高、高5个等级。

吴家渡站以上流域洪水资源利用综合评价指标体系共9个评价指标,其中洪水资源实际利用量、利用率,下游生态等需水量,不可控洪水资源量和洪水资源利用潜力根据第二章计算确定;农业、工业、生活和生态用水效率根据第三章计算确定,对应的评价指标值称为集合A,具体见表6.23。

表6.23 评价指标值

指标	单位	2007	2008	2009	2010	2011	2012	2013	2014	2015	2016
洪水资源实际利用量C_{11}	亿m³	49.6	60.9	67.5	66.0	56.7	47.8	68.7	43.8	39.0	40.2
洪水资源利用率C_{12}	%	13.6	23.6	40.3	23.4	54.3	40.9	60.0	31.7	22.4	22.0
下游生态等需水量C_{21}	亿m³	54.6	38.7	25.1	42.3	15.7	17.5	17.2	20.7	25.9	27.5
不可控洪水资源量C_{22}	亿m³	283.7	177.8	87.3	202.0	24.5	36.7	34.5	57.9	92.6	103.0
洪水资源利用潜力C_{23}	亿m³	30.4	19.1	12.5	14.0	15.4	32.2	11.3	36.3	41.4	39.8
农业用水效率C_{31}	元/m³	10.1	10.4	11.2	11.1	9.7	10.6	10.1	10.1	9.4	10.4
工业用水效率C_{32}	元/m³	35.5	48.2	61.3	84.5	112.1	160.4	173.2	210.0	206.0	239.0
生活用水效率C_{33}	元/m³	5.9	6.5	6.9	7.1	8.0	9.4	10.4	9.9	10.5	12.7
生态用水效率C_{34}	元/m³	4.7	4.7	4.7	4.5	4.8	4.7	4.9	4.4	4.4	4.3

结合项目经验和实际情况,根据距平百分率法将评价指标值分为五个等级,区间为$(0, 0.8\bar{x}]$,$(0.8\bar{x}, 0.9\bar{x}]$,$(0.9\bar{x}, 1.1\bar{x}]$,$(1.1\bar{x}, 1.2\bar{x}]$,$(1.2\bar{x}, \infty)$,分级标准称为集合B,具体数据见表6.24。其中下游河道生态等需水量和不可控洪水资源量是越小越优指标,其余为越大越优指标。

表6.24 指标分级标准

评价标准	单位	1级	2级	3级	4级	5级
洪水资源实际利用量 C_{11}	亿 m^3	<43.2	43.2~48.6	48.6~59.4	59.4~64.8	>64.8
洪水资源利用率 C_{12}	%	<26.6	26.6~29.9	29.9~36.5	36.5~39.9	>39.9
下游生态等需水量 C_{21}	亿 m^3	>34.2	34.2~31.4	31.4~25.7	25.7~22.8	<22.8
不可控洪水资源量 C_{22}	亿 m^3	>132	132~121	121~99	99~88	<88
洪水资源利用潜力 C_{23}	亿 m^3	<20.2	20.2~22.7	22.7~27.8	27.8~30.3	>30.3
农业用水效率 C_{31}	元/m^3	<8.2	8.2~9.3	9.3~11.3	11.3~12.4	>12.4
工业用水效率 C_{32}	元/m^3	<106.4	106.4~119.7	119.7~146.3	146.3~159.6	>159.6
生活用水效率 C_{33}	元/m^3	<7	7~7.9	7.9~9.6	9.6~10.5	>10.5
生态用水效率 C_{34}	元/m^3	<3.7	3.7~4.1	4.1~5.1	5.1~5.5	>5.5

定义第 l 指标 $x_l(l=1,2,\cdots,9)$ 为集合 A_l，对应指标1级评价标准为集合 B_1，构建集对 $H(A_l,B_1)$ 的五元联系度，$\mu_{A_l\sim B_1} = a_l + b_{l,1}I_1 + b_{l,2}I_2 + b_{l,3}I_3 + c_l J$，由式(6.38)和(6.39)计算联系度，结果如表6.25。

表6.25 各集对 $H(A_l,B_1)$ 的联系度计算结果

	2007年					2008年				
	a_t	$b_{t,1}$	$b_{t,2}$	$b_{t,3}$	c	a_t	$b_{t,1}$	$b_{t,2}$	$b_{t,3}$	c
$\mu_{A1\sim B1}$	0	0.543	0.457	0	0	0	0	0.148	0.852	0
$\mu_{A2\sim B1}$	1	0	0	0	0	1	0	0	0	0
$\mu_{A3\sim B1}$	1	0	0	0	0	1	0	0	0	0
$\mu_{A4\sim B1}$	1	0	0	0	0	1	0	0	0	0
$\mu_{A5\sim B1}$	0	0	0	0	1	0	0	0	0	1
$\mu_{A6\sim B1}$	0	0.129	0.871	0	0	0	0	0.935	0.065	0
$\mu_{A7\sim B1}$	1	0	0	0	0	1	0	0	0	0
$\mu_{A8\sim B1}$	1	0	0	0	0	1	0	0	0	0
$\mu_{A9\sim B1}$	0	0	0.857	0.143	0	0	0	0.857	0.143	0
	2009年					2010年				
	a_t	$b_{t,1}$	$b_{t,2}$	$b_{t,3}$	c	a_t	$b_{t,1}$	$b_{t,2}$	$b_{t,3}$	c
$\mu_{A8\sim B1}$	0	0	0	0	1	0	0	0	0	1
$\mu_{A9\sim B1}$	0	0	0	0	1	1	0	0	0	0
$\mu_{A3\sim B1}$	0	0	0.198	0.802	0	1	0	0	0	0
$\mu_{A4\sim B1}$	0	0	0	0	1	1	0	0	0	0
$\mu_{A5\sim B1}$	1	0	0	0	0	1	0	0	0	0
$\mu_{A6\sim B1}$	0	0	0.419	0.581	0	0	0	0.484	0.516	0
$\mu_{A7\sim B1}$	1	0	0	0	0	1	0	0	0	0

续　表

	2009年					2010年				
	a_t	$b_{t,1}$	$b_{t,2}$	$b_{t,3}$	c	a_t	$b_{t,1}$	$b_{t,2}$	$b_{t,3}$	c
$\mu_{A8\sim B1}$	1	0	0	0	0	0.778	0.222	0	0	0
$\mu_{A9\sim B1}$	0	0	0.857	0.143	0	0	0.143	0.857	0	0

	2011年					2012年				
	a_t	$b_{t,1}$	$b_{t,2}$	$b_{t,3}$	c	a_t	$b_{t,1}$	$b_{t,2}$	$b_{t,3}$	c
$\mu_{A1\sim B1}$	0	0	0.667	0.333	0	0	0.765	0.235	0	0
$\mu_{A2\sim B1}$	0	0	0	0	1	0	0	0	0	1
$\mu_{A3\sim B1}$	0	0	0	0	1	0	0	0	0	1
$\mu_{A4\sim B1}$	0	0	0	0	1	0	0	0	0	1
$\mu_{A5\sim B1}$	1	0	0	0	0	0	0	0	0	1
$\mu_{A6\sim B1}$	0	0.387	0.613	0	0	0	0	0.806	0.194	0
$\mu_{A7\sim B1}$	0.143	0.857	0	0	0	0	0	0	0	1
$\mu_{A8\sim B1}$	0	0.577	0.423	0	0	0	0	0.5	0.5	0
$\mu_{A9\sim B1}$	0	0	0.714	0.286	0	0	0	0.857	0.143	0

	2013年					2014年				
	a_t	$b_{t,1}$	$b_{t,2}$	$b_{t,3}$	c	a_t	$b_{t,1}$	$b_{t,2}$	$b_{t,3}$	c
$\mu_{A1\sim B1}$	0	0	0	0	1	0.778	0.222	0	0	0
$\mu_{A2\sim B1}$	0	0	0	0	1	0	0.303	0.697	0	0
$\mu_{A3\sim B1}$	0	0	0	0	1	0	0	0	0	1
$\mu_{A4\sim B1}$	0	0	0	0	1	0	0	0	0	1
$\mu_{A5\sim B1}$	1	0	0	0	0	0	0	0	0	1
$\mu_{A6\sim B1}$	0	0.129	0.871	0	0	0	0.129	0.871	0	0
$\mu_{A7\sim B1}$	0	0	0	0	1	0	0	0	0	1
$\mu_{A8\sim B1}$	0	0	0	0.222	0.778	0	0	0.115	0.885	0
$\mu_{A9\sim B1}$	0	0	0.571	0.429	0	0	0.286	0.714	0	0

	2015年					2016年				
	a_t	$b_{t,1}$	$b_{t,2}$	$b_{t,3}$	c	a_t	$b_{t,1}$	$b_{t,2}$	$b_{t,3}$	c
$\mu_{A1\sim B1}$	1	0	0	0	0	1	0	0	0	0
$\mu_{A2\sim B1}$	1	0	0	0	0	1	0	0	0	0
$\mu_{A3\sim B1}$	0	0	0.384	0.616	0	0	0	0.756	0.244	0
$\mu_{A4\sim B1}$	0	0	0	0.836	0.164	0	0	0.576	0.424	0
$\mu_{A5\sim B1}$	0	0	0	0	1	0	0	0	0	1
$\mu_{A6\sim B1}$	0	0.581	0.419	0	0	0	0	0.935	0.065	0
$\mu_{A7\sim B1}$	0	0	0	0	1	0	0	0	0	1
$\mu_{A8\sim B1}$	0	0	0	0	1	0	0	0	0	1
$\mu_{A9\sim B1}$	0	0.286	0.714	0	0	0	0.429	0.571	0	0

根据式(6.42)计算考虑各指标权重的综合联系度,结果见表6.26。

表 6.26 综合联系度

年份	隶属度	利用现状	利用潜力	利用效率	综合水平	年份	隶属度	利用现状	利用潜力	利用效率	综合水平
2007	f_1	0.51	0.57	0.61	0.51	2012	f_1	0.00	0.00	0.00	0.00
	f_2	0.26	0.00	0.04	0.10		f_2	0.38	0.00	0.00	0.13
	f_3	0.23	0.00	0.34	0.19		f_3	0.12	0.00	0.44	0.18
	f_4	0.00	0.00	0.02	0.01		f_4	0.00	0.00	0.19	0.06
	f_5	0.00	0.43	0.00	0.19		f_5	0.50	1.00	0.38	0.63
2008	f_1	0.50	1.00	0.61	0.70	2013	f_1	0.00	0.57	0.00	0.19
	f_2	0.00	0.00	0.00	0.00		f_2	0.00	0.00	0.04	0.01
	f_3	0.07	0.00	0.36	0.14		f_3	0.00	0.00	0.31	0.10
	f_4	0.43	0.00	0.03	0.15		f_4	0.00	0.00	0.10	0.03
	f_5	0.00	0.00	0.00	0.00		f_5	1.00	0.43	0.56	0.66
2009	f_1	0.00	0.57	0.61	0.39	2014	f_1	0.39	0.00	0.00	0.13
	f_2	0.00	0.00	0.00	0.00		f_2	0.26	0.00	0.07	0.11
	f_3	0.00	0.03	0.21	0.08		f_3	0.35	0.00	0.35	0.23
	f_4	0.00	0.11	0.18	0.10		f_4	0.00	0.00	0.21	0.07
	f_5	1.00	0.29	0.00	0.43		f_5	0.00	1.00	0.38	0.46
2010	f_1	0.50	1.00	0.56	0.69	2015	f_1	1.00	0.00	0.00	0.33
	f_2	0.00	0.00	0.07	0.02		f_2	0.00	0.00	0.19	0.06
	f_3	0.00	0.00	0.23	0.08		f_3	0.00	0.05	0.20	0.08
	f_4	0.00	0.00	0.14	0.05		f_4	0.00	0.33	0.00	0.11
	f_5	0.50	0.00	0.00	0.17		f_5	0.00	0.62	0.61	0.41
2011	f_1	0.00	0.57	0.05	0.21	2016	f_1	1.00	0.00	0.00	0.33
	f_2	0.00	0.00	0.57	0.19		f_2	0.00	0.00	0.05	0.02
	f_3	0.33	0.00	0.35	0.23		f_3	0.00	0.27	0.32	0.20
	f_4	0.17	0.00	0.03	0.07		f_4	0.00	0.16	0.02	0.06
	f_5	0.50	0.43	0.00	0.31		f_5	0.00	0.57	0.61	0.39

λ 为置信度,本次取 $\lambda=0.5$,利用式(6.40)判断评价样本所属的等级,即样本属于 h_k 对应的 K 级别。例如 2012 年,利用现状 $h_3=f_1+f_2+f_3=0+$

$0.38+0.12=0.5 \geqslant \lambda$，利用现状等级为 3；利用潜力 $h_5 = f_1 + f_2 + f_3 + f_4 + f_5 = 1 \geqslant \lambda$，利用潜力等级为 5；利用效益 $h_4 = f_1 + f_2 + f_3 + f_4 = 0 + 0 + 0.44 + 0.19 = 0.63 \geqslant \lambda$，利用效益等级为 4；综合水平 $h_5 = f_1 + f_2 + f_3 + f_4 + f_5 = 1 \geqslant \lambda$，综合水平等级为 5。同理可得其他年份评价等级，具体结果见表 6.27，同时绘制洪水资源利用水平综合评价，见图 6.10。

表 6.27 模糊集对分析结果

年份	利用现状	利用潜力	利用效率	综合评价
2007	1	4	1	1
2008	1	1	1	1
2009	5	1	1	4
2010	1	1	1	1
2011	4	1	2	3
2012	3	5	4	5
2013	5	1	5	5
2014	2	5	4	4
2015	1	5	5	4
2016	1	5	5	4

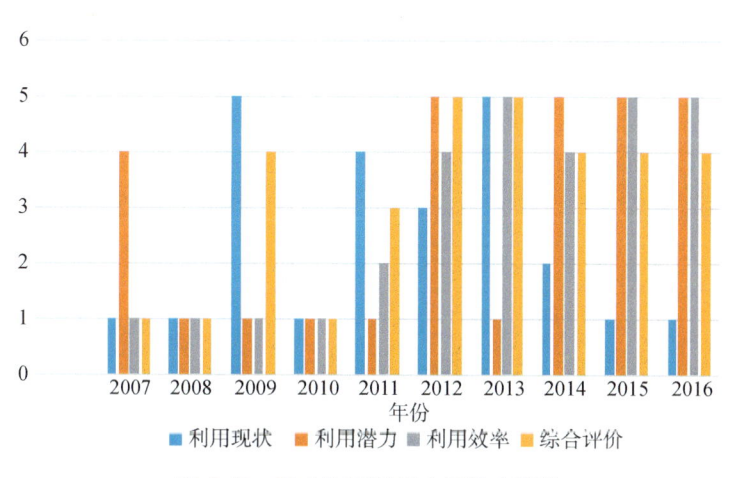

图 6.10 洪水资源利用水平综合评价

6.3.3.3 评价结果与分析

从表 6.27 和图 6.10 所示的洪水资源利用水平综合评价结果可以看出：

(1) 洪水资源现状利用现状最好的是 2009 年和 2013 年，2007、2008、2010、

2015和2016年利用现状最差；洪水资源利用潜力最好的是2012、2014—2016年；2007—2010年这四年的洪水资源利用效率最低，但是随着经济发展和用水管理制度的优化，利用效率在逐渐提升。

（2）从综合评价来看，2007、2008和2010年的洪水资源利用综合评价较低，2012、2013年的洪水资源利用综合水平较高，后三年的综合水平有所降低，主要是因为洪水资源利用现状不好导致的。但是从趋势来看，综合评价的等级是逐渐提高的。

（3）综上，在流域洪水资源利用现状和利用潜力的分析以及洪水资源利用效益的计算基础上，进行了流域洪水资源利用效率综合评价。模糊集对方法对于流域复杂系统的综合评价具有很好的应用效果，通过模糊集对方法得到的评价结果指出：水资源利用效益在逐年提高，洪水资源尚有一定的利用潜力，未来洪水资源利用应注重完善相关工程与非工程措施，减少入江入海水量，进一步提高洪水资源利用水平。

第 7 章
流域洪水多目标协同调控系统集成

7.1 系统覆盖范围

本研究开发了淮河流域洪水多目标协同调控系统软件,系统覆盖范围为淮河干流吴家渡以上流域,参见图 7.1。

7.2 系统功能结构

淮河流域洪水多目标协同调控系统的主要功能是流域洪水资源利用全过程综合模拟与分析,对流域降雨径流过程、水资源需求与配置过程、水库闸坝调洪与洪水资源调控过程进行动态耦合模拟仿真,为洪水资源利用决策提供模拟仿真和分析工具。系统的功能模块包括洪水预报计算、防洪调度计算、调度方案评价、水资源分析计算、降雨预报分析计算、洪水资源利用综合评价、信息查询、系统管理等 8 个部分,参见图 7.1。

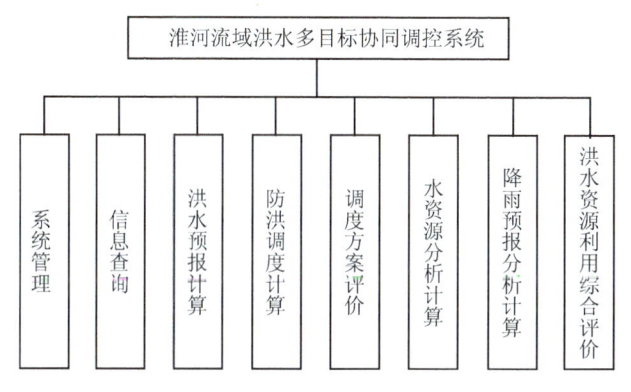

图 7.1 淮河流域洪水多目标协同调控系统系统功能结构

7.2.1 洪水预报计算

洪水预报计算功能模块主要包括典型洪水预报模拟、实时洪水预报计算2部分。

典型洪水模拟子系统功能是对典型暴雨在不同水利工程运用边界条件下的产汇流模拟和工程调蓄及洪水演进模拟。典型洪水模拟不涉及未来数据。典型洪水模拟子系统包括降雨径流预报计算、水库群及分蓄洪区调度方案设定（默认为规则运用）、水库群与蓄滞洪区调洪演算、河道洪水演进计算等功能。

实时洪水预报调度子系统功能是对实时降水过程和预见期未来降水过程在不同水利工程运用（实际发生的和预估的）边界条件下的产汇流模拟和工程调蓄及洪水演进预报。实时洪水预报调度子系统功能包括降雨径流预报计算、预见期水库群及分蓄洪区调度方案设定（默认为规则运用）、水库群与蓄滞洪区调洪演算、河道洪水演进计算及实时校正等。

7.2.2 防洪调度计算

防洪调度计算子系统的功能主要是：对保存的典型洪水预报结果或实时洪水预报结果重新设定水利工程调度方案、蓄滞洪区运用方案，在新的边界条件下进行流域汇流、洪水调蓄和演进计算。

防洪调度模型子系统功能主要包括洪水过程提取、调度方案设置、洪水演进及调洪演算、实时校正计算（针对实时预报情形）、调度方案评价等。

7.2.3 调度方案评价

调度方案评价子系统的主要功能是对保存的防洪调度方案相应的计算结果建立关键评价指标并进行统计分析和综合评价。内容包括：

（1）各水库调洪特征统计分析。包括最大入库流量、最大出库流量、最高蓄洪水位、最大蓄洪量（防洪限制水位至最高蓄洪水位洪量）、最大入库流量相应时间、最大出库流量相应时间、最高蓄洪水位（蓄洪量）相应时间、削峰率、余留调洪库容等。

（2）重点控制断面洪水特征统计。包括洪峰流量、洪峰时间、超限洪量、超限洪量历时等。

（3）蓄滞洪区调洪特征及淹没损失。包括最大分洪流量、最大分洪流量相应时间、最高蓄洪水位、最高蓄洪水位（蓄洪量）相应时间、分洪量、分洪持续时间、淹没面积、淹没耕地面积、影响人口、经济损失。蓄滞洪区淹没损失通过蓄滞洪区淹没损失曲线估计。

（4）对多个计算方案的调度计算结果进行统计和对比分析，并进行综合评价。

7.2.4 降雨预报分析计算

降雨预报分析计算子系统的主要功能包括对 TIGGE 的 ECMWF、UKMO、CMA、JMA 等机构 1~7 d 的降水预报在淮河流域各子流域的预报精度进行评价,TIGGE 的降雨预报进行集合校正模型参数计算,TIGGE 的降雨预报集合校正及预报精度评价等功能。

7.2.5 水资源分析计算

水资源分析计算子系统的主要功能是对流域典型的日降水过程进行产水量计算并进行统计分析,对各水资源分区的需水量进行预测分析计算。

7.2.6 洪水资源利用水平综合评价

对淮河流域各典型年份洪水资源利用水平进行多指标综合评价。

7.2.7 信息查询

信息查询子系统的功能主要有:
(1) 水库、闸库、分蓄洪区特征查询。
(2) 实测降雨、流量、水位等数据查询。
(3) 洪水预报、调度结果查询。
(4) 降水预报结果查询。
(5) 产水量计算结果查询。
(6) 需水预测结果查询。

7.2.8 系统管理

系统管理包括用户管理、数据库管理、数据处理等功能。

7.3 软件体系结构

根据淮河流域洪水多目标协同调控系统的业务特点和需求分析,淮河流域洪水多目标协同调控系统应用软件工程采用 C/S(客户机/服务器)体系结构开发。

淮河流域洪水多目标协同调控系统中数据安全性要求高,要求具有较强的交互性,要求处理大量的数据。系统采用 C/S(客户机/服务器)体系结构,客户机与服务器共同分担处理任务,均衡地分配负载,这样极大地减少了网络传输,能为联机事务处理提供较高的事务吞吐量、较短的响应时间,并且增加了用户数量,也为系统提供了强有力的数据安全保证。

7.4 开发运行环境

(1) 硬件环境。

服务端支持高端 PC 服务器、小型机；客户端支持普通 PC 计算机。系统运行网络环境为以太网(>10M)或快速以太网(100M)。

(2) 软件环境。

服务端数据库：SQL Server 2008 R2；客户端操作系统：Windows 7 64 位旗舰版；开发工具：Microsoft Visual Studio 2012。

为应对突发性故障(如：网络完全瘫痪)情况的出现，也开发了基于桌面 Microsoft Access 数据库的单机应急使用模式功能，能实现预报与调度系统的基本功能。

第 8 章
总结与展望

8.1 主要结论

本项研究选取淮河水系吴家渡流域为典型区域,重点考虑史灌河和淠河上游的梅山、响洪甸、白莲崖、磨子潭、佛子岭等水库及临淮岗工程,对流域复杂系统洪水多目标协同调控技术进行了深入研究。总结与结论如下:

1. 降雨径流模拟与概率洪水预报

采用分布式水文模型方法构建了淮河水系吴家渡站以上流域降雨径流模型,为面向洪水资源利用的流域洪水预报调度研究与应用打下了基础。

以淮河水系上游息县以上、史河蒋集以上、淠河横排头以上等3个子流域为研究典型区域,对 TIGGE 的降水预报校正方法及其不确定性进行了深入研究。在对 TIGGE 的5个不同模式在1~7 d 预见期内的预报精度进行综合评价的基础上,提出了基于 TIGGE 的5个不同模式的实时降水预报非线性校正方法——考虑漏报误差的支持向量回归(SVR-MA)方法。针对降雨随机变量为混合概率分布的特点,提出了基于广义概率密度函数概念的广义贝叶斯公式,建立了降水预报不确定性分析的广义贝叶斯模型(GBM)。以史河蒋集以上流域为例,建立了 SVR-MA 的后验概率分布,计算了均方误差与90%置信区间,并与较校正前 TIGGE 的 ECMWF、JMA、CMA、UKMO 等4个预报模式比较,结果表明采用多模式集合校正模型 SVR-MA 方法降低了降水预报的不确定性。GBM 与降水集合后处理模型(EPP)实例比较分析表明,GBM 模型具有更优的锐度、可靠性与分辨能力,GBM 模型优于 EPP 模型。

以响洪甸水库上游为典型流域,采用基于采样贝叶斯方法进行洪水预报不确定性分析,构建了洪水概率预报模型,推求了洪水预报模型的预报流量概率密度函数,实现了响洪甸水库入库洪水概率预报。

以淮河干流鲁台子至吴家渡河段为研究河段,采用 BMA 集合预报方法建立了马斯京根洪水演算模型、一维河网水动力模型与人工神经网络模型耦合的多模型集合预报模型,实现了河道洪水概率预报;以王家坝站总入流洪水过程为研究对象,采用随机参数驱动的集合预报方法建立了集合预报模型,实现了王家坝站总入流概率预报。

对考虑降雨输入、模型结构、模型参数等多源不确定性的概率洪水预报方法进行了深入研究,提出了对降水预报不确定性和水文模型与参数不确定性进行耦合的洪水概率预报模型方法。在2020年6—7月的淮河中上游流域大洪水过程中,该方法在模拟试验中表现出了稳定的预报性能,在综合考虑降雨输入、模型结构、模型参数多源不确定性的前提下,能有效地量化洪水预报结果的不确定性。

2. 洪水资源利用多目标竞争与协同机制分析与决策

对基于协同的洪水资源利用多目标决策模型和方法进行了深入研究,提出了多目标决策模型协同贡献度函数、协同贡献度之间置换率函数及系统协调度的概念和基于协同的洪水资源利用多目标决策方法。

采用基于协同的洪水资源利用多目标决策方法对临淮岗工程洪水资源利用的关键参数——汛限水位进行了多目标竞争与协同分析,考虑的临淮岗兴利蓄水方案评价指标有:兴利蓄水增供水量、增加的淹没损失和排涝费用。研究结果表明,临淮岗工程兴利蓄水的最优方案为 22 m,采用这一方案多年平均增加供水量 2.03 亿 m^3,相对于原 20.5 m 蓄水方案,增加幅度为 70%。这一最优方案已经历了 2010 年 9 月 5 日至 2011 年 1 月的试验性蓄水(21.99 m)。

采用基于协同的洪水资源利用多目标决策方法分别进行了响洪甸水库汛限水位控制多目标竞争与协同分析。研究结果表明,响洪甸水库洪水资源安全、经济利用的汛限水位动态控制域上限值为 126.70 m,采用这一汛限水位动态控制方案相对于原方案多年平均增加供水量 1.04 亿 m^3,增加幅度为 17%。

采用基于协同的洪水资源利用多目标决策方法分别进行了梅山水库分期汛限水位控制多目标竞争与协同分析。研究结果表明,梅山水库洪水资源安全、经济利用的汛限水位动态控制域上限值为:前汛期(5月1日至6月14日)127.20 m,主汛期(6月15日至8月31日)126.30 m,后汛期(9月1日至9月30日)127.30 m。采用这一分期汛限水位控制方案,相对于原方案汛末增加供水量多年平均为 1.11 亿 m^3,增加幅度为 19%。

3. 基于降水预报的雨洪资源利用方式

基于降水预报的水库雨洪资源利用方式的基本原理就是,基于降水预报判断连续无雨天数及后续洪水量级,利用洪水退水实现超原设计汛限水位蓄水,实现汛限水位动态控制。

对基于 TIGGE 降雨预报的水库洪水资源利用实时调控方式进行了深入研究,提出了基于 TIGGE 降雨预报的水库汛期水位动态控制决策的方法步骤。

以响洪甸水库为例,基于气象台降水预报,对连续无雨天数的统计规律进行了研究,建立了连续无雨天数的概率密度函数。对 5 种连续无雨天数情形与

3 个洪水量级组合的 15 种洪水资源利用情景进行了分析计算。研究结果表明，连续 5 d 无雨、后续洪水不超过 10 年一遇，则采用预蓄预泄调度方式可以增蓄水量 0.712 7~0.875 7 亿 m³。

构建了同时考虑连续无雨期兴利预泄和洪水初期防洪预泄的水库汛限水位动态控制域的确定方法以及考虑连续连续无雨日和实时洪水预报误差的风险分析框架；基于 TIGGE 模式推导了考虑连续无雨日预报误差和实时洪水预报误差的水库超蓄水量的分布；以响洪甸水库为例，分析了预泄安全系数和连续无雨日及洪水预报误差对超蓄风险的影响。

研究建立了水库洪水资源利用实时调控风险对冲优化模型，提出了考虑欠蓄与防洪风险对冲、总风险最小的风险对冲规则，得到了指导水库实际决策的规则。研究结果表明：由风险对冲规则得到的最优蓄洪量使总风险达到了最小，使得防洪风险和欠蓄风险达到了最佳平衡；和设计防洪调度规则（FRs）、预泄能力约束规则（CRs）相比，对冲规则由于其利用入流预报和误差信息的优越性，在洪灾风险不升高的前提下，显著增加了洪水资源利用量。2015 年、2016 年汛期模拟结果表明，相对于防洪调度规则结果，采用风险对冲规则可分别增加响洪甸水库供水量 5 000 万 m³、2 600 万 m³。相较于期望缺水量的超蓄结果，风险对冲规则可在不显著增加防洪风险的条件下增加超蓄水量。

4. 水库群洪水资源利用多目标风险决策

对水库群洪水资源利用多目标风险决策模型进行了深入研究，建立了以水库群系统防洪风险、下游防洪风险、缺水风险为目标的水库群洪水资源利用多目标风险决策模型与求解方法；其中分别以防洪库容期望占用比例总和度量水库群系统防洪风险，以河道最大泄流量占比度量水库群下游防洪保护对象的防洪风险，以期望缺水率度量缺水风险，采用 Copula 函数方法进行风险指标计算，采用多目标妥协规划方法进行求解。

以淠河水系上游的磨子潭、白莲崖、佛子岭和响洪甸四座大型水库组成的混联水库群为对象，进行了 2015 年整个汛期水库群调度模拟研究。研究结果表明，2015 年汛期情景，偏重极小化缺水风险解使佛子岭水库增蓄 343 万 m³、响洪甸水库增蓄 942 万 m³。

5. 流域洪水资源利用效率综合评价

以淮河干流吴家渡站以上流域为研究区域，对流域洪水资源利用效率综合评价理论和方法进行了深入研究。

对吴家渡站以上流域的汛期天然径流量、洪水资源实际利用量、利用率、可利用量和利用潜力等进行了分析计算。研究结果表明，吴家渡站以上流域 1956—2016 年洪水资源平均实际利用量为 38.68 亿 m³，利用率为 24.67%；现状利用潜力年际分布不均，最大值为 80 亿 m³，最小值为 0，多年平均为 26.27 亿 m³。从多年平均情况来看，吴家渡站以上流域仍具有较大的洪水资源利用潜力。

分别依据生产函数法、能值理论灌溉分摊系数法计算了研究区水库群主要供水城市近年工业、农业、生活及生态用水效率。以城市各行业用水量及水库对各城市供水量为权重,将各城市各行业用水效率及水库自身生态用水效率加权结合,得到有关水库综合供水效率。研究结果表明,响洪甸水库和佛子岭水库单方洪水资源产生的效益分别为 35.40 元/m³、32.51 元/m³。

构建了流域洪水资源利用综合评价指标体系,提出了流域洪水资源利用综合评价模糊集对分析方法,采用模糊集对分析方法对吴家渡站以上流域洪水资源利用水平进行了综合评价。评价结果表明,吴家渡站以上流域 2007、2008 和 2010 年的洪水资源利用综合水平较低,2012、2013 年的洪水资源利用综合水平较高;从趋势来看,综合评价的等级是逐年提高的。

6. 淮河流域洪水多目标协同调控系统

开发了淮河流域洪水多目标协同调控系统软件,系统的主要功能是流域洪水资源利用全过程综合模拟与分析,对流域降雨径流过程、水资源需求与配置过程、水库闸坝调洪与洪水资源调控过程进行动态耦合模拟仿真,为洪水资源利用决策提供了模拟仿真和分析工具。系统的功能模块包括洪水预报计算、防洪调度计算、调度方案评价、水资源分析计算、降雨预报分析计算、洪水资源利用综合评价、信息查询、系统管理等 8 个部分。

8.2 创新点

本项研究取得了以下创新点:

(1) 针对传统基于气象、水文单一不确定性源扰动构建的概率洪水预报方案难以全面反映洪水预报全过程多要素不确定性影响的不足,提出了基于 TIGGE 的考虑漏报误差的支持向量回归降水预报校正模型、降水广义贝叶斯概率预报模型,及耦合降水预报不确定性、水文模型与参数不确定性的洪水概率预报方法,延长了洪水预报的预见期,提高了洪水预报的精度与水平。

将 TIGGE 的 ECMWF、KMA、JMA、UKMO、CMA 等 5 个模式应用于淮河流域,提出了降水预报产品精度综合评价技术,建立了基于 TIGGE 的考虑漏报误差的 ν-SVR 集合降水预报校正模型,提高了降水预报的精度;在基于 TIGGE 的 ν-SVR 集合预报校正模型的基础上,提出了降水广义贝叶斯概率预报模型(GBM),与降水集合后处理模型(EPP)进行了实例对比,分析表明,GBM 模型具有更优的锐度、可靠性与分辨能力。已有的洪水概率预报研究成果或者单一考虑降水预报的不确定性,或者单一考虑水文模型的不确定性,较少同时考虑降水预报的不确定性和水文模型与参数的不确定性。在流域分布式洪水预报模型和降水广义贝叶斯概率预报模型的基础上,提出了对降水预报不确定性和水文模型与参数不确定性进行耦合的洪水概率预报应用技术,实现了流域洪水概率预报,延长了洪水预报的预见期,提高了洪水预报的精度与水平。

(2) 针对基于落地雨有效预见期内实施洪水资源拦蓄的模型方法未能利用实时气象预报信息,导致水库超蓄效益低且应对防洪风险的时效性不足等问题,提出了基于降雨预报的水库洪水资源利用实时调控方式与连续无雨预报的水库洪水资源利用风险分析模型,提升了水库洪水资源利用风险评估精度与应对能力。

现有基于落地雨有效预见期内实施洪水资源拦蓄的模型方法未能利用实时气象预报信息,水库超蓄效益低,应对防洪风险的时效性不足。为此,提出了基于降雨预报的水库洪水资源利用实时调控方式与连续无雨预报的水库洪水资源利用风险分析模型;采用 TIGGE 历史预报资料统计得到无雨日预报误差分布,根据随机组合理论推导基于预报预泄的水库超蓄水量分布密度函数,建立实时预报条件下水库汛限水位动态控制的风险分析模型,定量评估超蓄水量受预报误差影响下的风险结果。模型提供了精细描述超蓄风险的分析手段,可结合决策者风险偏好与预报精度水平优选水量超蓄方案。

(3) 针对现有以确定性来水预测支撑的水库群洪水资源利用库容补偿模型方法未能准确反映洪水资源利用中上下游、水库间防洪风险矛盾关系,难以协调防洪、缺水风险矛盾冲突等不足,提出了水库群洪水资源利用多目标风险决策与协调均衡模型,在不增加防洪风险条件下可提升洪水资源利用效率。

现有以确定性来水预测支撑的水库群洪水资源利用库容补偿模型方法未能准确反映洪水资源利用中上下游、水库间防洪风险矛盾关系,难以协调防洪、缺水风险矛盾冲突。为此,提出基于来水概率预测的水库群洪水资源利用多目标随机规划模型,以库群体系上游防洪总风险、防护区域下游防洪总风险、超蓄水量不足风险最小进行通盘优化,求解实时调度滚动更新影响下的动态多目标前沿,剖析非劣解目标矛盾置换关系及其沿程变化规律,采用风险决策手段遴选综合预控防洪风险为前提的最优拦蓄方案。实例分析表明,在不增加防洪风险前提下,多目标风险决策模型可增蓄洪水资源量。

(4) 针对流域洪水资源利用效益与效率难以量化、洪水资源利用水平难以综合评估的问题,提出了流域洪水资源利用效率与水平综合评价指标体系和评价模型,为流域洪水资源利用模式的综合评价与定量比选提供了科学方法。

目前,流域洪水资源利用效益与效率难以量化、洪水资源利用水平难以评估。为此,提出了基于 C-D 生产函数的工业及生活用水效益量化方法、基于能值理论与用水效益分摊系数的农业用水效益量化方法、城市生态用水与水库蓄水生态效益和效率评价方法;构建了包含洪水资源利用现状、洪水资源利用潜力和洪水资源利用效益 3 个方面 9 个指标的流域洪水资源利用水平综合评价指标体系,提出了流域洪水资源利用水平模糊集对分析综合评价模型,为流域洪水资源利用模式的综合评价与比选提供了科学方法。

8.3 研究展望

本项研究选取淮河水系吴家渡流域为典型区域,对流域复杂系统洪水多目标协同调控技术进行了深入研究,取得了一些成果。但部分研究工作仍不够深入和全面,需要在今后的研究与实践中进一步改进、完善和拓展,主要包括以下几个方面:

(1) 具有较长预见期的中期降水预报能够为流域复杂系统洪水资源化与水资源系统调度提供依据,然而,本课题仅对 TIGGE 的代表性机构 1~7 d 的逐日降水量预报产品进行了预报精度评价、集合校正与概率降水预报研究。对中期降水数值预报产品进行预报精度评价、集合校正、概率降水预报及其在流域复杂系统洪水多目标协调调控中的应用进行深入研究,是未来一个重要研究方向。

(2) 本课题对耦合降水预报的不确定性、水文模型和参数不确定性的洪水概率预报的理论与方法进行了深入探讨。与传统的洪水预报方法不同,洪水概率预报往往给出一个洪水的概率分布或置信区间作为结果。然而,在实际的水库调度中,水库决策者应该如何使用洪水概率预报提供的置信区间进行洪水调度,本课题研究深度不够。对于洪水概率预报结果在防洪调度中的应用,在未来仍需深入研究。

(3) 水库群系统洪水资源利用调度决策需要同时考虑自然、社会、经济、生态等多方面的影响与效益。研究水库群联合调度的关键因素之一就是建立合理的评估模型,对涉及水库群调度的各影响因素进行合理建模与分析。其中,评估水库群洪水资源利用可能造成的不利影响时,项目以及现有做法主要以风险率为主要评估指标去衡量考虑可能不利情景的置换和变化关系。仅考虑风险率的做法虽然有一定的实际意义,可直观地表达某一对象发生风险事件的可能,但在面向更高的控制要求、更精准的决策时,需更进一步地考虑可能的洪水损失。今后的研究可利用水动力模型,对风险事件导致的可能淹没范围定量模拟,区分重点与非重点保护对象,探讨洪水资源利用过程中的可能损失,更好地服务决策系统。

参 考 文 献

[1] 曹永强. 洪水资源利用与管理研究[J]. 资源·产业,2004,6(2):21-23.
[2] 向立云,魏智敏. 洪水资源化——概念、途径与策略[J]. 水利发展研究,2005(7):24-29.
[3] 张艳敏,董前进,王先甲. 浅议洪水资源及洪水资源化[J]. 中国水运(理论版),2006,4(3):192-193.
[4] 田友. 海河流域水生态恢复与洪水资源化[J]. 中国水利,2002(7):29-30.
[5] 李长安. 长江洪水资源化思考[J]. 地球科学,2003,28(4):461-466.
[6] 冯峰,孙五继. 洪水资源化的实现途径及手段探讨[J]. 中国水土保持. 2005(9):4-5.
[7] 李玮. 洪水资源化利用模式及风险分析[D]. 武汉:武汉大学,2004.
[8] 刘攀. 水库洪水资源化调度关键技术研究[D]. 武汉:武汉大学,2005.
[9] 张弛. 墨尔本:雨洪管理世界领先[N]. 中国水利报,2015-09-17(8).
[10] 张祎茗. 洪水资源化利用探讨[J]. 河南科技,2010(3):79-80+82.
[11] 李继清,张玉山,王丽萍,等. 洪水资源化及其风险管理浅析[J]. 人民长江,2005,36(1):36-37.
[12] Wurbs R A. Modeling and analysis of reservoir system operations[J]. Prentice Hall PTR, Upper Saddlee River, 1996.
[13] Miller B A, A Whitlock, R C Hughes. Flood management—The TVA Experience[J]. Water international, 1996,21(3):119-130.
[14] Wurbs R A, L M Cabezas. Analysis of reservoir storage reallocations[J]. Journal of hydrology, 1987(92):77-95.
[15] Johnson W K, R A Wurbs, J E Beegle. Opportunities for Reservoir—storage reallocation[J]. Journal of Water Resources Planning and Management, 1990,116(4):550-566.
[16] Black A R, A Werritty. Seasonality of flooding: a case study of North Britain[J]. Journal of hydrology,1997(195):1-25.
[17] Waylen P, M Woo. Prediction of annual floods generated by mixed processes[J]. Water Resources Research, 1982, 18(4):1283-1286.
[18] 王宝玉. 塔里木河洪水资源化利用初探[J]. 西北水电,2002(4):11-13+18.
[19] 胡四一,高波,王忠静. 海河流域洪水资源安全利用——水库汛限水位的确定与运用

[J]. 中国水利,2002(10):105-108.
- [20] 侯立柱,丁跃元,张书函,等. 北京市中德合作城市雨洪利用理念及实践[J]. 北京水利,2004(4):31-33.
- [21] 邵东国,李玮,刘丙军,等. 抬高水库汛限水位的洪水资源化利用研究[J]. 中国农村水利水电,2004(9):26-29.
- [22] 丘瑞田,王本德,周惠成. 水库汛期限制水位控制理论与观念的更新探讨[J]. 水科学进展,2004,15(1):68-72.
- [23] 王才君,郭生练,刘攀,等. 三峡水库动态汛限水位洪水调度风险指标及综合评价模型研究[J]. 水科学进展,2004,15(3):376-381.
- [24] 江浩,柯丰华,左振鲁. 动态拦蓄洪尾风险调度模型初探[J]. 水电自动化与大坝监测,2005,29(6):69-71.
- [25] 曹永强,殷峻暹,胡和平. 水库防洪预报调度关键问题研究及其应用[J]. 水利学报,2005,(1):1-6.
- [26] 高波,王银堂,胡四一. 水库汛限水位调整与运用[J]. 水科学进展,2005,16(3):326-333.
- [27] 周惠成,李丽琴,胡军,等. 短期降雨预报在汛限水位动态控制中的应用[J]. 水力发电,2005,31(1):22-26.
- [28] 刘攀,郭生练,王才君,等. 水库汛限水位实时动态控制模型研究[J]. 水力发电,2005,31(1):8-11.
- [29] 刘攀,肖义,李玮,等. 水库洪水资源化调度初探[J]. 石河子大学学报(自然科学版),2006,24(1):9-14.
- [30] 周惠成,董四辉,王本德,等. 水库群联合防洪预报调度方式及汛限水位研究[J]. 大连理工大学学报,2006,46(3):401-406.
- [31] 董前进,王先甲,吉海,等. 三峡水库洪水资源化多目标决策评价模型[J]. 长江流域资源与环境,2007,16(2):260-264.
- [32] 许士国,刘建卫,张柏良. 洪水资源利用及其风险管理研究[J]. 水力发电,2007,33(1):10-13.
- [33] 王宗志,王银堂,胡四一. 水库控制流域汛期分期的有效聚类分析[J]. 水科学进展,2007,18(4):580-585.
- [34] 冯平,韩松. 提高水库汛限水位的防洪风险分析[J]. 天津大学学报,2007,40(5):525-529.
- [35] 朱兆成. 水库实施洪水资源化与应对旱涝急转风险的关系探讨[J]. 中国防汛抗旱,2007(6):33-36.
- [36] 袁晶瑄,孙广平. 白龟山水库汛期模糊集分析及在洪水资源化中的应用[J]. 水资源保护,2008,24(6):40-43.
- [37] 王国利,袁晶瑄,梁国华,等. 蓼窝水库汛限水位动态控制域研究与应用[J]. 大连理工大学学报,2008,48(6):892-896.
- [38] 李玮,郭生练,刘攀,等. 梯级水库汛限水位动态控制模型研究及运用[J]. 水力发电学报,2008,27(2):22-28.

[39] 曹永强,郑德凤,伊吉美. 洪水资源利用量研究[J]. 水电能源科学,2008,26(5):24-26.
[40] 邵学军,张建,王忠静,等. 黄河流域洪水资源利用水平初步分析[J]. 水利水电科技进展,2008,28(5):1-5.
[41] 冯峰,许士国,刘建卫,等. 基于边际等值的区域洪水资源最优利用量决策研究[J]. 水利学报.2008,39(9):1060-1065.
[42] 刘招,黄文政,黄强,等. 基于水库防洪预报调度图的洪水资源化方法[J]. 水科学进展,2009,20(4):578-583.
[43] 刘招,黄强,原文林,等. 安康水库分级超蓄的洪水资源化方法及其风险[J]. 长江流域资源与环境,2009,18(11):1014-1019.
[44] 周惠成,李伟,张弛. 水库汛限水位动态控制方案优选研究[J]. 水力发电学报,2009,28(4):27-32.
[45] 王银堂,胡庆芳,张书函,等. 流域雨洪资源利用评价及利用模式研究[J]. 中国水利,2009(15):13-16.
[46] 胡庆芳,王银堂. 海河流域洪水资源利用评价研究[J]. 水文,2009(5):10-16.
[47] 王国利,梁国华,王本德,等. 基于预报信息和泄流能力约束的库水位动态控制方法与应用[J]. 水力发电学报,2010,29(4):28-31.
[48] 李响,郭生练,刘攀,等. 考虑入库洪水不确定性的三峡水库汛限水位动态控制域研究[J]. 四川大学学报(工程科学版),2010,42(3):49-55.
[49] 王本德,郭晓亮,周惠成,等. 基于贝叶斯定理的汛限水位动态控制风险分析[J]. 水力发电学报,2011,30(3):34-38.
[50] 李茵,彭勇,彭兆亮,等. 基于库容补偿分析确定覆窝水库汛限水位研究[J]. 南水北调与水利科技,2011,9(3):39-42.
[51] 郭生练,陈炯宏,栗飞,等. 清江梯级水库汛限水位联合设计与运用[J]. 水力发电学报,2012,31(4):6-11.
[52] 陈炯宏,郭生练,刘攀,等. 梯级水库汛限水位联合运用和动态控制研究[J]. 水力发电学报,2012,31(6):55-61.
[53] 丁伟,梁国华,周惠成,等. 基于洪水预报信息的水库汛限水位实时动态控制方法研究[J]. 水力发电学报,2013,3(5):41-47.
[54] 冯峰,何宏谋,倪广恒. 河流洪水资源利用的社会效益分度测评定量评估研究[J]. 水力发电学报,2013,32(4):25-31.
[55] 王忠静,马真臻,廖四辉,等. 洪水资源利用经济适度性研究——以海河流域为例[J]. 水力发电学报,2013,32(1):11-18.
[56] 王忠静,廖四辉,崔惠娟,等. 洪水资源利用生态适度性研究——以淮河为例[J]. 水力发电学报,2013,32(1):81-88.
[57] 钟平安,孔艳,王旭丹,等. 梯级水库汛限水位动态控制域计算方法研究[J]. 水力发电学报,2014,33(5):36-43.
[58] 王忠静,罗琳,黄草. 规划阶段的洪水资源利用经济适度性研究——以淮河流域为例[J]. 水力发电学报.2014,33(4):44-50.
[59] 王宗志,程亮,刘友春,等. 流域洪水资源利用的现状与潜力评估方法[J]. 水利学报,

2014,45(4):474-481.

[60] 周研来,郭生练,段唯鑫,等. 梯级水库汛限水位动态控制[J]. 水力发电学报,2015,34(2):23-30.

[61] 孙甜,董增川,朱振业,等. 基于降水预报信息的棉花滩水库汛限水位动态控制模型[J]. 水利水电技术,2015,46(4):114-118.

[62] 王慧,狄正烈,李娴,等. 淮河城西湖蓄洪区洪水资源利用分析[J]. 人民黄河,2015,37(11):52-55.

[63] 冯峰,倪广恒,谢秋皓. 洪水资源生态补偿的消纳量阈值研究[J]. 人民黄河,2016,38(12):83-88.

[64] 吴浩云,王银堂,胡庆芳,等. 太湖流域洪水识别与洪水资源利用约束分析[J]. 水利水运工程学报.2016(5):1-8.

[65] 黄显峰,黄雪晴,方国华,等. 洪水资源利用风险效益量化研究[J]. 华北水利水电大学学报(自然科学版),2016,37(6):49-53.

[66] Abbott M B, Bathurst J Cetal. An introduction to the European Hydrological System-System Hydrologique European, "SHE" 1: History and Philosophy of a Physically based Distributed Modeling System[J]. Journal of Hydrology,1986, 87: 45-49.

[67] Refsgaard J C, Storm B. MIKE SHE[A]//Singh V P, Computer Models Watershed Hydrology[C]. Water Resources Publication,1995:809-846.

[68] SWAT Version 2000 Theoretical Documentation[EB/OL]. [2018-01-10]. http://www.brc.tamus.Edu/swat/.

[69] 赵人俊. 流域水文模型——新安江模型与陕北模型[M]. 北京:水利电力出版社,1984.

[70] 袁作新. 流域水文模型[M]. 北京:水利电力出版社,1990.

[71] 王长荣,顾也萍. 安徽淮北平原晚更新世以来地质环境与土壤发育[J]. 安徽师大学报(自然科学版),1995,18(2):59-65.

[72] 张泉生. 淮北坡水区谷河降雨径流模型[J]. 水文,1993(2):7-12.

[73] 刘新仁,王玉太,朱国仁. 淮北平原汾泉河流域水文模型[J]. 水文,1989(1):12-18.

[74] 刘新仁,费永法. 汾泉河平原水文综合模型[J]. 河海大学学报,1993,21(6):10-16.

[75] 王井泉. 淮北坡水区概念性流域水文模型[J]. 水文,1989(3):25-30.

[76] 王振龙,王加虎,刘淼,等. 淮北平原"四水"转化模型实验研究与应用[J]. 自然资源学报,2009,24(12):2194-2203.

[77] 程麟生. 中尺度大气数值模式发展现状和应用前景[J]. 高原气象,1999(3):97-107.

[78] 康红文,柳崇健. 中尺度气象模式研究若干进展及其在区域业务预报中的应用[J]. 新疆气象,2000,23(5):1-2+7.

[79] L Bengtsson,高良诚. 欧洲中期天气预报中心(ECMWF)的中期天气预报业务[J]. 气象科技,1985(6):18-26.

[80] 章国材. 美国WRF模式的进展和应用前景[J]. 气象,2004,30(12):27-31.

[81] 李富刚. MM5模式系统简介[J]. 青海气象,2002(1):53-69.

[82] Akihide Segami, Kazuo Kurihara, Hajime Nakamura,等. 日本中尺度谱模式介绍[J]. 气象科技,1991(5):21-27.

[83] 陈起英,姚明明,王雨.国家气象中心新一代业务中期预报模式 T213L31 的主要特点[J].气象,2004,30(10):16-21.

[84] 李莉,李应林,田华,等. T213 全球集合预报系统性误差订正研究[J].气象,2011,37(1):31-38.

[85] 任文斌,杨新,孙潇棵,等.T639 数值预报产品订正方案[J].气象科技,2014,42(1):145-150.

[86] T639 全球模式(台风)1-15 天集合预报系统通过业务化验收[EB/OL].[2020-7-10]. http://www.cma.gov.cn/2011xzt/2013zhuant/2013tfzt/2013tfkjjz/201407/t20140721_253073.html.

[87] Thielen J, Bartholemes J, Ramos M H, et al. The European Flood Alert System- part 1: Concept and development[J]. Hydrology and earth system sciences, 2009, 13(2): 125-140.

[88] Schaake J C, Hamill T M, Buizza R, et al. HEPEX: The Hydrological Ensemble Prediction Experiment[J]. Bulletin of the American Meteorological Society, 2006, 3(5):1541-1547.

[89] Franz K, Ajami N, Schaake J, et al. Hydrologic ensemble prediction experiment focuses on reliable forecasts[J]. Eos Transactions American Geophysical Union, 2013, 86(25): 239-239.

[90] P Bougeault, Z Toth, C Bishop, et al. The THORPEX Interactive Grand Global Ensemble [J]. Bulletin of the American Meteorological Society, 2010,91(8): 1059-1072.

[91] Herrera M A, Szunyogh I, Tribbia J. Forecast Uncertainty Dynamics in the THORPEX Interactive Grand Global Ensemble (TIGGE)[J]. Monthly Weather Review, 2016, 144(7):2739-2766.

[92] R Swinbank, M Kyouda, P Buchanan, et al. The TIGGE Project and Its Achievements [J]. Bulletin of the American Meteorological Society, 2016, 97(1):49-67.

[93] 中华人民共和国水利部.水文情报预报规范:GB/T 22482—2008[S].北京:中国标准出版社,2008.

[94] 张洪刚,郭生练,刘攀,等.考虑预见期降水的三峡水库区间洪水预报模型研究[J].长江科学院学报,2005,22(1):9-12.

[95] 李超群,郭生练,张洪刚.基于短期定量降水预报的隔河岩洪水预报研究[J].水电能源科学,2006,24(4):31-34.

[96] 于占江,温立成,居丽玲.用短期降水预报做洪水预报与调度的应用试验[J].气象科技,2008,36(6):822-824.

[97] 白鹏.考虑 GFS 短期降雨预报信息的实时防洪预报调度研究[J].水资源开发与管理,2016(6):44-47.

[98] 包红军,王莉莉,沈学顺,等.气象水文耦合的洪水预报研究进展[J].气象,2016,42(9):1045-1057.

[99] 国家气象中心.降雨量等级划分标准:GB/T 28592—2012[S].北京:中国标准出版社,2012.

[100] 丁金才.天气预报评分方法评述[J].大气科学学报,1995,18(1):143-150.

[101] 段明铿,王盘兴.集合预报方法研究及应用进展综述[J].南京气象学院学报,2004(2):279-288.

[102] Zhi X, Qi H, Bai Y, et al. A comparison of three kinds of multimodel ensemble forecast techniques based on the TIGGE data[J]. Acta Meteorologica Sinica, 2012, 26(1):41-51.

[103] 黄小燕,赵华生,黄颖,等.遗传-神经网络集合预报方法在广西热带气旋降水预报中的应用[J].自然灾害学报,2017,26(6):184-196.

[104] 孔庆燕,史旭明,金龙.基于粒子群-支持向量机定量降水集合预报方法[J].数学的实践与认识,2017,47(5):219-225.

[105] 王建群,任黎,徐斌.水资源系统分析理论与应用[M].南京:河海大学出版社,2018.

[106] 赵琳娜,刘莹,党皓飞,等.集合数值预报在洪水预报中的应用进展[J].应用气象学报,2014,25(6):641-653.

[107] 梁忠民,蒋晓蕾,曹炎煦,等.考虑降雨不确定性的洪水概率预报方法[J].河海大学学报(自然科学版),2016,44(1):8-12.

[108] Kavetski D, Kuczera G, Franks S W. Bayesian analysis of input uncertainty in hydrological modeling: 2. Application[J]. Water Resources Research, 2006, 42(3):1-10.

[109] Kelly K S, Krzysztofowicz R. A bivariate meta-Gaussian density for use in hydrology[J]. Stochastic Hydrology and hydraulics 1997,11: 17 – 31.

[110] H D Herr, R Krzysztofowicz. Generic probability distribution of rainfall in space: the bivariate model[J]. Journal of Hydrology, 2005, 306:234-263.

[111] Schaake J C, Demargne J, Hartman R, et al. Precipitation and temperature ensemble forecasts from single-value forecasts[J]. Hydrology and Earth System Sciences Discussions 2007,4:655 – 717.

[112] Wu L, Seo D J, Demargne J, et al. Generation of ensemble precipitation forecast from single-valued quantitative precipitation forecast for hydrologic ensemble prediction[J]. Journal of Hydrology, 2011, 399(3-4):281-298.

[113] Chenkai Cai, Jianqun Wang, Zhijia Li. Assessment and modelling of uncertainty in precipitation forecasts from TIGGE using fuzzy probability and Bayesian theory[J]. Journal of Hydrology, 2019,577:1-13.

[114] 皇甫雪官.国家气象中心集合数值预报检验评估[J].应用气象学报,2002,13(1):29-36.

[115] Sepideh Khajehei, Hamid Moradkhani. Towards an improved ensemble precipitation forecast:A probabilistic post-processing approach[J]. Journal of Hydrology, 2017, 546:476-489.

[116] Hersbach, H. Decomposition of the continuous ranked probability score for ensemble prediction systems[J]. Water Forecast,2000,15(5):559-570.

[117] 赵琳娜,刘琳,刘莹,等.观测降水概率不确定性对集合预报概率Brier技巧评分结果

的分析[J]. 气象,2015,41(6):685-694.

[118] Khajehei S, Moradkhani H. Towards an improved ensemble precipitation forecast: a probabilistic post-processing approach[J]. Journal of Hydrology, 2017, 546:476-489.

[119] Tao Y, Duan Q, Ye A, et al. An evaluation of post-processed TIGGE multimodel ensemble precipitation forecast in the Huai river basin[J]. Journal of Hydrology, 2014, 519:2890-2905.

[120] 张洪刚. 贝叶斯概率水文预报系统及其应用研究[D]. 武汉:武汉大学, 2005. [57] 梁忠民, 蒋晓蕾, 曹炎煦, 等. 考虑降雨不确定性的洪水概率预报方法[J]. 河海大学学报(自然科学版), 2016, 44(1):8-12.

[121] Hoeting J A, Madigan D, Volinsky R C T. Bayesian model averaging: A tutorial[J]. Statistical Science, 1999, 14(4):382-401.

[122] 梁忠民, 戴荣, 王军, 等. 基于贝叶斯模型平均理论的水文模型合成预报研究[J]. 水力发电学报, 2010, 29(02):114-118. [12] 董磊华, 熊立华, 万民. 基于贝叶斯模型加权平均方法的水文模型不确定性分析[J]. 水利学报, 2011, 42(9):1065-1074.

[123] 杜新忠, 李叙勇, 王慧亮, 等. 基于贝叶斯模型平均的径流模拟及不确定性分析[J]. 水文, 2014, 34(3):6-10.

[124] 王倩, 帅鹏飞, 宋培兵, 等. 基于贝叶斯模型平均法的洪水集合概率预报[J]. 水电能源科学, 2016, 34(6):64-66+63.

[125] 江善虎, 任立良, 刘淑雅, 等. 基于贝叶斯模型平均的水文模型不确定性及集合模拟[J]. 中国农村水利水电, 2017(1):107-112+117.

[126] 姚成, 刘开磊. 水文集合预报方法与研究[M]. 南京:河海大学出版社,2018.

[127] 赵信峰, 徐鹏, 刘开磊, 等. 基于参数不确定性的概率预报研究[J]. 人民黄河, 2017, 39(9):35-38+59.

[128] 李明亮, 杨大文, 陈劲松. 基于采样贝叶斯方法的洪水概率预报研究[J]. 水力发电学报, 2011,30(3):27-33 [66] Krzysztofowicz, Roman. Bayesian theory of probabilistic forecasting via deterministic hydrologic model[J]. Water Resources Research, 1999, 35(9):2739-2750.

[129] Krzysztofowicz R, Kelly K S. Hydrologic uncertainty processor for probabilistic river stage forecasting[J]. Water Resources Research, 2000, 36(11):3265-3277.

[130] Krzysztofowicz R. Bayesian system for probabilistic river stage forecasting[J]. Journal of Hydrology, 2002, 268(1):16-40.

[131] A Goicoechea, D R Hansen, L Duckstein. Multiple Objective Decision Making with Engineering and Business Application[M]. New York: John Wiley, and sons, 1982:213-221.

[132] Vira Chankong, Y Y Haimes. Multiobjective Decision Making: Theory and Methodology[M]. New York: North-Holland,1983:325-328.

[133] Saaty T L. The Analytic Hierarchy Process: Planning, Priority Setting[M]. New York: McGraw-Hill;Resource Allocation,1980.

[134] 吕巳奇, 王建群, 焦钰, 等. 基于协同的水库汛限水位控制多目标分析[J]. 人民黄河,

2019,41(5):23-27.

[135] Krzysztofowicz R, Duckstein L. Preference Criterion for Flood Control Under Uncertainty[J]. Water Resources Research, 1979,15(3): 513-520.

[136] Jain S K, Yoganarasimhan G N, Seth S M. A RISK-BASED APPROACH FOR FLOOD CONTROL OPERATION OF A MULTIPURPOSE RESERVOIR1 [J]. Jawra Journal of the American Water Resources Association, 1992,28(6).

[137] Yun R, Singh V P. Multiple duration limited water level and dynamic limited water level for flood control, with implications on water supply[J]. Journal of Hydrology, 2008,354(1-4): 160-170.

[138] Zhang Z, He X, Geng S, et al. An Improved "Dynamic Control Operation Module" for Cascade Reservoirs[J]. Water Resources Management, 2018,32(2): 1-16.

[139] Windsor S J. Optimization model for the operation of flood control systems[J]. Water Resources Research, 1973,9(5): 1219-1226.

[140] Peng Y, Zhang X, Zhou H, et al. A method for implementing the real-time dynamic control of flood-limited water level[J]. Environmental Earth Sciences, 2017,76(21): 741-742.

[141] Liu X, Guo S, Pan L, et al. Deriving Optimal Refill Rules for Multi-Purpose Reservoir Operation[J]. Water Resources Management An International Journal Published for the European Water Resources Association, 2011,25(2): 431-448.

[142] Pan L, Li L, Guo S, et al. Optimal design of seasonal flood limited water levels and its application for the Three Gorges Reservoir[J]. Journal of Hydrology, 2015, 527: 1045-1053.

[143] Xie A, Liu P, Guo S, et al. Optimal Design of Seasonal Flood Limited Water Levels by Jointing Operation of the Reservoir and Floodplains [J]. Water Resources Management, 2018,32(1): 179-193.

[144] Huicheng Z. Uncertainty analysis of flood forecasting and its application to reservoir operation[J]. Journal of Hydroelectric Engineering, 2010,29(1):92-96.

[145] Ding W, Zhang C, Peng Y, et al. An analytical framework for flood water conservation considering forecast uncertainty and acceptable risk[J]. Water Resources Research, 2015,51(6): 4702-4726.

[146] Sattler K, Feddersen H. Limited-area short-range ensemble predictions targeted for heavy rain in Europe[J]. Hydrology and Earth System Sciences,2005,9(4):300-312.

[147] Junker N W, Brennan M J, Pereira F, et al. Assessing the Potential for Rare Precipitation Events with Standardized Anomalies and Ensemble Guidance at the Hydrometeorological Prediction Center[J]. Bulletin of the American Meteorological Society, 2009,90(4): 445-453.

[148] Wang F X, Zhou H C, Koike T. Ensemble hydrological prediction-based real-time optimization of a multiobjective reservoir during flood season in a semiarid basin with global numerical weather predictions[J]. Water Resources Research, 2012,48: 7520.

[149] Cai C, Wang J, Li Z. Improving TIGGE Precipitation Forecasts Using an SVR Ensemble Approach in the Huaihe River Basin[J]. Advances in Meteorology, 2018, 2018: 1-15.

[150] Cai C, Wang J, Li Z. Assessment and modelling of uncertainty in precipitation forecasts from TIGGE using fuzzy probability and Bayesian theory[J]. Journal of Hydrology, 2019,577: 123995.

[151] Chen J, Zhong P A, Zhao Y F, et al. Risk analysis for the downstream control section in the real-time flood control operation of a reservoir[J]. Stochastic Environmental Research & Risk Assessment, 2015,29(5): 1303-1315.

[152] Xu B, Zhu F, Zhong P A, et al. Identifying long-term effects of using hydropower to complement wind power uncertainty through stochastic programming[J]. Applied Energy, 2019,253: 113535.

[153] Xu B, Boyce S E, Zhang Y, et al. Stochastic Programming with a Joint Chance Constraint Model for Reservoir Refill Operation Considering Flood Risk[J]. Journal of Water Resources Planning & Management, 2016: 4016067.

[154] Zhang C, Chen X, Li Y, et al. Water-energy-food nexus: Concepts, questions and methodologies[J]. Journal of Cleaner Production, 2018,195(SEP. 10): 625-639.

[155] Xiang L, Guo S, Pan L, et al. Dynamic control of flood limited water level for reservoir operation by considering inflow uncertainty[J]. Journal of Hydrology, 2010, 391(1-2): 124-132.

[156] Yang P, Kai C, Yan H, et al. Improving Flood-Risk Analysis for Confluence Flooding Control Downstream Using Copula Monte Carlo Method[J]. Journal of Hydrologic Engineering, 2017,22(8): 4017018.

[157] Zhou Y, Guo S, Liu P, et al. Joint operation and dynamic control of flood limiting water levels for mixed cascade reservoir systems[J]. Journal of Hydrology, 2014,519: 248-257.

[158] Tan Q, Wang X, Liu P, et al. The Dynamic Control Bound of Flood Limited Water Level Considering Capacity Compensation Regulation and Flood Spatial Pattern Uncertainty[J]. Water Resources Management, 2017,31(1):143-158.

[159] Chen J, Guo S, Yu L, et al. Joint Operation and Dynamic Control of Flood Limiting Water Levels for Cascade Reservoirs[J]. 2013,27(3):749-763.

[160] Zhou Y, Guo S, Chang F, et al. Methodology that improves water utilization and hydropower generation without increasing flood risk in mega cascade reservoirs[J]. Energy, 2018,143(Jan. 15): 785-796.

[161] Xu B, Zhong P, Zambon R C, et al. Scenario tree reduction in stochastic programming with recourse for hydropower operations[J]. Water Resources Research, 2015,51(8): 6359-6380.

[162] Zhu F, Zhong P A, Sun Y. Multi-criteria group decision making under uncertainty: Application in reservoir flood control operation[J]. Environmental Modelling &

Software, 2018,100(FEB.): 236-251.

[163] You J Y, Cai X. Hedging rule for reservoir operations: 1. A theoretical analysis[J]. Water Resources Research, 2008,44(1):W01415.

[164] Bayazit M, Ünal N E. Effects of hedging on reservoir performance[J]. Water Resources Research, 1990,26(4): 713-719.

[165] Hashimoto T, Stedinger J R, Loucks D P. Reliability, resiliency, and vulnerability criteria for water resource system performance evaluation[J]. Water Resources Research, 1982,18(1):14-20.

[166] Draper A J, Lund J R. Optimal Hedging and Carryover Storage Value[J]. Journal of Water Resources Planning & Management, 2004,130(1): 83-87.

[167] Shiau J T. Analytical optimal hedging with explicit incorporation of reservoir release and carryover storage targets[J]. Water Resources Research, 2011,47(1): 238-247.

[168] Zhao T, Zhao J, Lund J R, et al. Optimal Hedging Rules for Reservoir Flood Operation from Forecast Uncertainties[J]. Journal of Water Resources Planning & Management, 2014,140(12): 4014041.

[169] Wan W, Zhao J, Lund J R, et al. Optimal Hedging Rule for Reservoir Refill[J]. Journal of Water Resources Planning & Management, 2016,142(11): 4016051.

[170] Hui R, Lund J, Zhao J, et al. Optimal Pre-storm Flood Hedging Releases for a Single Reservoir[J]. Water resources management, 2016,30(14): 5113-5129.

[171] 李菡, 彭勇, 彭兆亮, 等. 基于库容补偿分析确定覆窝水库汛限水位研究[J]. 南水北调与水利科技, 2011,9(3): 39-42.

[172] 李玮, 郭生练, 郭富强, 等. 水电站水库群防洪补偿联合调度模型研究及应用[J]. 水利学报, 2007,38(7): 826-831.

[173] 冯平, 陈根福, 纪恩福, 等. 岗南水库超汛限水位蓄水的风险分析[J]. 天津大学学报, 1995(4): 572-576.

[174] 张弛, 王本德, 周惠成. 贝叶斯不确定性分析在水文预报中的应用研究:中国水利学会2005学术年会[C]. 2005.

[175] Ding W, Zhang C, Peng Y, et al. An analytical framework for flood water conservation considering forecast uncertainty and acceptable risk[J]. Water Resources Research, 2015,51(6): 4702-4726.

[176] Huicheng Z. Uncertainty analysis of flood forecasting and its application to reservoir operation[J]. Journal of Hydroelectric Engineering, 2010,29(1):92-96.

[177] 王国利, 梁国华, 彭勇, 等. 基于PSO算法的水库防洪优化调度模型及应用[J]. 水电能源科学, 2009,27(1): 74-76.

[178] Yan B, Guo S, Lu C. Estimation of reservoir flood control operation risks with considering inflow forecasting errors[J]. Stochastic Environmental Research & Risk Assessment, 2014,28(2): 359-368.

[179] Pan L, Housh M, Liu P, et al. Robust stochastic optimization for reservoir operation [J]. Water Resources Research, 2015,51(1): 409-429.

[180] Tsoukalas I, Makropoulos C. Multiobjective optimisation on a budget: Exploring surrogate modelling for robust multi-reservoir rules generation under hydrological uncertainty[J]. Environmental Modelling & Software,2015,69(jul.):396-413.

[181] Emmerich M T M, Deutz A H. A tutorial on multiobjective optimization: fundamentals and evolutionary methods[J]. Natural Computing,2018,17(1-2): 1-25.

[182] Tang R, Ding W, Ye L, et al. Tradeoff Analysis Index for Many-Objective Reservoir Optimization[J]. Water Resources Management,2019,33(13):4637-4651.

[183] Kodikara P N, Perera B J C, Kularathna M D U P. Stakeholder preference elicitation and modelling in multi-criteria decision analysis - A case study on urban water supply [J]. European Journal of Operational Research,2010,206(1):209-220.

[184] Peng Y, Zhang X, Zhou H, et al. A method for implementing the real-time dynamic control of flood-limited water level[J]. Environmental Earth Sciences,2017,76(21): 741-742.

[185] Chen L, Singh V P, Lu W, et al. Streamflow forecast uncertainty evolution and its effect on real-time reservoir operation[J]. Journal of hydrology (Amsterdam),2016, 540:712-726.

[186] Piantadosi J, Metcalfe A V, Howlett P G. Stochastic dynamic programming (SDP) with a conditional value-at-risk (CVaR) criterion for management of storm-water[J]. Journal of Hydrology,2008,348(3-4):320-329.

[187] Sharifi E, Saghafian B, Steinacker R. Copula-based stochastic uncertainty analysis of satellite precipitation products[J]. Journal of Hydrology,2019,570:739-754.

[188] Huang K, Ye L, Chen L, et al. Risk analysis of flood control reservoir operation considering multiple uncertainties[J]. Journal of Hydrology,2018,565:672-684.

[189] 何庆升,朱永忠.应用高维Copula函数的月径流量联合概率分布研究[J].重庆理工大学学报(自然科学),2013,27(8):112-120.

[190] 杜子平,闫鹏,张勇.基于"藤"结构的高维动态Copula的构建[J].数学的实践与认识,2009,39(10):96-102.

[191] Si W, Gupta H V, Bao W, et al. Improved Dynamic System Response Curve Method for Real-Time Flood Forecast Updating[J]. Water Resources Research,2019,55(9).

[192] 昌圣.大庆市王花泡水库洪水资源利用及防洪风险分析[D].哈尔滨:黑龙江大学,2018.

[193] 李文义.河流水资源结构分解与洪水资源利用研究[D].大连:大连理工大学,2007.

[194] 冯峰,孙五继.洪水资源化的实现途径及手段探讨[J].中国水土保持,2005(9):4-5.

[195] 叶正伟.淮河流域洪水资源化的理论与实践探讨[J].水文,2007,27(4):15-19+52.

[196] 刘建卫,许士国,张柏良.区域洪水资源开发利用研究[J].水利学报,2007,38(4): 492-497.

[197] 曹永强,郑德凤,伊吉美,等.洪水资源利用量研究[J].水电能源科学,2008,26(5): 24-26.

[198] 邵学军,张建,王忠静,等.黄河流域洪水资源利用水平初步分析[J].水利水电科技进展,2008,28(5):1-5.

[199] 冯峰,许士国,刘建卫,等.区域洪水资源的供水补偿作用及优化配置研究[J].水力发电学报,2011(1):31-38.

[200] 邵东国,李玮,刘丙军,等.抬高汛限水位的洪水资源化利用研究[J]中国农村水利水电,2004(9):26-29.

[201] 许士国,刘建卫,张柏良.洪水资源利用及其风险管理研究[J].水力发电,2007(1):10-13.

[202] 冯峰,许士国,刘建卫,等.基于边际等值的洪水资源最优利用量研究[J].水利学报,2008(9):1060-1065.

[203] 王慧,狄正烈,李娴,等.淮河城西湖蓄洪区洪水资源利用分析[J].人民黄河,2015(11):46-49.

[204] 黄显峰,李宛谕,方国华,等.水库洪水资源利用风险决策模型构建及应用[J].水资源与水工程学报,2018,29(5):122-127.

[205] 李宛谕,黄显峰,阎玮,等.基于组合权重云模型的调水工程洪水资源利用风险评价[J].南水北调与水利科技,2018,16(5):57-65.

[206] 王栋,许圣斌.水库群系统防洪联合调度研究进展[J].水科学进展,2001,12(1):118-124.

[207] 郑德凤.雨洪资源与地下水资源联合调控理论及应用研究[D].大连:大连理工大学,2006.

[208] 李瑞,王怡宁,刘猛,等.安徽省淮北地区水资源问题及管理刍议[J].中国农村水利水电,2012(10):68-71.

[209] 张灿,刘建卫.洮儿河河湖连通系统洪水资源利用阈值研究[J].南水北调与水利科技,2018,16(4):66-73.

[210] 王磊之,胡庆芳,王银堂,等.太湖流域2016年、1991年大洪水对比分析[J].河海大学学报(自然科学版),2018,46(6):471-478.

[211] 胡庆芳,王银堂,杨大文.流域洪水资源可利用量和利用潜力的评估方法及实例研究[J].水力发电学报,2010,29(4):20-27.

[212] 王宗志,王银堂,胡四一,等.流域洪水资源利用的理论探讨Ⅰ:定量解析[J].水利学报,2017,48(8):883-891.

[213] 王宗志,刘克琳,程亮,等.流域洪水资源利用的理论探讨Ⅱ:应用实例[J].水利学报,2017,48(9):1089-1097.

[214] 陆志华,潘明祥,蔡梅,等.太湖雨洪资源利用可行性分析[J].水电能源科学,2018,36(1):32-35.

[215] Tilmant A, Vanclooster M, Duckstein L, et al. Comparison of fuzzy and nonfuzzy optimal reservoir operating policies[J]. Journal Of Water Resources Planning And Management-Asce. 2002, 128(6): 390-398.

[216] Allasia D G, Tassi R, Bemfica D, et al. Decreasing flood risk perception in Porto Alegre-Brazil and its influence on water resource management decisions [M].

Proceedings of the International Association of Hydrological Sciences(IAHS),2015:370:189-192.

[217] Azarnivand A, Malekian A. Analysis of Flood Risk Management Strategies Based on a Group Decision Making Process via Interval-Valued Intuitionistic Fuzzy Numbers[J]. Water Resources Management,2016,30(6):1903-1921.

[218] 沈大军,王浩,杨小柳,等.工业用水的数量经济分析[J].水利学报,2000(8):27-31.

[219] 吴泽宁,吕翠美.能值法计算工业供水效益分摊系数[J].节水灌溉,2009(6):12-15.

[220] 赵同谦,欧阳志云,王效科,等.中国陆地地表水生态系统服务功能及其生态经济价值评价[J].自然资源学报,2003(4):443-452.

[221] Xiaoling Su,Shaozhong Kang,Fusheng Li,et al. Benefits evaluation of water resources used for ecosystem in Shiyang River basin of Gansu province[J]. Transactions of TianJin University,2009,15(2):108-112.

[222] Cuimei Lv,Zening Wu. Emergy analysis of regional water ecological-economic system [J]. Ecological Engineering,2009,35(5):703-710.

[223] 张洪涛,徐向舟,曹健,等.城市透水面集水效益评价研究——以大连市为例[J].水土保持通报,2010,30(4):163-166.

[224] 雷波,刘钰,许迪等.农业水资源利用效用评价研究进展[J].水科学进展,2009,20(5):732-737.

[225] 张燕妮,魏晓妹.基于模糊物元模型的灌区水资源综合效益评价[J].人民长江,2009,40(20):64-66.

[226] 罗乾,魏广平.能值法计算农业灌溉效益分摊系数[J].水利科技与经济,2011,17(6):61-63.

[227] 李美娟,徐向舟,许士国,等.城市雨水利用效益综合评价[J].水土保持通报,2011,31(1):222-226.

[228] 左传英,王静,张连根,等.基于模糊集对聚类评价模型的云南省区域水资源用水效率评价[J].水电能源科学,2014,32(6):29-32.

[229] 魏轩,周立华,陈勇,等.民勤绿洲水资源利用的综合效益评价[J].冰川冻土,2015,37(6):1688-1696.

[230] 杨硕,张丽,张春玲.基于投入产出模型的北京市水资源经济效益评价与分析[J].中国水利水电科学研究院学报,2018,16(3):220-226.

[231] Richard T. Woodward,Yong-Suhk Wui. The economic value of wetland services:a meta-analysis[J]. Ecological Economics,2001,37(2):257-270.

[232] Colin M Beier,Jesse Caputo,Gregory B Lawrence,et al. Loss of ecosystem services due to chronic pollution of forests and surface waters in the Adirondack region (USA)[J]. Journal of Environmental Management,2017,191:19-27.

[233] 蓝盛芳,钦佩,陆宏芳.生态经济系统能值分析[M].北京:化学工业出版社,2002.

[234] 国家林业局.退耕还林工程生态效益监测与评估规范:LY/T 2573—2016[S].北京:中国标准出版社,2016.